图说中国民居

【美】那仲良（Ronald G. Knapp）著
【菲】王行富（A. Chester Ong）摄影
任羽楠 译

生活·讀書·新知 三联书店

图书在版编目（CIP）数据

图说中国民居 / （美）那仲良著；（菲）王行富摄影；任羽楠译. —北京：生活 · 读书 · 新知三联书店，2018.9 （2019.6 重印）
（图说系列）
ISBN 978－7－108－06247－5

Ⅰ. ①图… Ⅱ. ①那… ②王… ③任… Ⅲ. ①民居－建筑艺术－中国－图集 Ⅳ. ① TU241.5-64

中国版本图书馆 CIP 数据核字（2018）第 040981 号

责任编辑　王振峰
装帧设计　薛　宇
责任印制　董　欢
出版发行　生活 · 讀書 · 新知　三联书店
（北京市东城区美术馆东街 22 号 100010）
网　　址　www.sdxjpc.com
图　　字　01-2018-4548
经　　销　新华书店
印　　刷　北京图文天地制版印刷有限公司
版　　次　2018 年 9 月北京第 1 版
2019 年 6 月北京第 2 次印刷
开　　本　720 毫米 × 1020 毫米　1/16　印张 23
字　　数　160 千字　图 423 幅
印　　数　10, 001－15, 000 册
定　　价　90.00 元
（印装查询：01064002715；邮购查询：01084010542）

序　言

多年以来，那仲良（Ronald Knapp，罗纳德·纳普）那宏大而敏锐的研究，已经让研究中国史的学者们开始更深入地认识中国民居空间的美丽与复杂。

我现在仍记得自己第一次真切感受到这种美丽与复杂的时刻。那是多年前的一个晴日，当时我正和几个新结识的朋友开车穿越湖南省的东南地区。一时兴起，我们把车停在路边前去参观附近的一条峡谷。步行了一段路之后，我们来到了一个村子之中，迷宫一样的窄径正引导我们在泥墙和土坯砖墙间穿行。这些墙逐渐升高，突然之间把我们引进了一个洒满阳光的空地。空地上的景色正如我们所期待的那样，令人惊叹不已：近处是一大片平整的土地，看起来应该是个打谷场；打谷场往远处是堤垄分隔的稻田，田中的水稻闪耀着光芒，窄长而坚实的堤垄铺着石板供人们在田间穿行；稻田的另一边，郁郁葱葱的山丘在远处的山脚下绵延。

然而，真正的惊喜这时才到来。当我转身回望我们来时走过的窄巷时，我看到在我们刚才穿过的村子最前方并排耸立着三座石屋。石屋很高，有着巨大的门扇、光滑的墙体和弧形的黑色屋顶。窗户周围的窗框装饰着深色的木制花格和精致繁复的木雕。其中一扇门半开着：从门口望进去，能够窥见一座阴凉而宽敞的高大门厅。门厅虽然被阴影笼罩着，但能够清晰看见排列在厅内的祖先画像和牌位；门厅的左右两侧是通向侧院的门洞，门洞里

似乎是成排的小房间。石屋看起来十分荒凉，可能已经被遗弃。

假如那仲良当时在场，他会告诉我，我窥视的这座宅院恰好反映出他所说的中国传统住宅的四个基本准则：“对称、轴线、等级、围合。”（见本书第 275 页）坚固的石材结构限定出一系列具有特定功能的空间。在过去，这些空间能够“调和家庭关系、培养成员行为”（见本书第 99 页）。此外，这座石屋的选址以及它与自然环境、周边住宅的关系，均是由“风水”限定的。“风水”的规定严格而多变，那仲良将其解释为整个村落的“地理格局”，它为居住在村子中的人们提供了空间和热环境的“有序布局”（见本书第 226 页）。

在这本新书中，那仲良优美而全面地呈现了从陕西到福建、从四川到江苏的各地民居。这本书中的许多论述充实了我对早年看到的那座湖南民居的理解，甚至进一步引发了我对更广泛的中国经济和政治议题的思考。那仲良的剖析极其细致，他试图说明，他研究的这些民居往往是权力和金钱网络中的一个组成部分。但种种迹象却表明，关于我偶然发现的那个小村落，没有任何政治或经济方面的历史文献记录。那条峡谷远离任何城镇，更不用说它与王公贵族的聚居中心或精英文化、商贾文化之间的距离。我偶遇的这些优美建筑和手工艺虽然有可能是湖南中心城市的影响力传播至地方后的变种，但我却没有为这种说法找到任何根据。如果我的经历只是一次偶然的际遇（我相信它确实如此），那么在那些建筑肌理没有被战争破坏的地方，在那些同样美丽的地方，还有多少这样的不期而遇在等待着更多的人去发现？

我曾一度感叹未能及时从发展的洪流中拯救出中国的建筑遗产，但如今看来，也许为时未晚。

史景迁

（Jonathan Spence）

于耶鲁大学

道济，也就是石涛，描写《桃花源记》的画。《桃花源记》讲述了一个迷路的渔夫无意中闯入世外桃源的故事。故事中的世外桃源是一个由居住在简朴农舍中的农夫组成的田园牧歌式乌托邦。现存华盛顿史密森学会的弗利尔美术馆

目　录

第一章

中国民居的建筑形式

建筑形式的缤纷图景

中国民居作为中国家庭的生活空间，包含多种不同的建筑形式。近些年来，虽然大多数中国民居普遍规模很小，不过就是普通的长方形小屋或茅舍而已，但中国历史上从不缺少占地宏大的宅院、显赫一时的庄园甚至极尽奢侈的宫殿，它们以各自不同的形式组成了中国民居的缤纷图景。中国民居虽然不能被任何一种单一的建筑形式所代表，也不存在所谓的“典型案例”，但在总体上却呈现出一系列彼此相似的传统特征。在过去的四分之一世纪，这些曾一度被认为是亘古不变的传统特征，已经有部分随着新思潮和新材料带来的中国城乡住宅巨变而彻底消亡。大多数传统民居和地方建筑正在被新的住宅形式不断侵蚀和替代，同时也有许多精美的中国民居建筑从古代一直留存至今。这些民居遗构散布在中国各地，当我们试图去观察、理解它们时，仍能得到许多新的启示。今天，即使摒弃传统形式的新式住宅已经遍

1 | 2

1　在安徽省宏村汪定贵宅承志堂内，在曾经用于停放轿子的敞廊里看通往正厅的主入口

2　河南省康百万庄园的一些房间以黄土崖内开凿窑洞的方式建成。照片中展示的这间窑洞是供奉“三大活财神”的祭坛

从夜晚闪耀的灯光中可以感受到这座北京新建四合院内生机勃勃的家庭生活

布中国，仍有不能或不愿建造“现代”住宅的人们在以这些流传了几个世纪的传统方式建造着他们的房屋。

我们今天能够看到的大多数中国传统民居都非常普通，毫无特色。它们在村庄、小镇、城市中随处可见，采用生土、植物等容易获取却不够耐久的建筑材料建成。因此，很多老宅虽然没有彻底倒塌，但却在水泥、瓷砖等现代材料构筑的新式别墅群中显得破败不堪。与此同时，中国各地也有许多规模宏大的传统民居，它们采用黏土砖、珍贵木材、条石等耐久性材料建成，时至今日仍然无比精美。这些建筑多饰以木雕、石雕、陶雕，虽然其中蕴含的丰富含义多数已经不能被当代观者解读，但却使建筑造型尤为优美精致。这本书将要介绍的中国民居，就是从这些精美的遗构中遴选而出，包括了过去五百年间建造的十七个民居案例。为了收集这些案例，我在过去四十年间造访了上千座中国民居。但因篇幅所限，书中的所有案例也仅能代表我个人最喜爱的中国民居中极为有限的一部分。如果要对中国的所有居住类建筑遗产做一个完整而公允的评价，所需要的将是一部比这本书宏大数倍的巨著。

虽然现存的中国民居的确表现出一些相似和差异，但试图对它们在历史长河中演进变化的过程进行条分缕析的精确说明，却几乎是不可能的。由于文献、考古、图像等各类资料的匮乏，即便是研究中国建筑的专家也无法确切定义某一种建筑形式、平面布局或结构构件如何在历史中进化，或者详细解释任何一个特定的建筑元素如何在广阔的中国疆域中传播。但有一个事实却不容忽视：不管是从实际经验中总结出的惯例，还是定型化建筑元素的广泛传播，均导致中国建筑具有非常保守的传统。诚然，经历千年洗礼的传统形式在今日仍然具有顽强的适应性，但如果仔细观察现存的中国民居实例，我们仍能从这些实物证据中看到建筑形式之间的显著差别。这些差别随时间演进呈现出的历史特征虽然不甚明显，但却随着空间的变化在地理方面具有明显的不同。这些地理差异反映出传统民居对区域性环境条件的回应，凸显了传统形式和建造技术在不同条件下的强大适应性。

由于中国各地的民居都具有典型而强烈的地方性或区域性特征，因而可以用“乡土建筑”这一概念来理解它们。所谓的“乡土建筑”，与方言和其他常见的地方性文化因素相似，它们既具有地区性的共同特征，又在更广大的范围内具有多样化的差异。与人类文化的其他产物相比，虽然民居的建筑材料会腐坏剥落，建造条件也终将时过境迁，但其仍属于生命力最持久的文化产物之一。任何一座民居都需要历经长时间的塑造过程才能最终成形。无论是逐渐繁荣还是归于衰败，民居的最终形式都离不开内因和外因的长期共同作用。这些内部和外部的作用力，既包括世代相承的思想观念，也受到不断变化的经济能力的影响，因为持续的建造过程以及维护过程一直以来都是对巨额资金投入的巨大考验。

中国传统民居的建筑形式并不是一成不变的，它们并非出自一个永恒静止的文化传统。“传统”这个看似简单的术语实则暗含千篇一律、缺乏变化、单调乏味的暧昧含义，所以用它描述中国民居时应当十分小心。地理学家段义孚（Yi-Fu Tuan）曾引导他的读者思考以下问题：“当我们将一座建筑称为‘传统建筑’时，是否意味着我们在表达某种认可或批判的态度？为什么‘传统’这个词既能唤起真实感以及与此相关的其他优点，却同时暗指一种缺乏创新的局限性？”[1]实际上，“传统”一词根植于“继承而来的事物”这一基本含义。无论“继承”的方式如何，这个词反映的都是一个充满活力的动态过程。虽然这个过程并不总是完美而协调的，但在这个过程中建筑却时常呈现出大胆创新的应变能力，并且发展出兼具实用与美观的程式化构件。

这本书的目的不是要为中国民居的宏观问题寻求一个简单划一的解释——诸如中国民居的传统形式及个体差异究竟是如何形成的。那些仅具细微差别的共性往往成为人们关注的重点，此时我们应该认识到中国民居之间以及它们所在的环境之间实则存在重要的差异。这些差异不仅是形式上的，同时也包含在导致形式差异的原因之中。[2]

1 段义孚：《传统：含义若何？》（“Traditional: What Does It Mean?”），《民居、定居和传统：跨文化的研究视角》（*Dwellings, Settlements, and Tradition: Cross-Cultural Perspectives*），美国大学出版社，1989年，第27页。

2 何培斌：《中国村落的新思考》，《东方》2001年第3期，第115—119页。

罗伯特·鲍威尔（Robert Powell）的当代水彩画，画面展示了老屋阁室内丰富的结构性和装饰性木构件。这座位于安徽省西溪南村的民居被誉为中国现存最古老的明代民居，约建成于 1470 年

很多研究中国民居的学者已经不仅止步于对建筑的分析。每一座民居都是一个家庭的居所。无论在时间还是空间上，它都在不断地变化着。一方面，民居以形式的演进反映出家庭境遇的变迁；另一方面，民居本身也是地理环境的有机组成部分。

与其他建筑一样，民居能够保护人们免受寒暑、雨雪、风潮等天气变幻之苦，然而“庇护所”的属性仅仅是影响民居形式的诸多因素之一。每一座住屋都是对更广大的环境条件的响应。这些环境条件不仅包括长期的天气状况——气候，同时也包括泥土、岩石、植被等其他为当地居民所熟知的地方要素。因此，在实际的生活习惯和环境感知力的驱使下，当地居民能够建造出具有一定舒适度的民居，为自己营造宜居的室内微气候。在中国及其附近的东亚地区，“风水”理论的实践更将这种环境感知力大大加强。因为“风水”的理论基础正是建立在对不断重现的自然图式的敏锐感知和总结之上，并以此使人们对环境的总体认识水平得到提升。

虽然民居与环境条件之间的

呼应关系不容小觑，但它绝不仅是应对极端天气和自然变化的避难所。中国民居的形式看似相同，但实际上每一座的建造条件都各有差别。无论精巧还是宏大，似乎每一座中国民居都处在不断的变化之中。这个变化的过程不仅是对循环往复的人类生命周期的回应，同时也满足了家庭中时常出现的特殊需求：儿子婚后，新搬入的媳妇促成一个新的家庭单元的建成；女儿的婚姻则使其离开父母，原有的房间被空置，曾经的家庭关系也逐渐疏离；新的家庭成员在出生的同时，老的家庭成员也在不断死去；有时亲戚来此长期借住；有时宅内的房间因家庭需要被租借给他人。人们会添置新的炉灶以适应这些新的变化，门有时被打通或封闭，甚

由乔仲常完成于北宋末年的《后赤壁赋图》（纸本，墨笔）是根据苏轼赋文绘制而成，再现了苏轼与友人在被贬之地附近郊游的经历。在上图表现的场景中，苏轼离家前正与其妻道别，他居住的农舍在图中被描绘为一座紧凑的院落式建筑，周围有竹篱环绕。现藏于美国密苏里州堪萨斯城纳尔逊–阿特金斯艺术博物馆（Nelson-Atkins Museum of Art）

至礼仪空间也时常被重新布置。

无论是乡村别墅还是城市宅第，每座住屋都是展示各个家庭的舞台。在这个舞台之上，我们能够看到各个家庭的生产与消费活动、宗教与宇宙观念，甚至家庭成员之间的年龄、性别、辈分等复杂的社会关系也能或多或少地得到展现。在第三章，这些处于变动中的因素将会通过很多民居实例进一步进行讨论和说明。

中国民居：相似与差异

中国不仅拥有与美国面积相似且两倍于欧洲的广阔领土，更具有丰富多样的气候条件以及五十六个不同的民族，甚至在人

1 | 2
3

1 这张发表于 1911 年的照片是福建省西南山区圆形土楼最早的影像资料之一。不可思议的是，这种独特的建筑类型在此后近半个世纪却再未留下其他任何照片，甚至完全无人问津

2 巨大的圆形土楼并置在形态各异的一组建筑之中，仿佛一架外星飞碟

3 福建省洪坑村的振成楼建于 1912 年，是一座四层高的巨大圆形堡垒，仅上部两层向外开设窗口

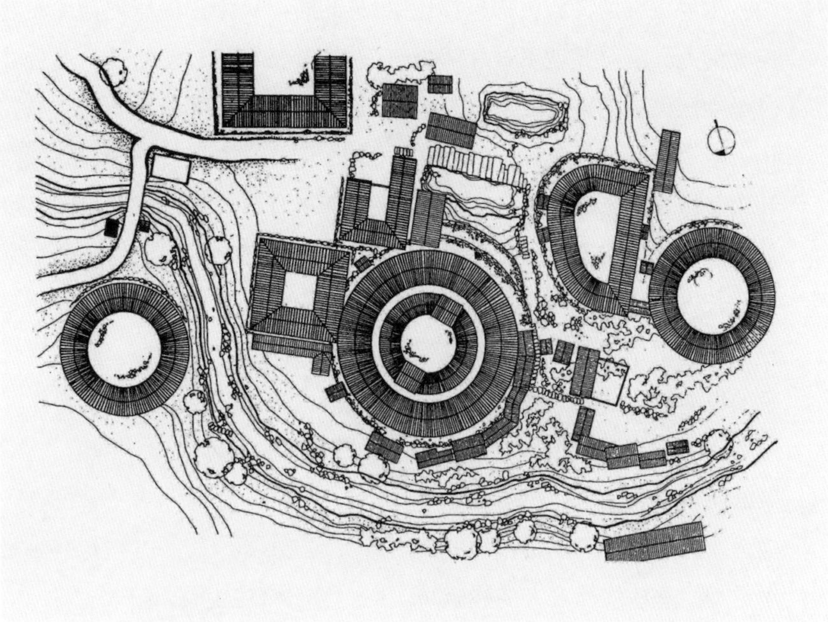

口占主要成分的汉族内部也存在巨大的差异。由此就不难理解为什么中国民居的多样性可以与多国家组成的欧洲媲美，同时远远超出美国之上。在中国，如果说简单直接、仅在不同地区略具差异的长方形宅舍最为常见，那么这只能归结于规模更大、更具特色的民居形式鲜为人知罢了。实际上，中国还有许多形式相当复杂的民居，它们与简单的长方形宅舍一起，组成了丰富多样的民居类型。这些规模宏大的建筑物包括北京地区等级森严的四合院，西北地区独具特色的地下窑洞，北方地区面积广阔的庄园，中部地区二至三层、精致华丽的商人宅邸，南部丘陵地区的多层寨堡，少数民族的移动帐篷和干阑式民居，以及沿海、河湾地区形式各异的船屋。

虽然在漫长的历史和广阔的地域中没有任何一种建筑形式可以完全代表“中国民居”，但从大量民居实例中我们仍能看到一系列明显相似的共同元素。无论这些民居是简单质朴还是宏大华丽，它们的建造者都更倾向于采用传统的建筑平面和结构原则。与此同时，中国民居尤为关注建筑场地特有的环境条件。通过处理建筑各组成部分之间的布局关系，阳光、季风、冬季冷风、雨水等各种自然条件就能得到有效的利用和控制。以上这些基本原则不仅深深地根植于中国的建筑传统，同时也对日本、韩国甚至越南的建筑传统产生了不同程度的影响。[1]

露天空间：院落与天井

中国民居的建造者们在营造墙体和屋顶等建筑结构，以此围合形成建筑室内空间的同时，也一并认识到室外空间的价值——这里往往是生活、工作、娱乐等各类活动发生的场所。露天空间，或者简单地称为“院落”，是一座形态完整的中国民居中不可或缺的空间布局成分。无论是规模较小的民居，还是复杂宏大的宅院，院落在这些建筑中似乎具有无穷无尽的变化。尤其是大型民居中的院落，甚至可以容纳多个建筑在其中组成尺寸更小的院

1

苏珊·巴尔德斯通（Susan Balderstone）、威廉·洛根（William Logan）:《越南民居：传统、适应与变化》（“Vietnamese Dwellings: Tradition, Resilience, and Change”），见于那仲良《亚洲传统民居：传统、适应与变化》（*Asia's Old Dwellings: Tradition, Resilience, and Change*），香港、纽约：牛津大学出版社，2003年，第135—157页。

何培斌：《中国乡土建筑》（“China's Vernacular Architecture”），见于那仲良《亚洲传统民居：传统、适应与变化》（版本同上），第319—346页。

李相海（Lee Sang-hae）:《朝鲜传统聚落与民居》（“Traditional Korean Settlements and Dwellings”），见于那仲良《亚洲传统民居：传统、适应与变化》（版本同上），第373—390页。

松田直则（Matsuda Naonori）:《日本传统住宅：空间观念的重要性》（“Japan's Traditional Houses: The Significance of Spatial Conceptions”），见于那仲良《亚洲传统民居：传统、适应与变化》（版本同上），第285—318页。

阮昕：《中国南方少数民族地区的干阑式民居：类型、神话与变异》（“Pile-built Dwellings in Ethnic Southern China: Type, Myth, and Heterogeneity”），见于那仲良《亚洲传统民居：传统、适应与变化》（版本同上），第347—372页。

夏南悉（Nancy Shatzman Steinhardt）等:《中国建筑》（*Chinese Architecture*），纽黑文：耶鲁大学出版社，2002年。

1 照片中这类空间紧凑的四合院是爨底下村等北京附近山区采用的民居形式

2 这张画像砖拓片表现了约两千年前的一座贵族宅邸，宅邸由单层建筑与望楼围合而成的多个院落组成。出土于山东省沂南县

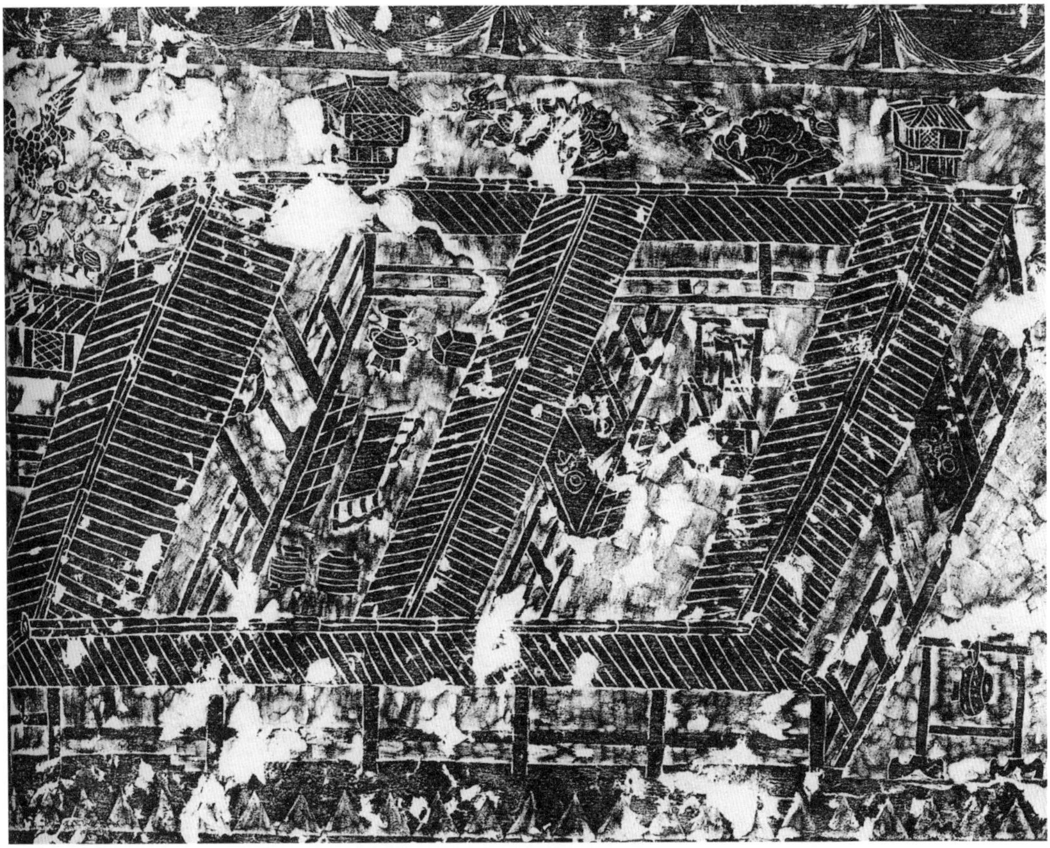

落。考古学的证据已经证明，早在三千年前，院落就已经作为“负空间”[1](negative space) 元素出现在中国的建筑之中。随着时代的发展，这一空间元素不断地在寺庙、宫殿以及民居中沿用，成为中国建筑最基本的设计原则之一。

由于露天空间是“宅—院”组织的重要成分，吴讷孙（Nelson Wu）将中国民居的建造过程恰如其分地形容为“组合出一座建筑”的过程。他进一步认为：“学习中国建筑的学生，如果仅将他们的注意力放在建筑实体上，而非空间以及建筑各部分之间那种看似无形的关系上，那么他们就无法掌握中国建筑的核心。”[2]实际上，“建筑实体”本身也应当被看作由建筑结构围合而成的空间。老子早在公元前 4 世纪就在其著述《道德经》中洞见了虚空间的意义：“三十辐共一毂，当其无，有车之用。埏埴以为器，当其无，有器之用。凿户牖以为室，当其无，有室之用。故有之以为利，无之以为用。”[3]

任何一座中国民居都至少拥有一处露天空间，哪怕这个空间仅仅是紧邻长方形宅舍门前的一小块空地，周围没有其他建筑的围合，它也是民居中不可或缺的重要元素。实际上，大多数院落的两侧甚至周围每侧都有实体建筑结构的围合，而三面围合的倒“U”形布局也是中国各地最常见的院落形式。需要注意的是，虽然有时一些民居从外面看起来好像四面均被建筑包围，但实则第四面仅仅是墙体而已。

英语中常用的“院落”一词并不足以区分中国各地形态万千的露天空间。由于术语使用上的含糊，汉语中的大量同义词也不能精确区分不同类型的院落。然而不同词语的使用却也的确存在一定之规。总体来说，在中国的东南部和西南部地区，露天空间与室内空间的面积比例远远小于北方和东北部地区。在中国东北部和北方，院落的尺寸相对较大；而南方院落却往往空间紧凑，有时甚至演变成建筑之间一条条狭窄的露天竖井。汉语中的“天井”一词形象地把握住南方院落的空间特点，成为专门用来描述这种狭窄院落的建筑术语。尤其当民居建筑高至两三层时，被垂直拉长的院落更加突出了水平空间的狭小。与此同时，

1

负空间：原是一个艺术构图概念，指主题元素周围的空间。在建筑学中，负空间指建筑室外空间，由于与建筑室内空间（即所谓“正空间”）关系互补而得名。——译者注

2

吴讷孙：《中国与印度建筑：人的城，神的山，永恒的仙境》（*Chinese and Indian Architecture: The City of Man, the Mountain of God, and the Realm of the Immortals*），纽约：布拉齐勒出版社，1963 年，第 32 页。

3

亚瑟·伟利（Arthur Waley）：《道的力量：〈道德经〉及其在中国思想中的地位》（*The Way and Its Power: A Study of the Tao Te Ching and Its Place in Chinese Thought*），纽约：格罗夫出版社，1958 年，第 155 页。

引文原著是《老子》的英译本，译文引自饶尚宽译注：《老子》，北京：中华书局，2006 年，第 27 页。——译者注

4

灰空间：指四周不设置墙体或仅设置部分墙体的半围合建筑空间，如南方民居的敞廊、敞厅。由于这样的空间既与室外连通又可以遮阳避雨，介于室内外之间，所以称为“灰空间”。——译者注

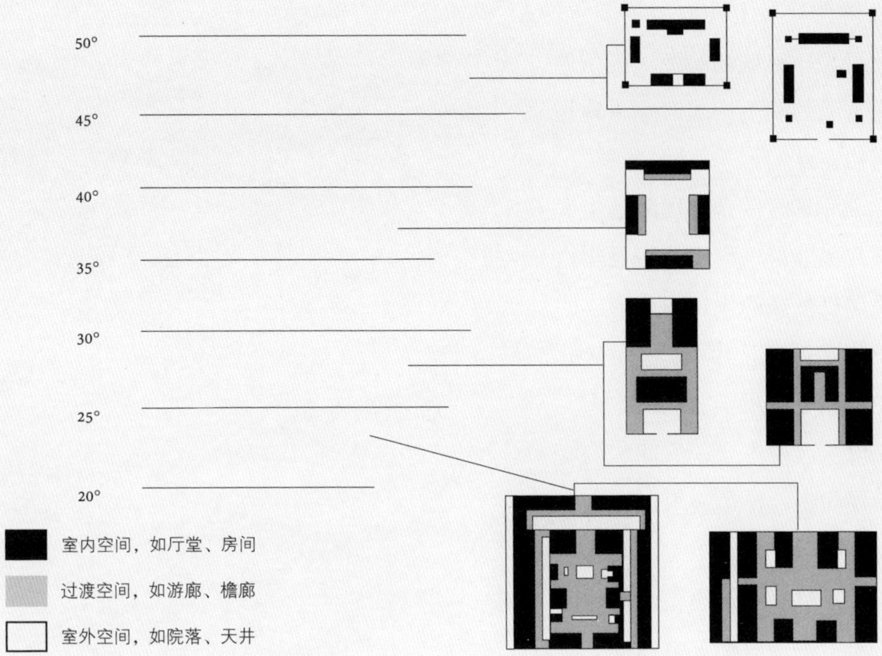

从中国东北部至东南部，四个地区的民居院落比例逐渐缩小，围合感逐渐增强，宽阔庭院最终演变为狭窄天井。与此同时，半室外灰空间的面积则由北至南显著增加

也有一些南方地区，仍然不加区分地使用“院落”一词描述这种狭窄的露天空间。

不同地区的气候条件在决定民居的室内空间、半室外空间、室外空间之间的比例方面扮演了重要的角色。在干燥寒冷的中国北方和东北部地区，室外空间在“宅—院”组合中占有很大比例；而随着纬度向南移动，这个比例不断减小。为了冬季遮挡冷风和增加采光的需要，北方民居后墙和侧墙上刻意不设置门窗。而在整个中部地区，冬季气候温和而夏季炎热，于是半室外空间获得较为广泛的应用，如游廊以及装有花格门的半开敞房间，但室外空间与室内空间的比例则比北方相对减小。到了炎热潮湿的中国东南部，室外空间往往以天井的形式存在：院落的尺寸大为缩小，而半室外灰空间[4]（gray space）则显著增多。在这里，增加室内通风以及避免夏季阳光穿透房间，成为民居设计最主要的考量因素。由此可见，地域性的微气候条件使得常见的院落模式产生了种种不同的变异。

北京四合院是中国院落中发展颇为成熟的一个经典案例。这种民居以低矮的建筑围合形成四方形院落，其历史可以追溯至 11 世纪。四合院的典型特征包括：四周以灰砖墙围合，后墙和侧墙上不设门窗，整个建筑仅留有一个窄小入口；主要厅堂南向或东南向，是整座建筑的主朝向；建筑布局沿中轴对称；中轴线上的空间按照一定的等级秩序排列。每一座四合院至少在中心设有一个院落，其面积约占整个宅院面积的 40%。规模更大的四合院则在中心院落的前方或两侧另设置一系列附属院落。在大型四合院内，公共空间的位置靠近前侧，私密空间则由外向内层层深入：这种空间布局仿佛一处庇护所，为宅院提供了必要的安全性和私密感。在北京棋盘格式的胡同道路网中，四合院紧密地排列在狭窄道路的两侧，成为低密度城市街区的基本单元。

虽然中国各地的四方形院

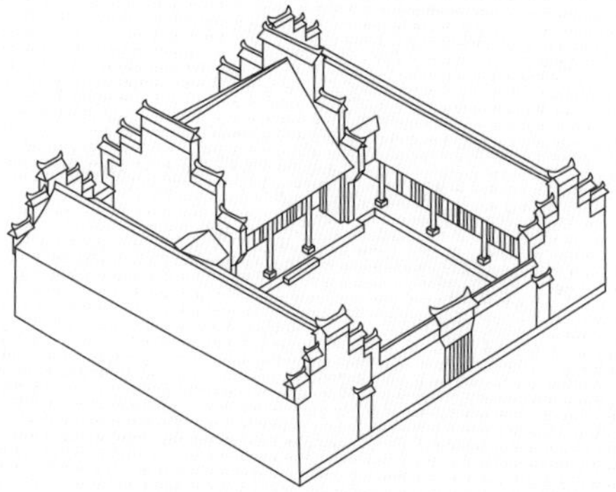

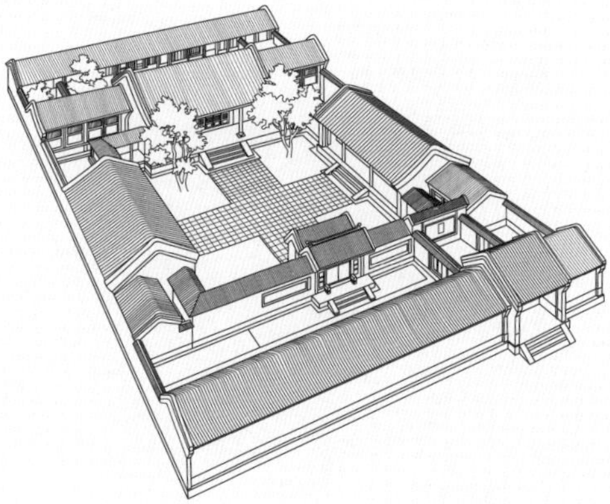

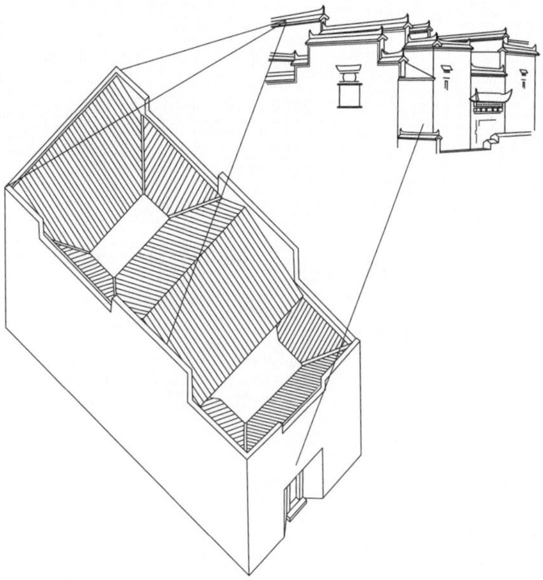

1 | 2 3

1　图中展示的各类民居建筑虽然在细节上各具差异，但均体现出中国建筑的基本元素：围合、轴线、等级、对称。位于中间的是一座典型的北京四合院

2　中国民居的厢房形式变化多端，山西省平遥县范宅中的圆拱形窑洞即其中一例

3　在一座新建北京四合院内，厢房短小屋檐下的花格门特写

落民居都可以笼统地称为“四合院”，但这种模块化的民居形式实则在不同地域存在显著差别，由此亦凸显出这一基本形式的多样化与灵活性。中国北方的山地民居通常采用形式相似但规模较小的建筑，组成微缩版的四合院。在长城以北的中国东北部，院落的尺寸相对宽大；在陕西省和山西省，院落则被拉伸成为窄长形。在山西省的中部，夏季极为炎热而冬季异常寒冷，这里的建筑采取比北京地区更为紧凑的布局方式，使得清晨与傍晚之间的夏季强烈光线能够得到有效遮挡，同时紧凑的高耸围墙也减弱了冬季冷风对内部空间的侵袭。在福建省泉州市，建于18世纪的老范志大厝（或称“吴宅”）则为我们展示出一系列小型院落相互连接组成“宅—院”建筑群的可能。

如果说典型四合院的院落空间都是由建筑围合而成，那么河南省北部和山西省南部的民居的院落则采用了另一种不同的方式——这里的院落是从地面以下挖出来的。这种位于地下的下沉式民居也被称为窑洞。窑洞的建造需要从挖掘下沉式院落开始，接着在下沉式院落暴露的墙壁表面向四周挖出用于居住的建筑结构。由此形成的下沉式院落就类似于一座由“墙体”围合而成的院落式宅舍：位于窑洞中心的开敞活动场地好比地面宅舍的院落空间。除此以外，圆形的、椭圆形的、梯形的、长方形的甚至八边形的各式院落，都能在中国各地的院墙之内觅得踪影。

中国南方各地的民居通常在建筑中间“挖出”狭窄的长方形露天空间，这种犹如“竖井”一样的室外空间被当地人称为院落，但实际上就是上文述及的“天井”。虽然天井的空间往往狭小而紧凑，只有一个小小的开口朝向广阔天空，但这种院落却能够应对南方特有的湿热气候。天井一方面能够捕捉清风以带走室内热量，同时能将雨水引入建筑群内部。中国最典型的天井式民居位于安徽省、江西省和浙江省，即历史上被称为徽州的地区。由于封闭的外墙上几乎不设置窗户，徽州的多层商人宅邸从外表看去好像被拍扁的方盒子或者拉伸的长面包。在它们紧凑的结构内部往往布置有多个天井，每个

在山西省平遥县范宅内，坡向内院的厢房屋顶将雨水引入窄院之中。从某制高点俯视四川省阆中古城民居，被称为“天井”的小型室外空间作为中国南部和西南部民居不可或缺的组成部分，不仅有助于室内通风，而且能够为民居内部引来一定的光线和雨水

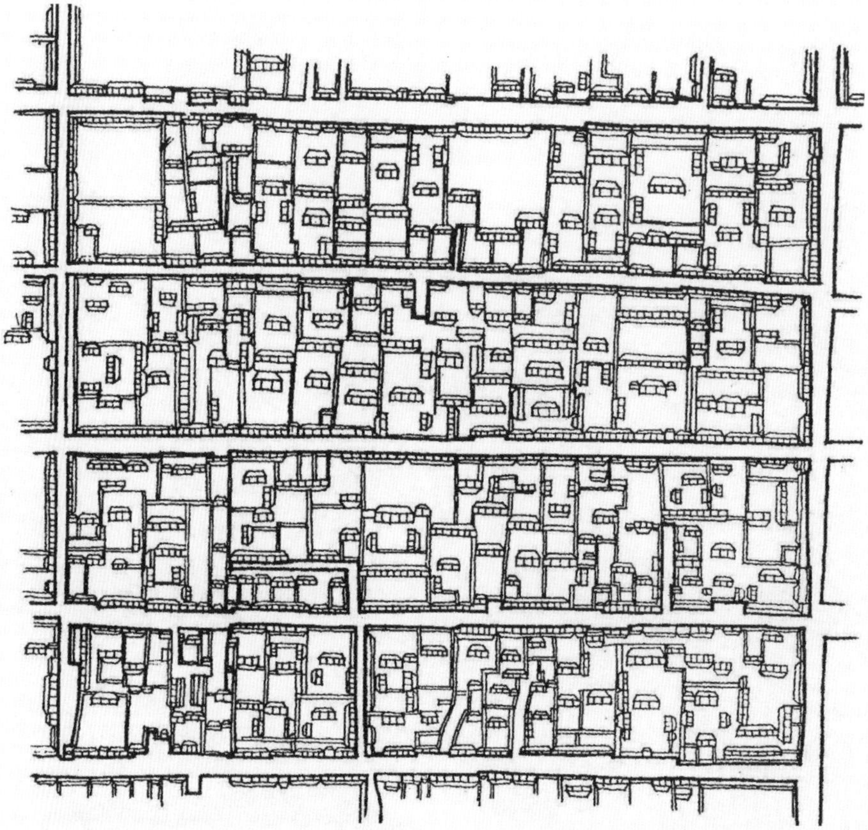

天井类似于一个四周围合的垂直中庭。天井的尺寸、形状和数量则由宅邸的整体规模决定。建造于明代（1368—1644）的精美徽州民居只有为数不多的几个案例留存至今，今天我们能够看到的大多数实例都是更晚期的清代（1616—1911）的遗构。如果将明代与清代的徽州民居进行比较，就能发现二者在结构和审美趣味上均存在差异：清代的徽州民居更倾向于在天井周围的结构构件上使用大量的名贵木材和砖石雕刻，具有更强的装饰性。

一些院落在民居建造之初就是平面的组成部分，而另一些则是在建筑建成之后随着布局的复杂变化逐渐“生长”而出。在中国北方和一些南部沿海地区，一座“I”形的长方形民居建筑可

1 | 2

1　在封建时期的北京城内，大部分地区由平行的街巷与街巷两侧规则排列的街坊组成，平面规整犹如棋盘格。这些被称为“胡同”的街巷多如牛毛，据说其数量不可胜计

2　在四川省阆中古城内，低矮的前店后宅式民居排列在平行的窄巷两侧

在山西省灵石县静升镇的王家大院内，冰裂纹门框的月亮门连接着相邻的两个院落

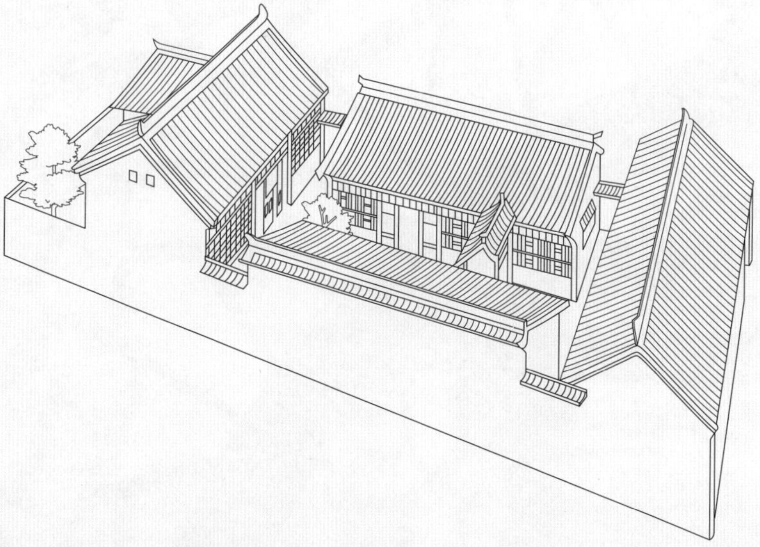

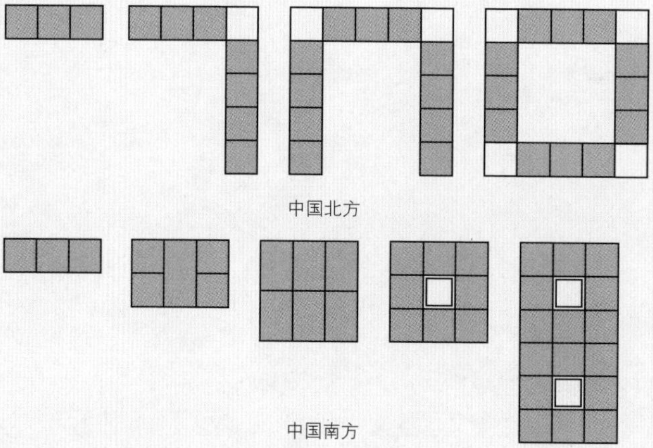

1 | 3
2

1　在陕西省西安地区的这座民居内，狭长的院落不仅被划分为内外两部分，而且在两座厢房的围合之中仅与正房明间等宽

2　随着家庭境遇不断改善，民居常常从图示最左侧的长方形三开间小屋扩建成更为复杂的形式。上排图展示了中国北方民居扩建的常见模式，即先从“L”形变为倒“U”形，最后形成四面围合的完整院落；而在中国南方，如下排图所示，扩建部分有时紧贴房屋前侧或后侧，在不断增大的体块中插入小型“天井”

3　这张北京四合院平面简图表现了建筑室内外空间的互补关系

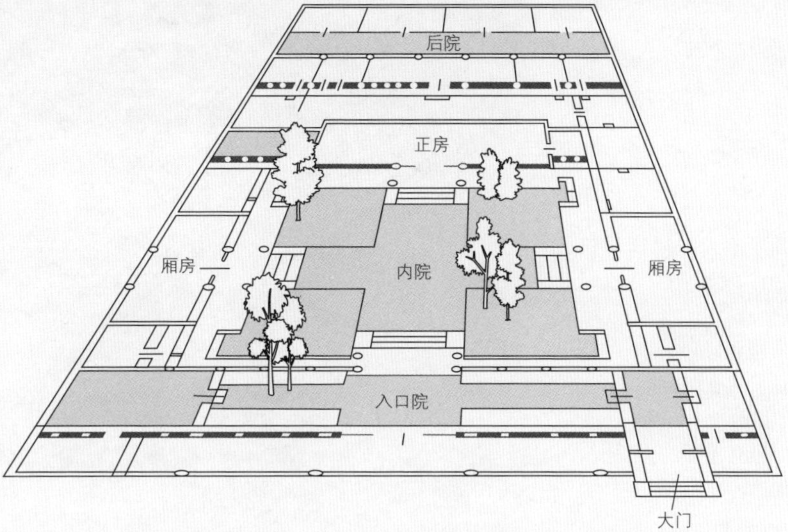

以通过在一侧增建垂直的附属建筑，演变成“L”形；或者继续在另一侧增建，成为一个形制完整的“U”形院落式民居。当院落四面都被建筑包围时，带有中心院落的民居就成为一座严格意义上的四合院。在中国南方，长方形建筑则更倾向于紧贴原有结构向前后两侧生长，因为天井的形成需要在建筑实体上做“减法”，其前后两侧都需要实体结构的围合。无论在北方还是南方，民居周围的墙体和建筑均能有效地隔绝外界噪声，为内部的露天空间营造安静私密的宜人氛围。

中国的许多民居建筑，无论精巧还是宏大，均在内部含有清晰的空间秩序：这种秩序映射出家庭成员之间的关系以及他们与外界的交往状况。相邻的室内外空间，以彼此之间的各种关系营造出空间序列上的不同等级。而门、屏、阶的布置，则使空间的等级性进一步加强。在过去，普通访客仅被允许进入宅舍的最前部，即主入口旁的门廊或狭窄的

第一进院落；只有家庭内部成员才能在更大的院落和主要厅堂内活动。此外，女性家庭成员被刻意安置在宅舍北区深处或南区房间的二层，与访客能够窥视的区域完全隔绝。院落之间的甬道和院门有时也具有隔离空间的辅助作用。一些规模宏大的民居建筑群甚至利用微妙的高差设计，将每座院落比前一座地面抬高几步，而进一步强化室内外空间序列上的等级差别。对于女性来说，床即便只是一个简易木榻或由炉灶加热的砖砌炕台，其意义也不仅仅是用于睡眠的空间而已。作为从大房间内划分出来的活动空间，女性的床通常具有独立的建筑结构——一张从地面抬起的长方形床板以及用来围合床板的门扇与屏风。

院落空间，不论尺寸大小或如何围合，只要具备建造条件，它几乎就是中国传统民居中必不可少的元素。改善通风和采光，为聚会和工作提供活动场地，增强私密性和安全感……院落空间的优点不胜枚举。院落周围的建筑通常采用两两相对的对称式布局。主要建筑南向或东南向，是礼仪性厅堂的所在。在中国北方的许多地区，院落北侧的主要建筑被称为“北房”或“上房”，意指这一空间占有主体性地位。两侧的建筑则简称为“东厢”或“西厢”，“东”“西”是相较于中心院落的方位而言，“厢”这一名词则专门用来描述等级较低的建筑。

以北京四合院为代表的许多

1 | 2

1 在河南省康百万庄园的二号院中，内院周围的建筑体量高大，院落比例极为窄长

2 山西省王家大院内拍摄的这张庭院照片展示出相互垂直的一座单层正房与一座两层厢房

中国民居，在设计时主要考虑的是南侧的视觉效果。当观察者从南侧仰望建筑时，恰好能将重点装饰的南立面尽收眼底。两侧对称的均衡布局也是所有发展成熟的大型中国民居在平面上所遵循的共同原则。以山东省曲阜市的孔府为例，这座规模宏大的四合院建筑不仅是孔子后代的宅邸，同时也是中国最高级别官员府第的经典案例。孔府占地 16 公顷[1]，包括位于前侧的“衙门”，即衍圣公的办公衙署，以及位于内部的女眷生活区、东书房区、西书房区、花园区。这些区域的墙体、院门、主厅、厢房、院落，均是按照明确的等级秩序组织在一起。

1 原文中孔府占地面积为“约 4.6 公顷”，经查有误，据改。详见山东省曲阜县文物管理委员会:《孔庙孔府孔林》，北京：文物出版社，1982 年，第 21 页。——译者注

围合空间的元素：建筑结构与材料

无论是豪华宫殿还是质朴民宅，任何一座中国民居的结构都是由“间”这一基本单元组成。“间”所代表的不仅是相邻两根平行柱之间的距离，同时也代表了由四根柱限定的二维平面以及由地面、墙体共同围合而成的三维空间。有时一“间”就足以构成一座房屋，但大多数中国建筑的结构都是由多“间”组成。中国民居建筑倾向于将构成“间”的结构柱暴露出来，使其在标示建筑空间的同时，自然地发挥装饰性的美学作用。

间：建筑单元

大部分中国农村民居都是三开间的简单长方形建筑。在中国的不同地区，“间”[1]在高度、面宽、进深尺寸方面的差异，使建筑形象各不相同。北方建筑各间的面宽为 3.3—3.6 米，这一尺寸到了南方被放宽至 3.6—3.9 米。间的进深在南方要大于北方：南方的一间可深至 6.6 米，而北方一间的深度通常只有 4.8 米。中国古代建筑采用的是奇数开间，如三开间或五开间，这是由于人们认为奇数更为均衡和对称。奇数开间不仅是大型帝王宫殿采用的形式，甚至在模仿住宅而建的墓葬中也能看到奇数开间建筑的形象。间的单元化特点使其易于重复建造，因此在建筑扩建时，通过不断复制“间”，一座“I”形的单体建筑就能够演变为两面围合的“L”形或三面围合的“U”形。

以明代律令为代表的中国古代住宅法令，为了避免营造中的过分奢华，针对包括皇室、朝臣、商贾、平民在内的不同阶层分别制定了住宅建筑的用材标准。这一举措促使中国民居向标准化和单元化的方向发展。在三开间或五开间的民居建筑中，明间的面宽往往大于次间和梢间[2]，因为明间不仅是主要的礼仪性和公共

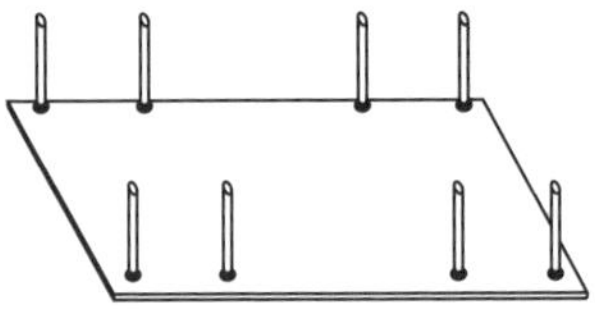

“间”作为建筑的基本单元，不仅指两柱之间的平面距离，同时也代表着四柱围合而成的立体空间——正如其字面意思所指，即“一座房间”

1 “间”是中国古代建筑的基本单元，在建筑正立面上，每两个相邻结构柱之间的空间就是“一间”。“间”不仅用来描述单座建筑的大小，如面宽三间的厅堂、面宽五间的楼阁，而且建筑群的总体规模也常以“间”计数，如上文提到的孔府共有楼、堂、厅、阁四百六十三间。——译者注

2 明间，指建筑正面正中的一间。次间，指紧邻明间左右两侧的两间。梢间，指建筑正面最端部的两间。当建筑面宽大于七间时，最端部的两间改称“尽间”。——译者注

院落作为家庭生活的核心空间，常常布满各类装饰物，其中既有永久性的建筑雕饰，也不乏按季节更换的各类贴纸、挂饰。照片拍摄于山西省平遥县范宅

性空间，其所在的位置更是家庭和谐与家族延续的象征。明间内通常对称地摆放着一整套标准化家具：面对入口、紧贴屏风的位置通常是一条狭长的案桌，案桌上供奉着祖先牌位、神佛画像、家族纪念物以及大量礼仪用品。家庭成员聚集在这里举行祭祀祖先的仪式，参加“红白事”（即婚礼与葬礼）时的宴会，宴请地位崇高的宾客——几乎所有日常的家庭活动都在这个空间内进行。无论开阔宏敞还是围合隐蔽，“间”作为建筑结构的基本单元，是大多数中国民居设计的最基本元素。

中国建筑，包括民居建筑在内，几乎全部由一套固定的形式要素构成：台基、木构架和屋顶，这些要素大多利用生土、木材、岩石等简单易得的材料建成。与此同时，中国各地也有许多没有条件采用木构架的传统民居，它们的屋顶直接由承重墙支撑，与现代中国住宅建筑普遍采用的结构方式类似。传统民居一般没有地下的基础，大多数都是按照传统做法直接建造在夯实的土壤上，但这块用作基座的土壤需要事先找平，或者以夯土、石块层层垒砌出略微高出地面的坚固台基。在某些实例中，台基的建造需要先在地面以下挖出浅基槽，然后依次填入碎石和土壤，最后再由两个人用夯锤夯打坚实。中国各地的民居，无论规模大小，均在墙体下部设置石砌墙基使其更加干燥稳固。有些墙基高出夯土台基一至两米，用形态不同、尺寸各异的岩石垒砌，在砌筑的过程中甚至可以不使用砂浆。无论这些墙体是作为直接支撑屋顶结构的承重墙，还是仅仅作为木构架之间用于围合空间的填充墙，用这种方式建造的墙基对于支撑夯土、土坯、砖砌等各种墙体来说均已足够稳固。

木构架的类型

承重墙，即直接支撑屋顶结构的墙，往往由土坯砖、黏土砖或夯土建造。无论采用何种材料，承重墙在中国各地的民居中均已有悠久历史。然而，在本书即将展示的精美案例中，我们能够发现墙体并非用于承重，而仅仅是木构架之间的围护部分而已：屋

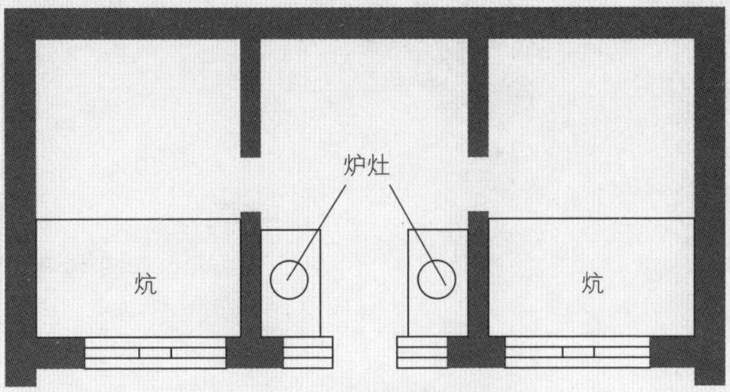

北方民居

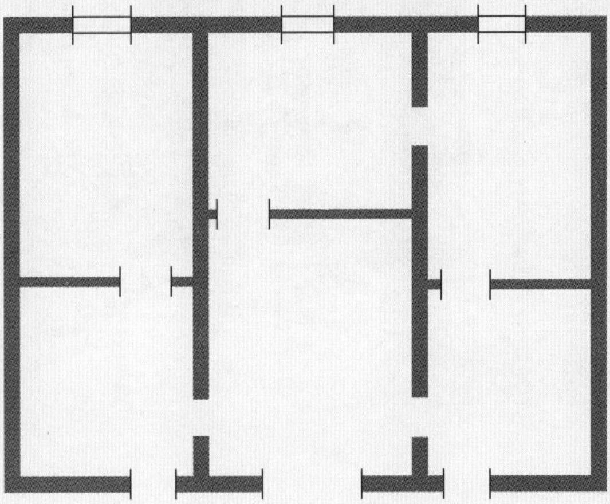

南方民居

3

1 2

1 拍摄于20世纪初中国北方陕西省或山西省的这张老照片中，工匠们正举起一块沉重夯锤夯筑台基

2 这座马蹄形墓葬的立面包含一座与民居相似的三开间建筑，为定期举行的祭祀活动提供了空间

3 虽然中国各地的民居通常面宽三间，但北方民居的房屋进深却比南方民居浅。此外，北方民居的后墙上很少开窗，而南方民居的后墙却普遍设有窗口。与厨房炉灶连通的砖砌炕床是北方民居的一个共同特征

顶的重量由复杂的木构架支撑，墙体本身并无结构性作用。木构架独立于非承重墙体之外，成为一种类似于人体骨骼的“骨架式”结构。备受尊崇的中国建筑史学家梁思成认为，木构架的使用“使人们可以完全不受约束地筑墙和开窗。从热带的印支半岛到亚寒带的东北三省，人们只需要简单地调整一下墙壁和门窗间的比例就可以在各种不同的气候下使其房屋都舒适合用。正是由于这种高度的灵活性和适应性，使这种构造方法能够适用于任何华夏文明所及之处，使其居住者能有效地躲避风雨，而不论那里的气候

有多少差异。在西方建筑中……直到20世纪发明钢筋混凝土和钢框架结构之前，可能还没有与此相似的做法”[1]。

中国的佛寺和宫殿普遍采用木构架支撑全部屋顶重量，民居建筑若想以昂贵木材打造夸饰的梁柱，则往往采用这种纯木构架。然而，对于普通中国居民来说，由于预算和其他因素的限制，木材的用量往往十分有限，于是大多数民居都会或多或少地利用墙体承重。木构架的主要部分是由单元化的标准构件“拼装”而成，而非现场“建造”而成。木材的造价远超过建造墙体使用的夯土甚至砖石，因此可以认为，木构架在中国传统民居中的使用最主要是彰显主人的财富，而非表现建筑的结构。

抬梁式和穿斗式是中国各地常见的两种木构架体系，其表现

1

梁思成：《图像中国建筑史：关于中国建筑结构体系的发展及其形制演变的研究》（*A Pictorial History of Chinese Architecture: A Study of the Development of Its Structural System and the Evolution of Its Types*），剑桥：马萨诸塞州理工学院出版社，1984年，第8页。此处译文参考了原著的中译版。详见梁思成著、梁从诫译：《梁思成全集》（第八卷），北京：中国建筑工业出版社，2001年，第21页。——译者注

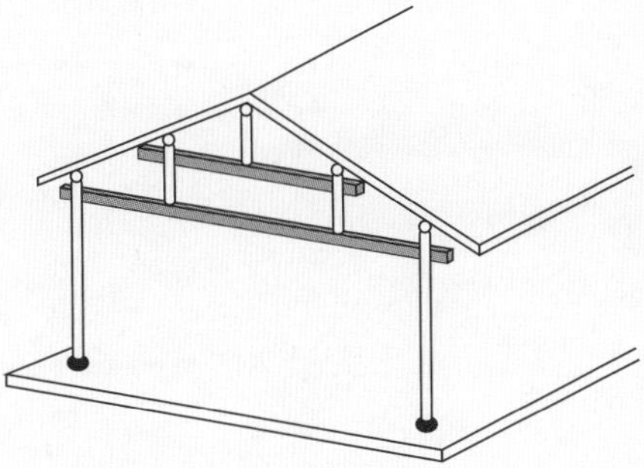

抬梁式木构架

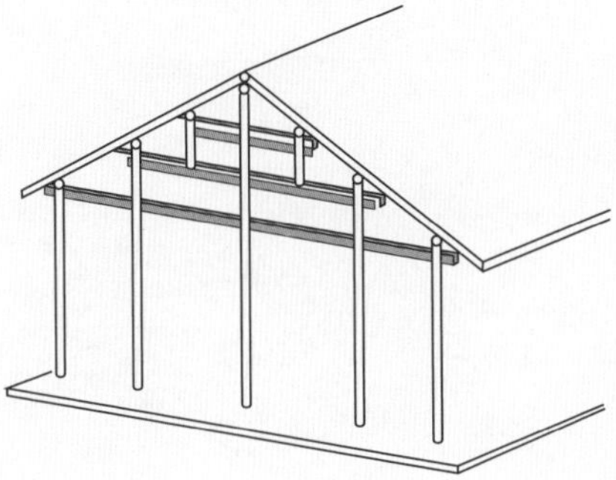

穿斗式结构

1 | 2
3 4

1　安徽省汪定贵宅承志堂内典型的19世纪晚期家具和装饰，是对富商家庭礼仪与品位的最佳诠释

2　抬梁式木构架在中国北方地区最为常见。这种结构与穿斗式结构相比，具有粗壮的角柱与沉重的横梁。后者以多条支柱与细梁交错而成，梁有时半铆入柱内，有时从整根细柱中穿插而过

3　埋设在山墙中的脊柱与短小的瓜柱抬起三层粗壮的檩条，檩条继而支撑着沉重的屋顶。照片拍摄于北京

4　这座穿斗式木构架由较为纤细的木材构成，从地面架起后在尚未填筑墙体时，就可以先行铺设屋顶。照片拍摄于四川省西部峨眉山地区

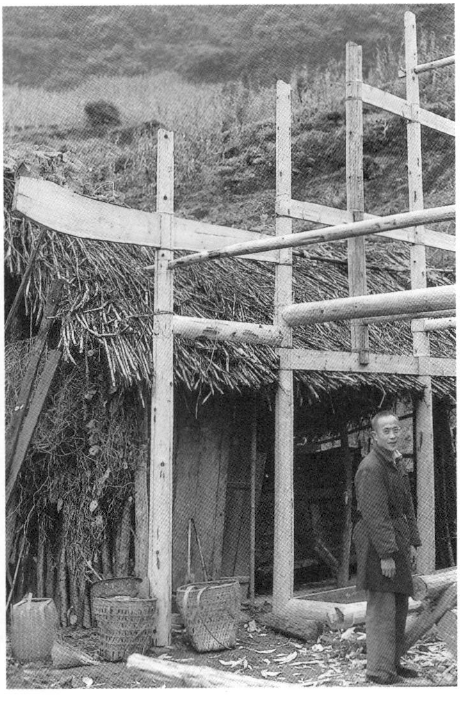

形式既可简单质朴，也可复杂繁丽。抬梁式结构在中国北方地区广为流传，但在南方地区，仅形制较高的建筑采用抬梁式，更为常见的是纤细的穿斗式结构。清代刻印的建筑图样通过比较各种不同类型的木构架——如采用三柱的抬梁式结构和更为轻巧的七柱穿斗式结构，展示了两种木构架体系的主要特点。虽然抬梁式和穿斗式的结构"柱"在汉语中的名称相同，但在英语中可以根据结构柱的粗细特点对二者进行区分：抬梁式的结构"柱"（column）比穿斗式的结构"柱"（pillar）更为粗壮。通常来说，一对抬梁式结构柱能够直接支撑起粗壮的大梁而不会因负重弯曲，但一系列平行的穿斗式结构柱却需要穿枋[1]与其进行榫接固定，才能维持稳定并承受较重的上部荷载。

最简单的抬梁式结构可以仅由一对结构柱组成：这对结构柱分别位于建筑外檐的转角处，上部支撑着一根大梁，这根大梁或与结构柱呈直角正交以形成平屋顶，或稍微倾斜使屋顶成为单坡的棚屋状。然而，即便是北方的小型民居，采用的抬梁式结构也往往较上述做法更为复杂。为了创造出双坡的屋顶造型，抬梁式结构需要将建筑构件层层堆叠以抬起正脊[2]。首先，水平大梁之上是对称放置的一对瓜柱或柁墩，瓜柱之上支撑着另一根梁，这根梁之上再放置支撑脊檩[3]的脊瓜柱[4]。建筑的另一端是一组完全相同的梁柱构架。位于建筑两端的这两组梁柱构架，由纵向的脊檩和其他平行于脊檩的檩条连接在一起。脊檩即三角形屋架的正脊，其他檩条[5]则是直接放置在梁上的纵向木构件。以上全部结构构件在支撑椽子以承受屋瓦重量的同时，将巨大的荷载传递至地面。

在实际建造过程中，有时为了采用不同条件的木材——如曲直各异或长短不一的各种原木——不得不对木构架做出相应的调整。抬梁式结构的屋顶部分仅由水平向和垂直向的构件组成，采用这种构造能够在屋顶坡面上产生一个或多个转折，使屋顶轮廓线具有一定的曲度。由此产生的造型效果与西方建筑中常见的屋顶桁架体系（roof truss

1 穿枋，指穿斗式木构架结构柱之间的水平联系梁，一组结构柱需要上下并列使用多根穿枋才能形成稳定的框架。——译者注

2 正脊，指坡屋顶建筑最高处的屋脊。——译者注

3 脊檩，指木构架最高处的檩条，支持着屋顶的正脊。——译者注

4 瓜柱，指梁上架设的短柱，用于支撑上层梁架；柁墩与瓜柱的位置、作用均相同，只是形式上改用方木块；脊瓜柱，指梁架最上层的短柱，用于支撑脊檩。——译者注

5 檩条与建筑正立面平行，下方由梁支撑，上方铺设椽子，椽子上再进一步铺设板、瓦。脊檩是最高处的檩条。——译者注

6 屋顶桁架体系是西方中世纪时期形成的屋顶结构体系，由木杆搭接成的三角形单元组成，三角形单元的引入增加了结构体系的稳定性，其具体的组合方式有很多种。——译者注

在四川省南充市的这座民居厨房内，穿斗式结构的梁柱均露明可见。梁柱之间填充的非承重墙体由竹篾编成，竹篾两侧涂抹泥浆之后再将表面刷白

system）[6]全然不同。桁架体系由三角形框架拼合而成，严格的组合规则使其轮廓线更加平直刻板。传统的中国民居工匠与房屋主人通常都认为，屋顶的巨大自重能够保证房屋稳固坚实。于是，在中国北方地区，木构件的尺寸尤为巨大，远远超出支撑屋顶的实际所需。

穿斗式结构是中国南方各地常见的木构架体系。它与抬梁式结构体系的区别体现在三个主要方面：垂直向构件的数量更多，但结构柱的直径更小；每根纤细结构柱的端头开凿卯口，直接支撑纵向檩条；水平向的联系梁，即穿枋，通过榫卯插入或穿过结构柱，以防止其成为可变结构体而发生倾斜形变。较为纤细的穿斗式结构柱直径通常仅 20–30 厘米，其造价远低于抬梁式结构所需的粗壮木材。树龄五年的树木

即可加工成为穿斗式结构的檩条、结构柱和穿枋，而抬梁式结构的柱、梁，则需要树龄至少三十年的木材才能满足其尺寸要求。有时，中国南方地区的两层民居建筑在下层采用坚固的石砌墙体或抬梁式结构，在上层则利用更加轻巧的穿斗式木构架支撑屋顶。

檩条的位置，即支撑檩条的结构柱的间距以及每根檩条的高度，决定了屋顶的坡度。但随地区不同，屋顶的坡度也变化无穷。当每根檩条之间的相对位置固定不变时，屋顶的轮廓线是一条连续的直线，中间没有转折。若屋顶轮廓变为曲线，则每根檩条之间的坡度需要按照一定的数学关系规律变化。宫殿和寺庙的建造需要营造书籍提供指导，因为这两类建筑的木构架相当复杂；但建造民居的匠人却往往依赖经验

1 广东省梅县南口镇宁安庐入口处的水平木雕与垂直木雕虽然是支撑构件，但其装饰作用远超结构作用

2 从山西省平遥县范宅的建筑细部特写中可以发现，木雕以榫卯的方式固定在结构梁柱上

的传承而非文字的记载。即使在今天的中国农村地区，我们仍能看到匠人依靠背诵口诀公式来计算构件的尺寸与形状。虽然今天的年轻工匠已经能够从各种营造书籍中获取专业知识，但在过去，师徒之间的知识传授则必须依靠这些口诀来进行。

本书第 41 页图 4 展示出四川西部一座新建民居的木构架。如图所示，这座民居的结构骨架是相互连接的穿斗式，各种不同类型的构件为标准化的结构单元提供了必要连接。在支撑檩条的七根相互连接的结构柱中，仅有五根直接接触地面。位于构架中间的穿枋支撑着另两根附属结构柱，同时也将所有的结构柱连接在一起。卯、榫、槽等木构节点的做法在图片中同样显而易见。

木匠在开凿榫卯前，需要将木构件事先用打磨好的简易手斧固定在锯木支架上，并标记出卯眼和榫头的位置。木构架的每个构件均是在地面完成单元拼装后，才竖立至垂直位置，之后再由纵向的连接构件与近旁的其他构件相互固定。安装脊檩及某些重要结构柱的步骤在中国民居的建造过程中尤为重要，其具体情形在后文还将继续讨论。木制或竹制的椽子设于檩条之上，与檩条十字交叉，成为屋瓦构造的底层。木构架抬起的巨大屋顶重量，能够在填充墙体安装到位前就将整体结构锚固坚实。

榫卯木构节点

抬梁式木构架主要依靠梁的沉重荷载以及销钉、楔子使构件之间紧密贴合。然而，直至 20 世纪以前，穿斗式木构架仅仅凭借榫卯系统连接木构件，偶尔辅以少量木钉。穿斗式榫卯的基本元素包括形状相合的榫头和卯眼：榫头被加工成卯眼的形状插入其中，由此形成的节点不仅坚固结实，而且能够通过延伸调整而适应于不同的温湿度条件。（中国的建筑和家具均采用此种类型的榫卯做法，据浙江省河姆渡遗址的考古发现证实，这一传统可以追溯至七千年前的新石器时期。）早在几十年前，鲁道夫·霍梅尔（Rudolf Hommel）就通过观察得出结论说："榫卯是中国匠人的情之所钟。"[1]金属构件如钉子、

1 鲁道夫·霍梅尔：《手艺中国》（*China at Work*），纽约：约翰·戴出版社，1937 年，第 299 页。

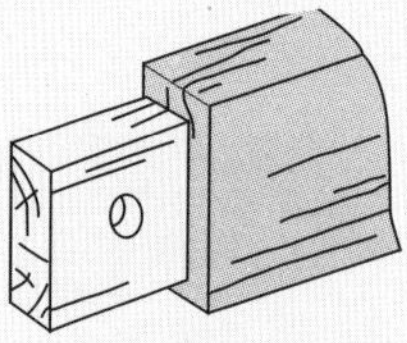

加销钉的梁头榫

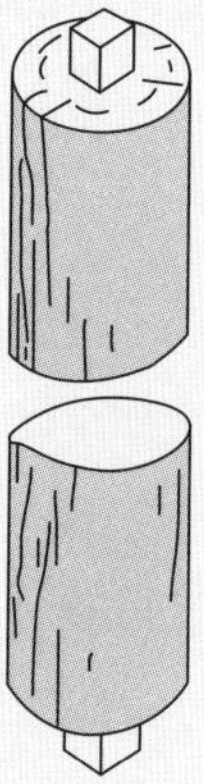

柱榫

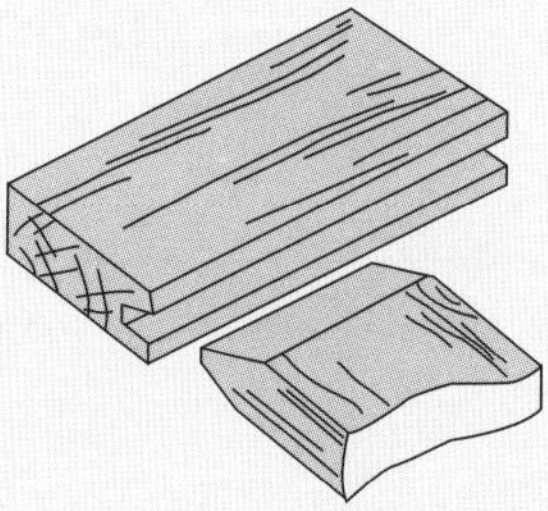

企口板

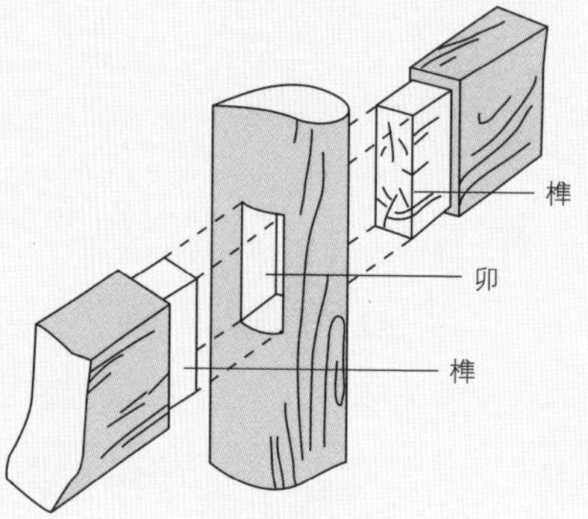

平身柱榫卯

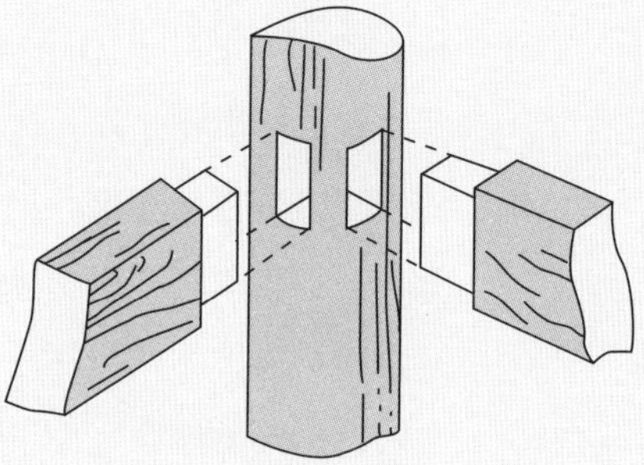

转角柱榫卯

夹子等，直到近些年才在中国的木构架中得到少量应用。究其原因，一则是合适的木构件完全可以替代金属构件，一则是造价的限制，一则是金属构件的脱落会导致结构坍塌。通过巧妙运用包括榫卯在内的各种木构节点，只需要拼装就能将各种不同尺寸的单个构件组合成一个相互连接的结构框架。穿斗式木构架尤其适用于山坡和河岸地带的建筑，因为这种结构形式可以根据场地的特殊需求调整结构柱的长度。

无论是抬梁式还是穿斗式，组成木构架的各种构件在大多数情况下完全暴露在外，仅偶尔嵌入墙体之中。这些构件的线条自然而然地成为优美的装饰性元

1	2
	3 4
	5 6

1 这些图展示了浙江省河姆渡新石器时期遗址中发现的木构榫卯节点，足以证明同类实践早在七千年前就已经在中国出现

2 山西省王家大院某入口门廊处的抱鼓石，表面雕有“寿”字与“福”字

3-6 石雕柱础是中国民居中的常见建筑构件，其造型极为丰富。左上：山西省平遥县范宅；右上：广东省梅县德馨堂，石础上方支撑石柱；左下：四川省广安市邓小平故居；右下：广东省梅县宁安庐

素，如梁柱之间的各种咬合嵌套关系，以及檐廊下方支架上的各种精致木雕。

抬梁式和穿斗式的结构柱均放置在石砌或砖砌台基上，以阻碍潮气渗入柱身，同时也使地面上的白蚁难以侵蚀基座之上的脆弱木材。结构柱的基座也称为柱础，通常由块石粗削而成，顶部及边缘斜切45°角或略作圆形。在大型民居中，柱础往往形制精美：不仅采用鼓形、八角形、莲花形等各种形状，同时雕饰以吉祥图案。柱础本身通常也放置在嵌入地面的固定条石之上。

非承重的围护墙体

为了保护木构架限定出的室内空间，各种不同材料的外围护墙体被民居建筑采用：夯土、土坯砖、黏土砖、块石、圆木或木板、竹子、篱笆以及泥浆。墙体除了用于外围护之外，同时可以用于保护和划分室内空间。实际上，在同一座民居中使用多种墙体材料往往是习见之举。在中国南方地区，非承重墙体有时采用植物性材料建成，如草泥、麦秆甚至混有沙土和稻草的玉米秸秆。这种植物材料墙体除自身重量外，不能承受任何荷载。此外，锯木和竹子同样也是常见的墙体材料。

厚重的承重墙体同样普遍应用于中国民居，其广泛程度甚至超出我们的想象。承重墙体往往由经过夯打、成形或砍削后的各种天然材料建成。相同的材料同样可以建造非承重的围护墙体：这些围护墙体或将木构架完全包裹在内，或仅仅用于填充结构柱之间的空隙。下文将要详细介绍的夯土墙，由黏土质地的泥土与其他物质混合而成。黏土砖则需要在倒模成形后晒干或者入窑烧制。由于中国工匠对泥土性材料情有独钟，所以像料石和岩石这些容易获取的材料反而没有在民居建筑中得到应有的广泛应用。条石，尤其是大理石，是中国南部沿海地区常用的建筑材料。在这里，大理石不仅用于垒砌墙裙，同时也是地面和柱子的常用材料。在中国的很多地区，人们用从河岸和山坡收集而来的大小不一的卵石砌筑矮墙。无论是承重墙体还是非承重墙体，在建造时，有时需要混用某一地区能够获取的各种建筑材料。这一方面是考虑到材料的易得性，另一方面也是出于造价的考量。

· 夯　土

夯土，即将黏土或其他材料重压或夯实的建造方法，在中国拥有悠久历史。不仅民居建筑，甚至包括皇家宫殿在内的各种建筑墙体均采用夯土砌筑。此外，这种筑墙方法也广泛应用于保护村落和城市的高大城墙，以及围合街区和院落的围墙之中。作为一种低廉且低技的建造手段，夯土墙至今仍在中国广大的农村地区随处可见。公元前 3 世纪，秦始皇下令在国家边境建造了绵延万里的夯土城墙，成为今日闻名遐迩的中国长城的雏形。在公元前 3 世纪，烧制的黏土砖已然常见，但直到 14 世纪才在住宅建造中被广泛地、经济地应用。因此，至少到明代之前，夯土和土坯砖一直是筑墙材料的首选。时至今日，鉴于其实用性和经济性，中国各地仍在不断地砌筑着夯土墙体。

在遍布中国的广阔地域，夯土建造方法的兴起缘于无处不在且极易获取的黏土。黏土这种材料通常在紧靠建筑施工场地的区域就能获得，省去了长距离运输沉重材料的跋涉之苦，也避免了其他建筑材料可能带来的供应短缺或造价问题。虽然夯土属于相当耐用的建筑材料，但它也存在诸多根本性的局限：不仅在支撑沉重荷载时尤为脆弱，在安装门窗处也不够坚实。即便如此，许多大型房屋结构，如福建省和广东省的多层寨堡，仍是采用这种简易的技术建造而成。

夯土，即西方所谓的“素土夯实”（rammed or tamped earth），需要在略有收分的墙板中堆满生土，之后再用夯锤将其夯打坚实。一些地区的夯土通常还在泥土中添加沙子和石灰，形成类似于砂浆的混合材料——“三合土”。中国中部地区常见的三合土配方是 60% 的细沙配以 30% 的石灰（即磨碎的石灰石或贝壳）、10% 的泥土，并以少量水将其混合。

在中国北方地区，夯土使用的工具由一对高达 4 米的“H”形桩柱和一副墙板模具组成，墙板模具即一组由细绳捆绑或销钉

固定的可移动细木杆。随着墙体向上夯筑，细木杆能够迅速轻巧地沿着倾斜的“H”形桩柱一层一层向上移动。每根细木杆都必须定期更换以清理表面附着的泥土。在中国南方地区，墙板模具上的细木杆由木板代替。三块木板组成一个没有顶板和底板的盒状模具，尺寸随地区而异。在墙板模具的一端，横头木板从两侧木板中穿出，榫头用小木棍固定；开敞的另一端由穿过墙体的小木条从底部固定住两侧木板，再由木框将其夹紧。拴着石块的铅锤线是简易的找平工具。生土或三合土以 10 厘米厚为一层填入模具之中，每层之上添加少量的碎秸秆、纸壳、石灰甚至水、油之后，再用石制或木制的夯锤不断夯打直至将各种材料均匀压实。夯锤的夯头通常是一块宽约 25 厘米的沉重石块，石块底部为圆形，固定在一根长木杆上。在某些地区，夯锤也可以用一整块硬木雕出：硬木的两端分别被雕成一个大木块和一个小木块，整个形状

1	2
	3

1　这张 17 世纪木刻版画表现了传统的夯土墙模具

2　正如这张老照片所示，盒状模具的两侧分别是大小两块木板，木板之间以横木连接，并用销钉固定。在模具中填满泥土或泥土混合物后，再以木夯锤将其夯打坚实。照片拍摄于广西壮族自治区北部桂林市。类似的夯土墙砌筑方法在中国南方的中部地区仍在践行

3　从 1984 年拍摄于陕西省的这张照片中可以看出，几个世纪前发展出来的石夯锤、木杆模具等传统筑墙方法仍在使用

让人联想起为米脱壳的研杵。除此之外，还有一系列不同尺寸的小工具用于确保泥土混合物夯压紧实。在某些地区，新的一轮夯筑不仅包括墙板模具的移动、抬升、固定等工序，还需要在夯打泥土前在其上铺设一层薄薄的竹篾或卵石，以促使夯土干燥。整个流程不断重复，直到墙体夯筑至所需高度。

门窗框可以在墙体向上夯筑时利用木制或石制过梁预埋在墙体之中。然而一旦墙体夯筑完成，就必须立刻将门窗框之间的夯土全部掏空。由于门窗一类的开口会大大削弱夯土墙体，所以开口的数量和尺寸被严格限制，以免在砌筑过程中减弱墙体承受自重和屋顶荷载的强度。在福建省的多层寨堡中，越靠近台基，夯土墙中的窗户尺寸越小；随着高度上升，窗户逐渐加宽加大。夯土墙体的外表面需要经过数月才能彻底干燥，并且这一过程会受到降水量和湿度的影响。在墙体彻底干燥之后，泥土和石灰制成的泥浆涂料可以用于粉刷墙体表面。

· 晒干型黏土砖

晒干型黏土砖，或称为土坯砖，在保留夯土经济实用这一优点的同时，在建筑形式上具有更大的灵活性。在中国早期的建造实践中，土坯砖似乎仅仅作为夯土结构的辅助材料用于建造楼梯、门框、室内分隔墙，或者在中国北方的广大地区用于砌筑内部生火的暖炕。直到今天，虽然许多报道已经证实黏土建造的房屋在洪水、地震等自然灾害中极易损坏，但中国农村地区仍在大量使用这种相对廉价的土坯砖和夯土建造新的房屋。如果压缩得当并干燥完全，土坯砖的硬度堪比石块，但若采用错误的制造方法，土坯砖则会变得极为易碎。

黏土砖，无论是晒干型还是烧制型，均是利用建筑工地近旁的黏土用较为简易的技术制成，其原料的易得性这一特点与上文介绍的夯土墙相似。根据创作于17世纪的营造书籍《天工开物》的记载，我们可以了解当时乃至于今日中国各地普遍采用的黏土砖制作工艺。首先，从建筑工地近旁挖得的潮湿黏土需要手工放

1 2

3

1 17世纪的技术性著作《天工开物》表现了砖坯塑型时所采用的窄木板条模具。泥坯在模具中压实后，再用金属线制成的弦弓刮去多余砖泥。如图所示，成形的砖坯由另一名工匠搬运至附近场地等待晾干

2 明代利用砖窑烧制薄片型砖瓦（堆放在图中后侧）的技术大为盛行。在《天工开物》的这张图示中，为了在砖的表面形成一层釉面，烧砖时需从顶部向窑内灌水

3 在20世纪末的中国农村地区，制砖的方法仍然沿袭着《天工开物》图示中的技术。一如版画所示，工匠站在低处有利于其压制砖坯、使用弦弓。照片拍摄于浙江省

入模具之中，模具由固定在一起的木板条组成，能够一次性制备两块砖坯；其次，利用金属线制成的弦弓将黏土修理平整；最后，从模具中将两块砖坯取出，等待进一步加工。另一种制作工艺需要在模具中将黏土压实，即在手工装入黏土后，用脚或石杵夯打泥土使其压缩紧密。与采用完全干燥的黏土制作的黏土砖相比，采用潮湿泥土制成的黏土砖往往较厚、较宽也较短。但无论采用以上何种制作工艺，黏土砖均需要堆放干燥。并且在干燥过程中，通常在砖上覆盖一层由稻草制作的坡顶棚屋，以避免被阵雨淋湿。

土坯砖如同厚厚的长方形黏土切片，有时竟是采用极为简易的方法从稻田的底部直接切割而出。这种方法不仅能够制备出所需的建筑材料，同时也是防止稻田自然淤积的手段。在中国南方的某些地区，通常每十年进行

1 在中国南方的一些地区，土坯砖是从农田中切割而出，这种方法不仅能够制备出所需的建筑材料，而且移除多余的泥土还能防止农田自然淤积。照片拍摄于广西壮族自治区荔浦县

2-3 土坯砖的尺寸在不同地区之间差别很大。这种类型的土坯砖在模具中成形后，需要晒干才能使用。在之后的一段时间内，砖块暴露在阳光和热气中还将继续硬化

一次这样的土地整治，其时机选择在秋季犁地、耙地以及用石碾碾地的工序结束之后。当一场暴雨将田地变得泥泞，而雨后的蒸发过程使土壤湿度降至一种密实而黏稠的状态时，就可以将土壤切割成约 15 厘米厚的砖块大小，利用铁铲将其一块块从稻田底部取出。在一些地区，采用上述方法粗切而出的砖块可以直接堆放晾晒。但在广西，每一块土壤都需要采用木制或竹制的简易模具量取，并且在模具中用脚踩实成规整形状。在砖块成形之后，模具的竹制边框被抬起，仅留下砖块在原址并排晾晒。数日之后，砖块被移放至稻草棚下，继续堆放并晾晒数周后就完成了所有的制作工序。

· 烧制型黏土砖

虽然烧制型黏土砖直到 14 世纪的明代才成为廉价材料得到广

1
2

1　在福建省洪坑村福裕楼中，建筑室内隔墙采用烧制型黏土砖，但外墙却用夯土砌筑

2　这条窄巷两侧的外墙采用红砖和现成的花岗岩块石混合砌筑而成。照片拍摄于福建省泉州市

泛应用，但早在公元前3世纪的汉代，烧制型黏土砖的建造实践就已经开始在住宅建筑中流传。与土坯砖相比，经过烧制的黏土砖在材料质量方面是巨大的进步：在耐久性、防水性和耐火性上，烧制型黏土砖均大大优于土坯砖。然而，烧砖所需的大量燃料使烧制型黏土砖的造价也远远高出土坯砖。当烧砖的火苗温度达到1150℃时，生土中的硅能够被烧结并产生部分玻璃化反应；但这种化学反应使得烧制型黏土砖不能像土坯砖那样被粉碎、重组并重新加以利用。在中国的不同地区，由于制砖所用的泥土类型多样，烧制和冷却的工艺也各有千秋，烧制型黏土砖的颜色便具有变化万千的地区差异。

根据20世纪30年代的调查结果，全中国仅有约20%的农村民居墙体采用烧制型黏土砖，并且大多数位于富庶发达的水稻产区，如中国中部和南方地区的低地与肥沃山谷。然而在刚刚过去的三十多年间，中国住宅建设的浪潮见证了不断增多的“盒子”住宅。这些“盒子”大多采用土坯砖和烧砖建造，使得在中国各地能够很容易地观察和记录这两类材料的生产和建造实践。从准备黏土到翻模成形再到入窑烧制，烧制型黏土砖的每道制作工艺都需要比土坯砖更复杂的技巧和专业知识，尤其是对烧砖所需的燃料用量的掌控。对许多中国人来说，烧制型黏土砖的质感和色彩甚至优于灰色水泥浇筑的墙体。

土坯砖或烧制型黏土砖的运用方式能够体现出一个家庭的总体经济状况。贫穷的家庭只能使用简易的夯土或土坯砖，而拥有足够经济实力的家庭则更加偏爱烧制型黏土砖。在过去，中国农民熟知如何将夯土墙部分替换为土坯砖，或者将土坯砖一块一块地替换为烧制型黏土砖，以此获得更坚固、更耐用、更防水的墙体。在今天，当农民对建造成本精打细算时，这种做法虽为权宜之计，但仍不失足智多谋。例如，一些现代住宅建筑在明显可见的部位采用烧制型黏土砖，却将水泥或块石用于较为隐蔽的部位。不同的砌砖法能够在墙面形成各种砖花图案。虽然这些图案在中国各地变化万千，但大多数与西方建筑中的大同小异。

· 竹　子

竹子是中国民居建筑采用的植物性材料中用途最广泛的。尤其在横跨四川省、湖南省、湖北省[1]的长江中游沿岸地区，以及云南省和贵州省的少数民族民居中，竹子的使用尤为普遍。竹子作为一种生长迅速、形态多样且功能复合的禾本植物，具有许多结构上的优点：强度高、重量轻、硬度大、韧性好；但同时也难以避免一些缺陷，如构件之间不易连接，并且难以承受劈裂、腐朽、燃烧等破坏。由于竹子中空的圆柱形外壳尺寸多样，并且利用简单工具就能轻易切割、劈裂，许多不同用途的建筑构件都能采用竹子加工成形。具体来说，这些竹制建筑构件包括各类框架和龙骨，檩条、椽子、脊檩等屋顶构件以及各种不同形态的墙体。当竹子被劈开并清除内部竹节时，半圆柱形的竹片还可以用于覆盖屋顶。这些竹片或者开口向上并排排列，或者像瓦片那样相互搭接。

如果用竹子建造墙体，则需要将竹竿劈成柔软的竹篾，然后将竹篾成 90° 角编成格栅或者竹席，制备出全部或局部墙体的主要材料。用竹篾编成的外围护墙通常还需要在两面用泥浆或白石灰浆抹面，以形成不透水的密封墙体。如果要为四川省和江西省的编竹夹泥墙寻找一个相似的西方建筑做法，那么英国和德国的那些木构架露明的简易乡村住宅应是十分接近的案例。根据 20 世纪 30 年代的一项调查，中国民居中近 30% 的墙体以植物性材料编成，而在中国西南部地区，这个数据更接近三分之二。即便在经济相对发达的中国台湾，直到 1958 年仍有 40% 的农村住宅主要采用竹制构件而非土坯砖或烧制型黏土砖建造。

虽然竹子遍布各地、应用广泛且历史悠久，它的缺陷亦不容忽视。例如，与木材相比，竹制构件在接触潮湿泥土时更易腐坏。此外，竹子难以抵御白蚁等昆虫蛀蚀，而且极为易燃。正因如此，竹制板材往往安装在远离地面的墙体高处。今天的中国住宅已经很少采用竹子制造结构构件了。过去以建造“竹楼”闻名的少数民族傣族，现在也放弃了这种用竹子建造的组合式坡屋顶建筑，而改用木材建造结构柱和

[1] 此处原文为“河北省”，但根据下文的“长江中游地区”，可以判断“河北省”应是“湖北省”之误，据改。——译者注

1 流动民工正在将竹竿劈成编制墙板所需的竹篾。照片拍摄于浙江省

2 编竹墙板需要先用泥浆或白石灰浆密封，之后再粉刷表面。照片拍摄于四川省阆中市

墙体。有趣的是，傣族现代民宅的木构架仍在不断地模仿着传统竹楼的形式。即便竹子在现代建筑中已经退化为辅助构件，但绵延不绝的山坡与漫山遍野的竹丛使得竹子在今天仍保持着速生、易得的优点。一些致力于推动可持续建造实践的建筑师，为了替换越来越稀有的昂贵的木材，已经号召人们在建筑结构中增加速生竹的使用。作为家具、凉席、艺术品、篱笆、篮筐、装饰品、缆线、桩柱、雨伞、婴儿车、炊具、盒子、针、扁担等各种物品的原材料，在今天的中国日常生活中，竹子的重要性仍可与现代材料相匹敌。

· 高粱与玉米秸秆

虽然高粱和玉米秸秆直到20世纪中叶仍是中国北方或东北地区贫农常采用的建筑材料，但在今日的住宅墙体中已经颇为罕见。在过去，秸秆被绑扎成捆后，竖立放置在墙体框架之中，然后用粗糙的泥浆涂抹表面。有时更在室内增加一层秸秆；这样，在两道墙体粉刷完成后，能够在墙体中间形成一层封闭空气层，以提高墙体的保温性能。

· 石　材

石材在中国建筑中的应用广泛程度并不与其易得性相匹配。只有在较为贫瘠的山区或沿海地区，当可用于夯筑或制砖的泥土非常有限时，石材才成为较常用的建筑材料。但与此同时，石材却广泛应用于建筑台基、墙基、台阶和地面，甚至能够雕镂成结构柱和花格窗。

· 木　材

在中国西北部、西南部、东北部的一些林木茂盛地区，可以采用泥浆抹面的粗削圆木建造承重墙体。这种圆木建造的井干式木屋是中国边境丘陵地区少数民族民居的主要形式。通常，井干式民居由粗加工的树干呈水平方向层层垒叠而成，并在结构转角处相互搭接。不加砍削的圆木端头往往从转角伸出，在搭接处的上下分别凿出凹槽，使各层圆木能够紧紧卡在原位。

虽然实木板在普通民居中并

1 2
3 4

1　这张朴素的木花格窗框特写展示出窗户内侧破损的窗户纸。照片拍摄于北京市爨底下村

2　结构柱、梁以及屋檐支撑构件全部采用木材制成，它们埋设在山墙内，支撑着屋顶檩条及其上方的椽子。照片拍摄于福建省泉州市

3　图中这种繁复的“冰裂纹”花格拍摄自北京一座新建四合院内的门板上

4　花格窗能够调节室内采光、通风与私密感。照片拍摄于河南省康百万庄园

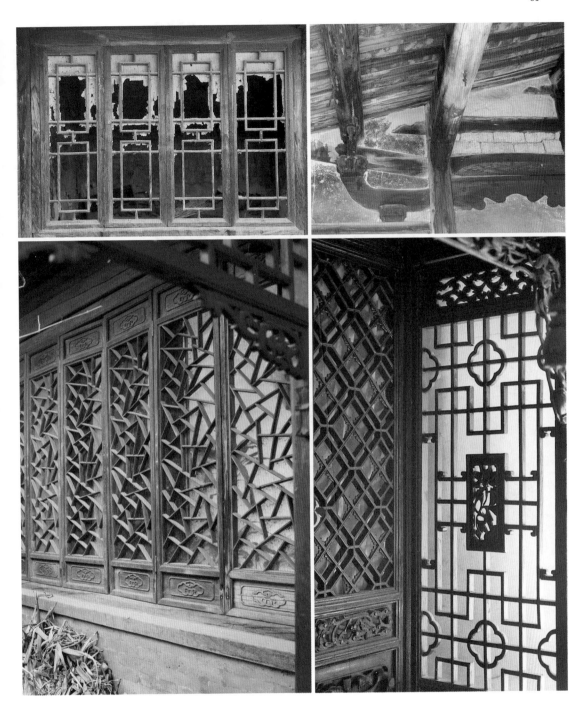

1
2

1　较为富裕的家庭往往采用硬木与软木配合制成各种结构性和装饰性的木构件。照片拍摄于福建省洪坑村林氏福裕楼

2　在这座砖砌硬山顶民居的山墙上，风格化的“寿”字及其周围环绕的云纹图案共同构成了丰富的装饰。照片拍摄于河南省康百万庄园

不是建造墙体的主要材料，但在中国中部和南部的许多山地，充足的原料使得实木板在民居建筑中的应用长盛不衰。在富人宅第中，实木板被木工雕镂成精美的木制花格，安装在门板或窗户的局部；不仅成为联系室内外空间的半透明隔断，同时与木构架上的雕刻花纹相映生辉。无论采用上述何种轻质隔墙，建筑的木构架均暴露在外，使梁柱的优美线条能够成为建筑最自然的装饰。

屋顶造型与轮廓

虽然屋顶主要用于覆盖建筑结构和室内空间使其免遭风吹雨淋，但它同时可以成为独具表现力的建筑造型元素，有时甚至与强烈的象征意义相勾连。无论是覆盖屋顶的材料，还是屋顶的坡度和轮廓，均受到气候条件和经济因素的双重制约。在雨量丰沛的地区，如何将雨水迅速排向檐口是屋顶设计的主要目标，以尽可能避免潮气渗入建筑。在中国民居中，鱼鳞状或鸟羽状的瓦屋面坡屋顶是最常见的屋顶形式，因为这种屋面有利于将雨水分散导流。除了排水之外，屋顶的另一个作用是保温隔热。对于大多数中国住宅来说，屋顶可能仅仅是一个功能性构件，除了简单地遮挡雨水外别无他用。然而，与贫穷家庭居住的简易宅舍不同，在富商巨贾兴建的豪华宅邸中，屋顶往往采用微妙的曲线和华丽的材料，营造出强烈而优雅的造型轮廓。一些学者甚至认为，中国人对屋顶造型的重视，好比西方人对立面的痴迷。

除了简单的平屋顶和单坡棚屋顶，中国的双坡屋顶主要由四种类型构成。在大多数情况下，双坡屋顶的侧立面和正立面均采用对称形式，前者营造出对称的山墙形象，而后者则以正脊为表现重点。“硬山顶”（参见第 176 页图 1、第 225 页图 4）是一种遍布中国北方农村和城市的屋顶类型，它的特点在于屋顶在山墙不出挑，形成了完全齐平的山墙面。由于屋顶无法保护山墙面不受雨水冲刷，这种类型的屋顶更适用于雨量较少的地区。然而，在雨量丰沛、台风多发的中国南部沿海地区，民居建筑也采用这种完全齐平的山墙，因为较小的屋顶出檐有利于抵御狂风。

硬山顶房屋有时在山墙顶部或正脊上添加简单的砖雕装饰。明代以前并无关于硬山顶的记载，可见这种屋顶可能是随着烧制型黏土砖的广泛应用才逐渐兴起。许多硬山顶的山墙都是承重墙，直接承受檩条和瓦屋顶的大部分重量。

马头墙作为民居山墙，其高度比屋顶坡面更高。虽然这种山墙不同于硬山顶山墙，但由于二者的屋顶在山墙面均不出挑，所以我们将其放在这里一并讨论。马头墙在安徽省、江西省、浙江省和江苏省南部十分常见，它在屋顶之上层层叠起的夸张造型可能起源于建筑之间的防火墙。在建筑密集的城镇或村落，无论民居、寺观、宗庙还是任何其他类型的建筑，均在两座房屋之间建造马头墙式的隔墙。因为在屋顶之上高高升起的马头墙，能够阻碍火势在相邻的屋顶间蔓延。随着烧制型黏土砖在明代成为较为廉价的建筑材料，马头墙在此后的民居中变得越来越普遍。虽然几乎所有马头墙均采用对称的顶部轮廓，但其具体造型却变化无穷。另一种与马头墙功能相似的山墙名为“翘角”[1]，即中国东南部地区一种起伏飞扬的山墙做法。无论是台阶状的马头墙还是飞翔的翘角，为了增加美学效果，往往在墙顶覆盖深色瓦片使山墙轮廓更加突出。于是，山墙顶端的深色轮廓与下部白粉墙面之间的强烈对比，形成了中国民居建筑一个独一无二的标志。

另一种屋顶类型称为“悬山顶”或“挑山顶”（参见第 299 页图 1）。这种屋顶的檩条悬挑在山墙之外，对山墙具有一定的保护作用。虽然这种屋顶遍布中国，但有趣的是，在某些雨量丰沛的地区，如台湾地区和福建，悬山顶却并不多见。考古发现证实，悬山顶山墙虽然最早见于东汉时期，但直到唐代才成为屋顶的一种主流形式。

四坡顶，也称为“四注顶”或“四阿顶”[2]，是由四个坡面组成的屋顶类型，其中的每条屋脊都是由坡面两两相交形成。由于四坡顶的轮廓端正优雅，这种屋顶是明清时期的宫殿、寺观和大型宅第中最常见的形式。即使四坡顶的转角部分需要复杂的木工技艺，它的魅力却往往令普通

1 翘角是福建省、广东省等中国东南地区民居特有的山墙形式，具体的样式有很多种，共同特征包括反曲向上的弧形正脊和起伏的山墙墙头。详见黄汉民：《福建民居的传统特色与地方风格（下）》，《建筑师》第二十一期，第 188 页。此处英文原文为“qiaoji”（翘脊），据改。——译者注

2 此处英文原文为“sihuding”，但中国传统的四坡顶建筑没有此种发音的名称，所以这里改译为“四阿顶”。例如故宫太和殿的屋顶即为四阿顶。——译者注

1
2 3

1 在浙江省乌镇的运河沿岸能够看到各种造型的屋顶。照片右侧形式朴素的马头墙同时具有隔绝火势的重要功能

2 江苏省甪直镇沈宅中的这种台阶状山墙从屋顶坡面上升起，是另一种形式的"马头墙"。一些人认为这种山墙的得名缘于其造型神似飞扬的"马头"

3 福建省洪坑村福裕楼内层层叠叠的屋顶据说像一只展翅高飞的凤凰

1 2 | 5
3 4

1　吻兽作为一种防火图腾，广泛应用于宫殿和民居的建筑屋顶上。照片拍摄于河南省康百万庄园

2　这个屋顶正脊装饰由层叠的平瓦与拼合成铜钱状的板瓦组成。照片拍摄于四川省南充市

3　坡屋面上相互重叠的仰瓦与合瓦通常在端头设置装饰瓦当。照片拍摄于福建省永定区

4　两种装饰瓦当的特写，瓦当表面已经锈迹斑斑。其中三角形的瓦当据说能够加速排水。照片拍摄于四川省南充市

5　锡制檐沟上塑有“纯”字的装饰物特写。这一装饰物位于内房，仅妇女可见，因而具有教化和警示的作用。照片拍摄于安徽省宏村

民居也无法抵挡。更令人惊讶的是，朝鲜半岛少数民族的简易茅舍中甚至也能看到四坡顶建筑的形象。与屋顶正面和背面的檐口相似，四坡顶的山墙同样具有悬挑的屋檐。四坡顶另有一种复杂的变体，即将四坡顶和双坡顶结合在一起的“歇山顶”（参见本书第 187 页图 3、第 301 页图 3），这种屋顶构造的复杂程度令许多能工巧匠也不得不望而却步。具体说来，歇山顶的建造需要将四坡顶侧面的两个坡面减短，在正脊之下分别形成两个三角形的山花[1]。在西方，这种屋顶结构也称为复折式屋顶。根据各个历史时期的绘画资料可知，四坡顶在宋代以前曾广泛应用于各种住宅之中。然而到了明清时期，以反对铺张浪费为目的的强制性法令使得四坡顶仅可用于宫殿建筑。只有在远离皇权控制的云南省的偏远地区，才能在少数民族的简易民居中看到与歇山顶类似的建筑，如傣族、景颇族、德昂族、布朗族、基诺族的竹构茅草屋顶，即采用四坡顶与山墙结合的复杂轮廓。

屋顶正脊和檐口处的装饰使中国民居的轮廓线更加丰富优美。由于不同角度的坡面相接处的缝隙最易发生雨水渗漏或热量散失，所以接缝处尤其需要重点设计。在脆弱的屋脊部位覆盖“V”形或倒“U”形脊瓦的做法不仅具有悠久历史，同时也能解决上述功能性问题。除了实用功能之外，屋顶、檐口、山墙上的其他装饰，则更多地具有超越功能的象征含义。

对于屋顶正脊两端向上翘起的构件，中国建筑史学家推测其最初目的是为了保护正脊附近的屋顶，防止其被大风掀起后将建筑暴露在风雨之中。随着时间的推移，正脊两端逐渐形成了“鸱尾”或“正吻”——一种具有防火辟邪象征的沉重装饰物。在中国北方，许多民居的正脊两端分别沿脊线伸出一条烧砖装饰物。这些装饰物虽然有时仅微微起翘，却无一例外地雕刻着优美的线条和图案，有时更在其上附加其他装饰物。在陕西省南部地区，“正吻”则进一步发展成为预制构件。当地人将这种烧制的屋顶装饰物称为“脊吻”，并赋予其预防火灾的神奇力量。

即使简单的弧形屋面瓦也

[1] 歇山顶由上、下两部分组成，上部是双坡顶，下部是四坡顶，二者在前后两面平滑连接，左右两侧则由上部的三角形墙面和下部的坡屋面组成，其中上部的三角形墙面称为“山花”。——译者注

能排列出有趣的装饰图案，其中一些甚至具有趋吉避凶的象征意义。例如，福建和台湾地区的民居正脊有三种基本形式，即所谓的“燕尾”“马背”（或称“马鞍”）与“瓦镇”。传统燕尾脊的优雅造型由悬挑砖饰与砖饰下方的金属支撑杆构成，现代新建的燕尾脊则大多采用钢筋混凝土整体浇筑。马背脊，即马鞍脊，在保留燕尾脊微微倒吊的正脊曲线的同时，取消了正脊两端飞扬的砖饰。名为“瓦镇”的正脊形式常见于台湾地区南部的客家民居，在台湾地区北部也有零星实例。但这一名称的含义与建筑功能全无关系，仅仅用来表达镇宅保平安的美好愿望。

屋面材料

虽然公元前11世纪的中国民居就已经开始使用晒干型屋面瓦，但早期民居最常见的屋顶做法仍是在坡屋面上铺设树枝或木条，最多不过在其上用泥浆抹面以隔绝风雨。即使在各种屋面瓦已经随处可见的今天，植物和泥浆仍是一些地区覆盖屋面的材料。

· 麦秸泥

在中国北方和东北部地区，由植物和矿物质层叠而成的麦秸泥屋顶在不同地区各具特色。但无论如何变化，这些地区的屋顶形态均受到半干旱和严寒气候条件的制约。总体来说，中国北方和东北部地区的屋顶包括以下形式：平屋顶、略微倾斜的坡屋顶、单坡屋顶、双坡屋顶，甚至还有像水桶一样上凸的曲面屋顶。这些厚重的麦秸泥屋顶与民居两侧、背面的密实夯土墙、砖砌墙配合，为北方住户提供了绝佳的室内保温效果：不仅隔绝了室外寒气，同时能够保持室内人工取暖的热量不向外散失。

多层麦秸泥屋顶的传统做法包括以下工序：首先，在屋面椽子上铺设一层望板或芦席，有时两者并用；其次，将芦苇或高粱秸秆铺撒在上述基层上，作为保温材料；接下来，在植物保温层上继续铺设两到三层泥浆和麦秸混合物，并夯打直至面层光滑平整；最后涂抹一至两层石灰混合物，混合物由白石灰、青石灰、少量的石墨和水组成。根据地区条件，粉碎的煤渣和碱化土壤可以用来替换麦秸泥中的泥浆。石灰，即氧化钙，是一种易结块的白色腐蚀性粉末，它在中国建筑中的应用具有悠久的历史。除了在北方的多层麦秸泥屋顶上用作防水面层，石灰还是一种基本的涂料黏合剂，在粉刷墙面、地面和天花板时有助于涂料硬化。在中国，只要是含碳酸盐超过 50% 的沉积岩产地或贝壳产地就能看到烧制石灰的窑灶，并且常与黏土砖窑相伴成群。

·茅　草

茅草作为一种结实耐用且相对廉价的屋面材料，不仅是穷人建造宅舍的传统材料，同时也被文人用于宅第或书斋中以追求质朴的乡野之趣。虽然各地的茅草可以细分为杂草、芦苇以及各种不同类型的秸秆，但各种茅草均兼具防水与保温的优点。在中国北方与东北部地区，可以用作茅草的植物包括麦秸、稻草秆、高粱秆、小米秆以及芦苇。以上植物在收割、干燥、捆扎之后，就可以固定在屋顶构架上并堆叠形成厚厚的屋面层。由于茅草重量较轻，由其构成的屋面层甚至不需要粗壮构架的支撑就能保持稳定。然而，如果对屋顶的坡度或茅草的压实度掉以轻心，几场夏日暴雨过后，吸饱了雨水的茅草屋顶就可能因增重过多而垮塌。于是，茅草屋顶在初建时往往采用较薄的厚度，但必要的修补却会使茅草不断叠加，最终难免越来越厚重。

中国南方各地通常采用绑扎成捆的稻草和杂草建造茅草屋顶。根据 20 世纪 30 年代早期的统计数据，茅草屋顶在冬麦和高粱产区以 55% 的比例成为大多数民居的屋顶材料，这些地区包括河北省、河南省、安徽省和江苏省北部；甚至在更为富庶的四川省水稻产区与长江流域的稻麦轮作区，茅草屋顶的比例亦分别高达 44% 和 41%。然而，在全国范围内，茅草屋顶的比例在所有屋面材料中降至 28%，仅略多于麦秸泥屋顶（24%），而远少于瓦屋面（48%）。今天，采用茅草屋顶的民居建筑已经非常少见，但在饲养禽类或其他动物的大型农舍中，茅草仍是覆盖建筑结构的经济型材料。

1

关于瓦在中国的出现时间，考古发现的实物证据最早可追溯至西周时期。文献记载称夏朝即开始生产瓦，多源自神话传说，如《博物志》有“昆吾氏作瓦”,《古史考》有“桀作瓦”。详见刘敦桢：《中国古代建筑史》，北京：中国建筑工业出版社，1984 年，第 39 页。梁思成：《〈营造法式〉注释》，香港：三联书店（香港）有限公司，2015 年，第 50 页。——译者注

·陶　瓦

与泥浆混合物和茅草能够一次性覆盖大面积屋顶不同，陶瓦作为尺寸较小的单元式片材，需要一块一块地相互搭接才能将屋顶从左至右、从上至下覆盖完全。陶瓦除了需要复杂的制作工艺外，其铺设同样需要特殊的技巧。中国最早记载瓦的文献可追溯至夏朝。[1]之后跨越数个世纪的发展使陶瓦的类型逐渐增多，分化出平瓦、弧形曲面的板瓦、圆柱形曲面的筒瓦以及专用于檐口的瓦当。烧制砖瓦的技术在汉代和明代分别发生了两次飞跃，这两次巨大进步可能均与制陶工艺的发展密不可分。五花八门的陶器促使陶瓦在形状和功能方面向多样化发展，产生素面与釉面、灰色与彩色的种种区别。假以时日，薄而韧的瓦片、防滑落的瓦片等各种类型的陶瓦相继面世，标志着制瓦技术的长足进步。

平瓦可能是各种陶瓦中出现时间最早的。由于平瓦需要相互重叠才能牢固搭接，所以之后出现的圆柱形曲面瓦比平瓦更节省材料。也正因如此，当圆柱形曲面瓦的生产技术发展成熟时，这种瓦片即取代平瓦成为更普遍的陶瓦类型。瓦片在屋顶上的铺设方式千变万化，由此亦带来屋顶造型和排水能力的各种差别。在中国南方地区的各种瓦屋面中，瓦片仅依靠自重固定在屋面上，最多增加一道结合层。这种薄屋面的做法是对亚热带地区湿热气候的极佳回应：在这里，房屋的通风比保暖更加重要，因为当室内热气从屋面排出时，自由“呼吸”的房屋能够有效避免热量在室内聚集。

总体来说，瓦屋面能够比茅草屋面和泥浆屋面更加迅速地排除雨水，尤其随着瓦片制作工艺与铺设技巧的不断进步，其优越的排水性能亦获得不断提升。在所有关于陶瓦的技术创新中，瓦当的发明应当是改善屋面排水功能的最大进步之一。由于瓦当的形态多样，有半圆形、圆形以及类似三角形的各种形状，并且大多数都在表面模塑或雕刻凸起纹样，所以不少人曾误以为瓦当仅是突出于檐口的纯装饰性元素。然而，建筑史学家的研究表明，当檐口排除雨水时，圆形轮廓瓦当的排水速度要明显快于不带瓦

当的普通半圆形曲面瓦。由此，一些研究者甚至认为，正是排水这一功能需求导致瓦片最终发展成为半圆形，并非所谓美学上的考量。三角形的檐头滴瓦同样能够将坡屋面上的雨水迅速排除，使其快速落向地面。由于典型的中国建筑屋顶往往在靠近正脊处坡度陡峭，而在檐口处变缓，所以加速檐口排水显得尤为重要。后来常用的瓦当形状，就是适应于实际排水需求的发展结果。

在20世纪30年代，虽然全中国有半数以上的农舍屋顶采用瓦屋面，但不同地区之间的巨大差异却不容忽视。在南方水稻产区，超过三分之二的民居屋顶以屋面瓦覆盖，但到了北方小麦产区，这个数据却骤降至四分之一。在东南沿海富饶的双季稻产区，采用烧制屋面瓦的民居建筑比例高达98%。一般说来，大型农场比中小型农场更倾向于采用屋面瓦覆盖屋顶。

1 2 | 3 4

1-2 17世纪的《天工开物》清晰展示了屋瓦的制作工艺。位于中间的工匠正使用弦弓从压实的泥坯上切割陶土薄片。切下来的薄片贴裹在可旋转的圆筒模具表面，由另一名工匠将其表面抹平塑型。在右图中，圆柱形瓦坯被分解成瓦片，堆放在后侧

3-4 在今天的中国许多农村地区，制瓦的方法仍与几个世纪前的工艺大同小异

成书于17世纪的《天工开物》描绘了传统的屋瓦制作方法，而这种需要密集劳动的手工业在今天仍在中国的许多地区继续践行。由于制作屋瓦需要大量泥土作为原料，而运输原料比搬运工具与修建窑灶困难得多，所以生产屋瓦的作坊往往没有固定的选址，一旦在哪里发现了原料，就可以就地取材开始作业。瓦片的泥土原料通常选用农田的陶土或河底的淤泥，再添加少量水搅拌直至黏度适宜。搅拌时或由工人赤脚揉拌，或由大型牲口在泥塘中反复踩踏。当泥土混合物搅拌成为熟泥后，就可以制备成一块块紧实的立方体泥坯。立方体泥坯的高度最大可达1米，但其具体尺寸需要与屋瓦的尺寸相匹配。

瓦匠利用木制或竹制的铁线弦弓，能够将泥坯切割成与瓦片厚度、高度相等的薄片。虽然各种不同形状的瓦片均是由熟泥薄片制备而成，但薄片的长度不仅因瓦片而异，同时还受到制瓦所用的圆筒模具的制约。柔软的

熟泥薄片需要在小臂和手掌的配合下抬起，并贴裹在圆筒模具上。圆筒模具可以分解拆卸，其一端略小，近似于圆锥形。虽然今天的大多数圆筒模具都能像制作陶器的圆盘那样旋转，使瓦匠保持原地不动，但历史资料中的17世纪模具却似乎尚未发展出这项功能，因而瓦匠不得不围绕着固定的模具不停移动。圆筒模具类似于由多个木条组装起来的可拆卸木桶，上泥前需套上布套。圆筒模具上等距离地设有四条凸起的竖向细木棱或竹棱，这些细棱能够在泥胎上留下四条竖凹线。当瓦坯脱模之后，顺着凹线就能轻松地将瓦坯从圆柱形分解为四块尺寸相同的瓦片。圆筒模具放置在可转动的圆盘上，瓦匠只需转动几下就能将泥胎面抹平。抹平工序开始时可以徒手操作，之后则需要借助一把曲线切刀。瓦匠将切刀固定在手指与手掌之间，随着模具转动就能将泥胎表面塑成平整的圆锥形。此外，简易的铁线切割工具能够将泥胎的端头切割整齐。在完成上述瓦坯制作工序后，圆筒模具与贴裹其上的圆柱形瓦坯将被共同搬运至晾晒场地。手腕只需轻轻一转，模具就能从瓦坯上脱落下来。圆筒模具和瓦坯分离之后，仅剩下瓦坯在场地上风干，根据当时的温湿度可以为瓦坯增加一定的遮阳。一天或几天过后，当瓦坯晾晒至稍硬，就可以将其层层堆起以节省空间。一旦彻底风干，只需用手轻轻拍打，圆柱形瓦坯就能沿着模具细棱刻出的竖凹线分裂为四片。分开后的四块凹面构件，在入窑烧制之后由浅棕色变为灰色，即完成了四块槽形屋面瓦的制作。

· 木板瓦或石片瓦

在中国东北部和西南部的局部山区，由于土壤贫瘠，建筑长期使用木材与条石作为主要材料。木板瓦，即从圆木上劈出的木片，通常直接铺设在屋面上。由于不设置结合层，木板瓦需要以三分之二的面积相互重叠搭接，仅有三分之一的面积暴露在外。即便如此，大风还是能够轻易将木板瓦掀起，好在重新铺设也并非难事。有时为了固定木板瓦，可以在其上放置石块，但在狂风暴雨之中这种补救措施亦无济于事。

石板作为从坚硬岩石上切割下来的薄片，与较软的页岩一起，是中国局部地区覆盖屋面的耐久性材料。这两种石料不仅不透水，持久耐用，又可防火，更重要的是能够抵御大风的侵袭。

环境意识

中国拥有与美国面积相似的广阔领土，并且纵贯于相似的纬度之间。从湿热的亚热带绵延至干冷的寒带，中国的地理条件使得各地民居的气候条件变化万千。从这个角度来看，就不难理解中国民居何以能够在开窗方式、房屋朝向、建筑材料、出檐深度以及屋顶坡度上具有如此繁多的差别。在中国北方地区，大量民居采取南向或东南向。这样的朝向选择表现出建造者对环境的敏锐认知：当冬季阳光角度较低时，南向房屋能够最大限度地获取阳光；而到了夏季，角度较高的阳光无法穿透房屋，则可以防止南向房屋过于炎热。与此同时，北方民居的侧墙和后墙往往不设置门窗，在冬季西北风的长期肆虐中成为保护住宅免受侵袭的重要屏障。无论平顶、曲面屋顶、单坡屋顶还是双坡屋顶，北方建筑的厚重屋顶在很大程度上是为了抵御冬季早春的严寒狂风而建。上文已经述及，北方民居的院落形状和规模具有显著的地区差异。作为对地方气候条件的回应，院落的形态会相应地变得窄长或者宽阔。北方院落中通常种植落叶树种，这种随季节变化的树木能够在夏日提供阴凉，在冬季落叶避免遮挡阳光。在民居相对开敞的外立面上，窗户纸是传统的密封材料：它们粘贴在窗框内侧或墙缝之上，能够减少冷风渗入并防止热量散失。随着年复一年的自然剥落，窗户纸需要不断翻新，但翻新最好选择在春、夏、秋三季之后，因为旧窗户纸上的缝隙在这三个季节恰好是引入清风的通风道。由于窗户纸的接缝具有良好的密封性，在冬季甚至需要在其上捅破一个小洞以排除室内烧火产生的毒气，有时在小洞周边粘贴一层剪纸以加固洞口。在黄土高原地区，建造在山坡之中或地面以下的窑洞昼凉夜暖，表现出应对环境的智

世界上再无任何其他地方拥有像中国江南地区那样密集且四通八达的运河、水塘、河流网络，中国人自豪地将这里称作“鱼米之乡”。江南地区的民居、农业、商业等生活中的方方面面均完美地适应于长江三角洲充裕的水资源条件。在这张拍摄于19世纪末的照片中，江苏省苏州市运河两岸民居低矮的屋顶轮廓，被远处一座基督教教堂的尖顶打破巧。而在极度干旱的地区，泥土的保温性能则使得土坯砖或夯土建造的房屋能够抵御当地极端的昼夜温差。

中国南方起伏多变的地形条件，为当地居民因地制宜地利用向阳坡、局地微气候、可耕地、水资源提供了各种可能。在这里，天井成为调节室内环境的一项重要发明：朝向天空的开口能够将光线、空气、雨水引入民居，同时悬挑屋檐覆盖的半室外檐廊则成为中和高温和潮气的过渡空间。自然通风在南方民居中不仅能够带走热量，更具有降低室内湿度的重要功能：当凉爽清风吹散室内潮气时，能够有效防止室内各表面结露。于是，在东南沿海地区，选择基地与设置洞口成为民居设计的两项最重要的内容：前者的目的在于选择合适的朝向以捕捉季风，后者则能够通过门窗和廊道的设置使盛行风穿透各类规模的民居。屋顶的老虎窗、山墙高处的气窗、花格窗以及门扇——有些独具创意的门扇甚至能够在开启的同时保障安全，种种洞口的精心设置均是为了在降温的同时带走室内潮气以减少湿热感。而针对强烈的阳光与持久的日照时间，粉刷成白色的墙体一方面能够与建筑的巨大体量一起遮挡阳光，另一方面则能反射光线为室内提供间接采光。

建造宅舍的中国匠人不仅善于利用标准尺寸与地方材料，在应对环境方面也积累了深厚的经验与技巧。虽然大而划一的传统做法对各地民居的建造都具有统领式的影响，但民居在不同地域之间表现出的结构性和空间性差异，则反映出中国民居同样重视实用性与地方条件。无论采用何种材料——泥土、木材、石材或多材料并用，中国民居的一个重要优点正在于易于维护和改造。当旧的构件潮腐或焚坏时，单元化的建造技术使其能够轻而易举地被新的构件替换。于是，旧材料与旧空间的重复利用成为另一项独具中国特色的建造传统。在中国民居历经千年的演化进程中，院落以不同的大、小、宽、窄等满足了不断变化的自然和社会需求，成为各地民居最基本的空间要素。

第二章

中国民居的生活空间

民居——栖居的场所

尽管工艺和功能似乎是中国民居设计时最重要的考量因素，但当我们将民居看作栖居的场所时，往往能够在其中发现更多值得欣赏的特质。就算是几乎毫无装饰的简易茅舍，表面看上去粗糙简陋，也常能将材料与形式完美调和。至于规模惊人的大型民居，正如下文即将介绍的许多实物遗存，不仅兼具奢华夸张的装饰与匠心独具的选址，更为一个家庭的日常生活提供了一切所需。

民居中许多值得欣赏的特质诞生于建筑建造之时，这些特质或与建筑选址密不可分，或体现在家庭成员对结构构件的一切美化与修饰之中。与此同时，另一些特质则是随着家庭财富的不断积累以及美学修养的不断提升逐步发展而来的。当一些特质年复一年地不断再现时，另一些特质却因产生条件的改变或新生元素的替代而逐渐被遗忘。

一座冰冷的民居建筑在转变为一处栖居场所的过程中，无论是借助程式化的日常生活还是特殊化的礼仪需求，均非一日之功。转变过程的旷日持久使其变得不易理解。况且随着数十年的不断积淀，转变过程不仅反映在各种装饰图案上，甚至家具和装置的摆设亦不容忽视。实际上，在任何一个时间点，一座民居都只能代表与这个时间点临近的瞬时状态。只有将各个瞬时状态连缀起来，才能编织出一座民居随时间不断演化的动态图景。

民居建筑与栖居其中的家

《耕织图》中的一幅画表现了一家农户在农舍旁的神龛祭祀土地神的场景

1 | 2

1 背靠群山、前对月池的民居基址被认为是风水宝地

2 安徽省南部的宏村背倚山脊，前对池塘，据说风水格局极佳

庭紧密相连。白铃安（Nancy Berliner）关于荫余堂的最新研究成果，可以说是一部建筑变迁史。对于这座移建于马萨诸塞州的徽商宅邸，书中不仅记录了建筑的发展演变，更详细整理了其八代主人的命运变迁。若想全面深入地理解中国民居与家庭之间的动态关系，无疑需要对更多的中国民居个案进行如此详细的解读。民居建筑作为能够在时间和空间上同时被占有的对象，其生命力往往比任何一个居住者更为长久。尤其当民居成为某个家庭世代所居的空间时，这个家庭与他们的居所之间的纷繁关系就能够被“铭刻”在建筑中永远流传。不仅下文即将展示的宏大宅邸能够体现出这种动态的关系，甚至在作为名人故居保留至今的简易农舍中，也能够展现出一个家庭的悲欢离合。

随着时间流逝，中国民居能够逐渐超越它们的建造材料与建筑空间。建造时有意确定的建筑基址与空间形式，提供了基本的生活舞台。而模式化的日常生活、周期性的礼仪活动、特殊性的家庭庆典则能够将建筑转变为栖居的场所。当一个家庭搬入一座宅第之后，建筑就成为一处居所，一个活生生的居住空间，一个容纳生活的舞台。中国民居中这种与人相关、与生活经验相关的元素，正是本书第二章试图解析的对象。希望对这些要素的浅析，能够为第三章的具体案例提供一些背景知识。

民居的基址与环境

虽然风水的产生在中国历史上早有先兆，并且在大众思想中拥有深厚的历史渊源，但以风水作为宅舍的建造准则却是明代之后才开始广泛流行的。除了宅舍，风水的实践更涉及一系列不同的领域，并在每个领域都表现出对中国人民的强大控制力。在整个东亚地区，风水至今仍在影响着住宅、陵墓、园林、寺观的建造过程。其影响力不单单局限于农村等欠发达地区，不断变动的现代城市亦在其影响范围之内。风水学说利用仪式、符咒等各种能够带来幸运的活动和物品，使许多人相信它能够影响甚至掌控一个家庭的命运与未来。近几十年来，风水已经演变成一种全球现象。

风水最基本的实践在于选择“吉地”。“吉地”作为一个空间对象，具有两个基本的地理属性：一是“基址”，即被建筑结构实际占据的空间；二是“环境”，即基址与周边更广大范围之间的关系。即便在几个世纪以前，当中国农村地广人稀之时，为宅舍或坟墓选择吉地就常常需要历经漫长的过程。因为农民相信，只有选到最佳的地点才能保证他们获得风水所承诺的各种福祉。

风水是一个现代口语词，字面意思即“风”和“水”，英文中通常翻译为“土地占卜”（Geomancy）。然而，一个英文术语并不足以表达风水概念的复杂与微妙，于是一系列其他译名——“地理占卜”（Topomancy）、“宇宙生态学”（Astroecology）、“地形选址”（Topographical Siting）、“环境占卜”（Ecomancy）、“神秘生态学”（Mystical Ecology）、“景观自然科学”（Natural Science of the Landscape）等，分别强调了风水不同方面的内容。

虽然风水中充斥着晦涩难懂的原理与秘不外传的要诀，但其核心原则实际上可以简化为几个基本元素。这些基本元素包括“阴”“阳”与“气”：通过阴与阳的相互作用，气——一种可以翻译为“生命呼吸”或“宇宙能量”的虚无之物——为地理空间赋予特殊的性质与意义。虽然在基本原则中任何一个地点不能兼具阴、阳属性，但在实际情况中，二者却往往在地理空间中同时呈

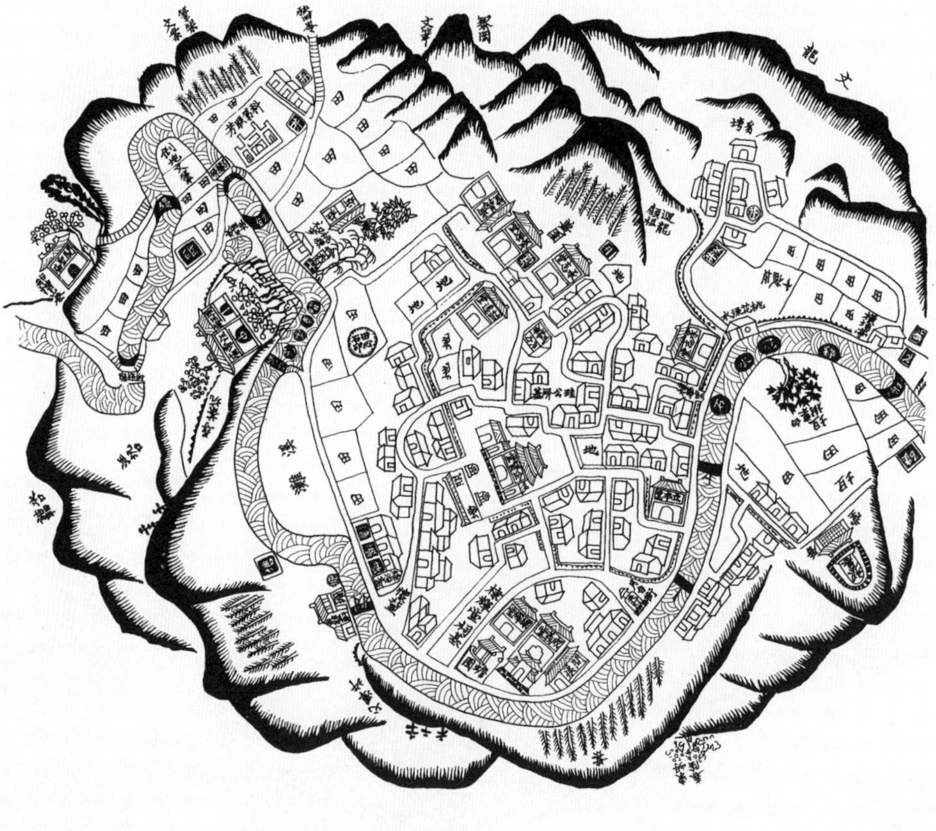

1 夏南悉：《房屋》（“The House: An Introduction”），见于那仲良、罗启妍等：《家：中国人的居家文化》（*House Home Family: Living and Being Chinese*），火奴鲁鲁：夏威夷大学出版社、纽约：华美协进社，2005 年，第 12—35 页。

2
1

1 在江西省婺源县豸峰村的舆图上，每一座山峰、每一条河流、每一座坟墓，甚至每一处重要建筑均是风水吉阵的组成部分。村落东西两侧的山体分别被比喻为风水吉阵中的“青龙”与“白虎”

2 图中的风水先生和助手正在使用罗盘、手册、寻龙尺相察建筑基址的吉凶

现。属性为阴的地点通常朝向北方或西北方，远离阳光。这种地点被认为具有女性、被动、阴暗的特质，代表地球和月亮。由于阴性之地是墓葬的理想基址，墓穴或坟墓通常被称为“阴宅”，意指为亡灵建造的居所。

为阴宅选择合适的地点，不仅是为了告慰亡灵，更重要的是为在世的后代谋求福运。同样，阳宅选址，即为生者所居的宅舍勘定建筑基址，也兼具避祸求福与生活舒适的双重诉求。实际上，阳宅与阴宅在布局和结构上表现出许多极为相似的共性。例如大型墓葬的墓室布置往往模仿住宅的空间布局，而墓葬建筑的石制结构构件也常常雕刻成木构建筑的形象。[1]

风水的原则除了包含普通大众口中的常见原理外，也是由“风水先生”掌握的一项专业技能。风水先生这些预知未来的知识或依赖于师徒之间的知识传授，或搜求自外行眼中的天书秘籍。如今，风水的各种原则已经混为一谈，但不同的原理和方法曾使其分化出迥异的两个派别：“理气宗”强调宇宙图示与深奥原理，需要借助复杂的推算与精密的罗盘进行风水实践；而“形势宗”则关注山川地理的形势，对一块地在一定区域内的走势直接依靠肉眼和直觉进行评价。风水的实践常常十分怪异甚至相互抵牾，但在趋吉避凶的要求下，追求均衡与和谐成为一项亘古不变的核心原则。

“理气宗”的风水先生在实践时需要利用一种圆盘形的指南针（罗盘）。然而罗盘的用途却不限于简单地指明方向。实际上，它标有中国传统形而上学中的各

种宇宙变量，是分析这些变量的工具。通过进一步的数字运算和关系推演，风水先生能够揭示这些宇宙变量的意义，使得判断一处民居基址的吉凶不仅可行而且必要。

“形势宗”讲究景观环境的地理特征，如山体与河流的走势，其原理不像“理气宗”那般艰深晦涩。实际上，“形势宗”精挑细选的建筑基址往往符合美的原则。被认为是风水宝地的基址通常令人感到舒适、合宜、愉悦、动情，甚至可以用风景如画、美不胜收来形容：“真穴所在……而有一点灵光……山明水秀，日丽风和，天光发新，别一世界。杂沓中清静，清静中繁华。晤对之而眼开也，坐卧之而心快也。气之所蓄，精之所聚。”[1]

风水，尤其在地理特征与基本方位的理解中，充满生动的意象、隐喻的表达和系统的思考。连绵起伏的丘陵山脉、蜿蜒屈曲的池泉溪流，是每一处风水宝地的必备要素。中国各地的实地考察证实，村落中的单座民居或民居组群通常以风水为原则采取南向或东南向。即使个别建筑被迫朝向北方，风水先生也会将北方重新定义为风水概念上的南方，并根据这一象征意义上的“南北”

1 安德鲁·马奇（Andrew March）：《中国风水术赏析》（“An Appreciation of Chinese Geomancy”），《亚洲研究期刊》（*Journal of Asian Studies*），1968 年第 27 期，第 259 页。

本段引文由《中国风水术赏析》的作者转引自清代沈镐《六圃沈新周先生地学》，译文直接引自沈镐：《六圃沈新周先生地学》第二卷，上海：锦章图书局，1914 年，第 29 页 b。——译者注

2 奥利·布鲁恩（Ole Bruun）：《中国风水：介于正统观念与民间信仰之间的土地占卜术》（*Fengshui in China: Geomantic Divination between State Orthodoxy and Popular Religion*），火奴鲁鲁：夏威夷大学出版社，2003 年。

方向重新调整罗盘。

选择一处适宜的基址当然不能仅靠罗盘读数。然而，风水的原则却能保证选址良好的中国民居不仅排水通畅、供水充足，还能合理地躲避寒风与燥热。从这个角度来说，中国民居能够建造在水土流失最少的基址上，在免遭自然破坏的同时不过多侵占耕地，风水学说实在功不可没。与此同时，无论古今都不应将风水神圣化，风水中存在的不合理因素导致今天的中国农村仍在践行许多不符合生态效益的建造活动。[2]也正因如此，一些人至今仍对风水持鄙夷态度。

民居建造：手艺与仪式

民居基址选定之后，实际的建造过程远比建筑材料的采集与木匠、石匠的劳作复杂得多。择日、祭祀以及一系列符咒的使用，在某些宅主、风水先生甚至木匠、石匠眼中，至今仍是抵御各种天灾人祸的必备良方。在过去，公开发售的皇历抑或世代相传的秘籍，包含有各个建造阶段的注意事项，以此为危机四伏的建造活动保驾护航。即使在今天，书店与网站仍充斥着各种宅舍吉凶的算法，成为这一根深蒂固的传统

1 | 2

1 “阴宅”作为亡灵的居所，马蹄形坟墓上恰如其分地装饰着普通民居中常见的寿、孝主题。照片拍摄于福建省福州市

2 木匠和石匠的一项著名技能即在房屋中藏入趋吉避凶的信物、护符，或者起相反作用的符咒以报复宅主的轻慢

的见证。

在过去，砍树、平基、破土、定磉，每一道工序的操作时间都需要严格按照良辰吉日的规定进行。[1]甚至木匠的木马如何摆放、每块木材在木马上如何加工，都需要精确的安排。在民居建筑成形的过程中，所有被认为事关成败的重要节点都伴随有特殊仪式：如立柱、上梁、定举折[2]、砌砖墙、垒土墙、施屋瓦、铺地砖、刷墙、安门、结灶、扫地、打井、造兽棚、垒厕所，包括最终的搬入新宅。在中国，部分21世纪的住宅建造仍保留着此种传统，虽然远不如过去影响广泛。

破土与平基尤其需要在良辰吉日进行，因为它们意味着对自然的侵犯。为了消除破土可能招致的厄运，除了向土地公和五方之神等神灵供奉香火、水果等祭品外，往往还伴随有燃放爆竹、滴洒鸡血的仪式。由于放置柱础的位置集中承受着整个木构架乃至屋顶的沉重荷载，所以在木匠、石匠眼中，这些位置不仅需要夯打坚实，更有特殊的礼仪与讲究。在中国北方的一些地区，直至今日仍有在主入口下方埋入旧钱币的传统。此外，还用写有书法护符的桃木片祭祀各方神灵。以上种种因破土动工引发的祭祀仪式在今天仍然余波未消，虽然其普遍程度已经远不如前。

如果说现代木工的基本工作包括选料、丈量、做记号、锯作、雕作以及将复杂的木构件组装成木构架的工序，那么传统木工还要在此基础上再多掌握一门知识：熟知皇历上的各种择吉规则。只有在皇历与风水先生计算的吉日，木工才能架设他们的“木马”——用手斧加工木材时所用的工作支架。在正式开始工作的第一天，族长将大摆筵席款待工匠。寓意长寿的面条与寓意多子的西瓜，是筵席上必不可少的两道菜肴。传统观念认为在适当的时地条件下举办的这场筵席，能够保障工程的质量。

木匠对于一些构件的尺寸数据也有特殊的讲究。例如建筑物的长度、宽度、高度，以及门、窗、隔墙等非结构构件的尺寸，都会相应地选用特定的数据。

一旦所有的柱、梁、穿枋等各种屋顶木构件均按照规定的组合方式加工、标记完毕，就可以

1 平基，指平整建筑场地；破土，指开挖建筑基槽；定磉，指确定柱础位置。这几道工序都有特殊的礼仪讲究。——译者注

2 举折，指确定坡屋面曲线的方法。宋代的举折方法与清代不同，但均是通过调整屋顶檩条的高低位置来实现的。——译者注

1

2 3

1 祭祀土地神的神龛往往设置在某一神圣地点，照片中的神龛即位于一棵苍虬的古树下。村民们至今仍每天来这里祭献供品。照片拍摄于福建省永定区洪坑村

2 中国人普遍认为破土会触发凶气。为了平息凶气，今天仍能看到在小木板上书写四方符咒以求辟邪的传统。照片拍摄于浙江省瑞安市

3 在这根粗壮的红色脊檩上悬挂着数个寓意吉祥的物件，其中即包括一盏破旧的竹灯笼。在香港及其附近的广东地区，灯笼的“灯”字与代表子孙的“丁”字谐音。缠绕在脊檩上的红布写有“百子千孙”“上梁大吉”两句吉言。照片拍摄于中国香港上禾坑村

将其组装成横架。横架由梁柱组合而成，组装完成后垂直立起就成为建筑结构的横向基本单元。在所有需要特殊仪式的建造工序中，最重要的非脊檩莫属。脊檩的强度对于支撑巨大屋顶的荷载来说至关重要，因而也是最为昂贵的建筑构件。在被称为“上梁”的一系列抬升脊檩的仪式中，款待木匠的筵席再一次成为重要的环节。

“上梁”的仪式与庆典在中国各地均有记录，其内容大同小异，直到今天仍在一些农村地区盛行不衰，只不过比过去有所简化。供桌与脊檩是仪式上的两个基本要素：供桌设置在屋架下方正对脊檩的位置，用于摆放木匠的工具、香火、蜡烛等物品；脊檩上缠绕着寓意吉祥的红布、红纸，或者直接在其上书写吉言。近几年常见的吉言有作为驱鬼符的太极八卦图，或者“（姜）太公在此，诸神退位”的对联。有时，八角形旧铜钱也作为护符被钉在脊檩上，称为“八卦钱”。在祭拜木匠鼻祖鲁班之后，在鞭炮声中族长发出“吉辰到”的号令，木匠答以“上梁”，并将脊檩抬起放置在木构架的最高处。在脊檩抬起的过程中，除了放鞭炮，还要唱“打喜歌”赞美材料

1　在福建省永定区洪坑村福裕楼中的一间房屋内，能够看到古老的脊檩上仍粘贴着寓意吉祥的红纸，纸上绘有太极八卦图

2　即使在今天，新建民居的脊檩有时仍保留着书写符咒和绘制八卦图的特殊讲究。“上梁”时间也经过仔细挑选，以确保其在良辰吉日进行

1 鲁克思（Klaas Ruitenbeek）:《帝国晚期的木工与建筑：15 世纪中国木工手册〈鲁班经〉研究》（*Carpentry and Building in Late Imperial China : A Study of the Fifteenth Century Carpenter's Manual Lu Ban Jing*），莱顿：布里尔出版社，1993 年，第 166 页。本段引文由《帝国晚期的木工与建筑：15 世纪中国木工手册〈鲁班经〉研究》的作者转引自《鲁班经》，译文直接引自李峰整理：《新镌京版工师雕刻正式鲁班经匠家镜》，海口：海南出版社，2003 年，第 35 页。——译者注

质量的上乘与木匠手艺的精湛，并为即将搬入新宅的家庭祈求好运。接下来，在一系列祝词声中，人们会将酒壶里的酒按祝词的提示泼洒在脊檩的重要位置上。根据《鲁班经》的记载，三次祭酒之后应唱念下列祝词："伏愿信士（官）某自创造上梁之后，家门浩浩，活计昌昌；千斯仓而万斯箱。一曰富而二曰寿；公私两利，门庭光显，宅舍兴隆，火盗双消，诸事吉庆；四时不遇水雷迍，八节长蒙地天泰。"[1]

"上梁"仪式的最后一个环节是由木工工头撒五谷。木工工头每次抓取一把谷物，用力撒向不同的方向。五个方向分别与五行中的一个元素相对应，工头在撒谷物的同时唱念各方镇宅咒以"打煞"。"上梁"仪式的每个细节在各地变化万千。虽然并非每人都有机会目睹整个仪式，但若细心观察，就能发现中国民居屋顶高处常常在幽暗中飘舞着一块红色布条，这块布条就是写有吉言的护符。脊檩上的布条有时被煤烟熏黑，有时则随着时间流逝逐渐磨损。

今天，中国南方沿海的一些地区仍有在民居脊檩或檐下悬挂竹灯笼、竹筛、麻布米袋、红筷子束或裤子的习俗，以祈求民富物丰。之所以悬挂这些物品，大多是因为它们在方言中与好运之物谐音，尽管在普通话中这种谐音效果并不明显。例如，悬挂灯笼能够祝福多子多孙，即因为"添灯"是"添丁"的谐音。

相似的文字游戏还体现在钉入脊檩的银钉（寓指"人丁"），以及悬挂的竹筛、筷子、裤子之中。竹筛的方形开"口"与大家族中的人"口"读音相同，而筷子则与"快子"双关，寓意子孙能够快速繁衍。在一些南方方言中，裤子的"裤"与财富的"富"读音相似，因而将裤子缠绕在民居脊檩上可以祝福家庭富贵兴旺。

镇宅保平安

举办仪式与款待工匠并不足以完全消除族长的担忧，因为木匠、石匠仍有可能在建造过程中密谋所谓的"巫术"。匠人以拥有"秘密武器"而著称，这些武器能够帮助他们在遭到怠慢、羞

辱等不公正待遇或遇到吝啬的主人时实施报复。相反，木匠、石匠同样能够利用这些“武器”报答宅主的善行，例如在营建时藏入带来好运的护符。

《鲁班经》记载有匠人能够利用的各种“巫术”，其中四分之三的内容旨在报复与惩罚，仅有数量极少的内容与报答善行相关，如祝福家庭成员富贵、长寿、高升、幸福等。

具体来说，在门框中藏入一只破碎的饭碗与单只筷子被认为能够令子孙生活困顿坎坷。而在柱子顶端放上一片桂叶，则能够保证后代在科举考试中高中状元，因为桂叶的“桂”与高贵的“贵”在汉语中读音相同。为家庭带来财富的手段还包括在大梁两端各扣置一枚铜钱，或者在屋顶梁架上撒放米粒。如果在门额上方朝内放置白虎，则会使家庭成员争吵不断，女性成员卧病不起甚至命丧黄泉。

与此同时，中性护符则可以保护宅舍和家庭成员免于上述危害，因而至今仍被看作必不可少的镇宅之物。为使宅舍和家庭免遭不测，风水手册中的“宜”

与“忌”以及各类护符提供了必要的防范措施。在这些神秘莫测的护符上有时能看到张道陵的画像，这位被尊称为“张天师”的道教创始人号称拥有除妖降魔的强大法力。今天，在中国农村地区仍能看到许多神秘的护符，这些护符用自造的汉字绘制，号称能够通过汉字的组合同时破解多种邪咒。不仅如此，镇床、镇灶、镇井、镇鸡舍以及镇宅第任何部位的手绘护符，都能在城乡市场上泛滥的皇历中觅得踪影。

由于任何一座建筑均有可能存在缺陷或不完美，所以对基址进行适当的调整就成为重新获取平衡的必要手段。在克服地形缺陷时，可以用一排树木或一丛密竹代表建筑正脊；而孤标的风水塔则能在更大范围内抗衡地形条件的不利或不吉因素，使整个村落的风水格局逢凶化吉。在丘陵绵延的中国南方地区，“水口”——溪流穿过村庄和宅第的入口与出口，常需要特殊的风水设计。此外，村庄中形态怪异的巨石或者古老的香樟树、榕树，常被认为是上通神灵的圣地，因而成为小型祭坛或村庄神庙的最

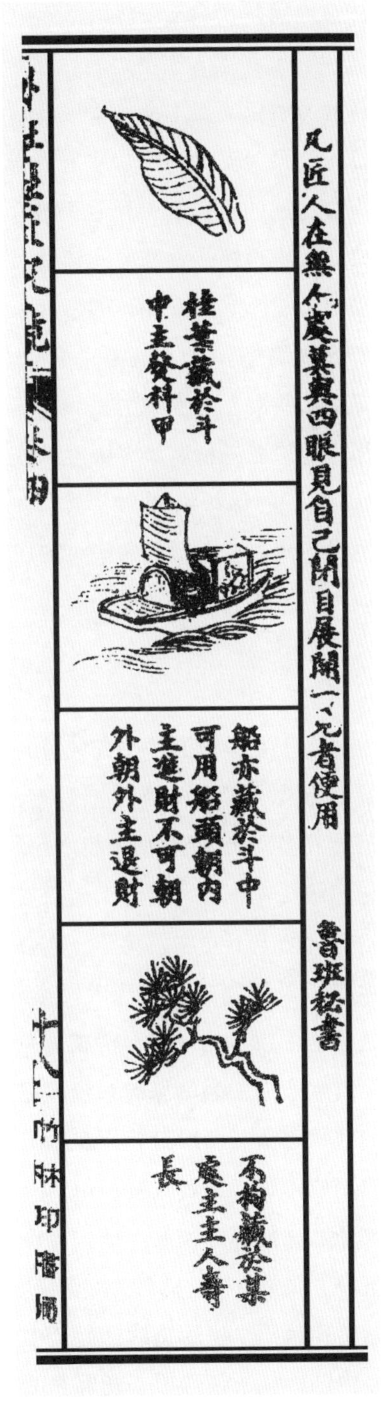

1 2 3

1 这张能够破解各种邪气的当代护符印刷在一张塑料薄纸上，绘有八卦图、神秘文字以及张道陵（张天师）的画像，这位道教天师在驱魔方面据说法力无边。图像来自浙江省

2 根据《鲁班经》记载，悬挂在门上的“倒镜”能够颠覆镜中映出的任何邪恶力量

3 《鲁班经》记载了工匠使用的二十七种符咒，可用于祝福或诅咒宅主的家人。图释文字从上至下分别为：“桂叶藏于斗中，主发科甲”；“船亦藏于斗中，可用船头朝内，主进财，不可朝外，朝外主退财”；“（松枝）不拘藏于某处，主主人寿长”

佳选址所在。

在家庭搬入宅第之后，面对新的威胁仍需要不断地采取应对措施。只要安置新门、建造高于周边房屋的新建筑、开通正对入口的大小道路，就需要对建造过程中可能影响家庭和谐的负面因素提高警惕。为了抵御、中和、驱除这些潜在的邪恶力量，需要相应地采取一种名为“厌胜”或“辟邪”的保护措施。今天，在中国各地甚至全世界的华人聚居地，仍然有关于此类传统的详细记录，但特殊的辟邪之物已经不再使用。

今天在中国的村庄或城镇的道路上穿行时，如果仔细观察，仍能在各处看到这种辟邪之物。它们散布在正脊、宅院、宅门或者房门的上下左右，甚至与宅舍远隔一段距离也能发现其踪影。这些物件组合在一起，构成了一个以宅舍为中心的保护系统。它们或将书法、图形符咒印在纸上或刻成木雕，或者直接利用具有象征意义的实际物品。例如《鲁班经》即介绍有一种名为“倒镜”的特殊镜子。镜子边缘凸起，中心内凹，其所谓颠覆一切邪恶的力量实则来自扭曲的反射成像。普通的镜子虽然能够散发“阳气”，但一般认为悬挂在入口上方的镜子反而会招致厄运。八卦与太极、阴阳组合的图形除了在上梁仪式时粘贴在脊檩上，也常常粘贴在民居主入口的门额或门扇上。无论是三叉戟、剪刀还是瞋目切齿的兽头，人们把它们悬挂在门窗过梁、檐下低处或者制成门扇铺首时，都能够发挥辟邪的作用。

在中国各地的村庄里，墙根、转角、院门、桥头、路口处常常设置“石敢当”。大多数石敢当仅简单地雕刻铭文，少数还在顶部装饰口含尖刀的石雕狮头或虎头。石敢当多采用长方形石碑的形式，其上铭刻“石敢当”三字，或者在前面添加“泰山”二字组成“泰山石敢当”。泰山石敢当代表着降妖除魔的最正统的力量，理想情况下应当来自泰山，然而村庄里随处可见的大多数泰山石敢当似乎都是“赝品”，它们的辟邪力量完全来自铭文的提示。如此一来，有时仅在墙上或匾额上书写“泰山石敢当”或者“泰山在此”几个字也具有同样的辟邪效果。

1 此处记载端午之后“日照时间将逐渐缩短”是认为端午与夏至是同一天。关于端午与夏至的关系，《风土记》有“仲夏端午……俗重此日与夏至同”，《后汉书·礼仪志》也有“仲夏之月，万物方盛。日夏至，阴气萌作，恐物不楙。……故以五月五日，朱索五色印为门户饰，以难止恶气”。据此，现代学者中也有人认为端午原是夏至。详见陈元靓：《岁时广记》卷二十一，第236页，《丛书集成初编》影印本。司马彪：《后汉书志》卷五，北京：中华书局，1965年，第3122页。刘德谦：《“端午”始源又一说》，《文史知识》1983年第5期，第65—70页。——译者注

镇宅之中最重要的环节莫过于对主入口的保护。主入口好比人体的口鼻，是一切吉凶祸福进入住宅的通道。主入口内侧普遍设有名为“影壁”或“照壁”的挡墙，这些具有保护作用的屏障不仅能够遮挡视线，也能阻隔任何人或鬼的侵扰。此外，中国各地的民居主入口还常常在门扇上粘贴门神的画像。门神被认为能够抵御瘟神、惩戒厉鬼、捕杀野兽……总之可以将一切妖魔鬼怪拒之门外。在幽深曲折的大型民居中，第二道门、后门、厢房门、侧院门等各种重要的节点处往往也设有门神的龛像。

钟馗虽然不是门神，但作为一个力量强大的捉鬼者，通常在端午被粘贴在门扇上。由于端午之后的六个月内日照时间将逐渐缩短，所以这一天被认为尤为不吉。[1]端午通常在中国阴历的五月初五，当“阳气”由盛转衰之时，蛰伏已久的“阴气”连同招致疾病、死亡、贫穷的恶鬼便开始觉醒。中国民间所谓的“五毒”——蛇、蜈蚣、蝎子、壁虎、蟾蜍（或者蜘蛛），也在此时开始大量繁殖。

1

2 3

1 根据《鲁班经》记载，如果将这个无所不能的符咒用朱砂写在纸上并张贴于脊檩，就能破解木匠或石匠的任何诅咒。图中的小圆圈内需写上宅主姓氏

2 “泰山在此”四字作为辟邪物，简陋地书写在村巷转角的脆弱部位。照片拍摄于浙江省永嘉县岩头镇苍坡村

3 刻于壁龛门框中的“泰山石敢当”。照片拍摄于山西省王家大院

土地堂

尉遲恭
北京市公安局

1 2 | 7
3 4
5 6

1 这块护符完全符合《鲁班经》中规定的梯形轮廓，其上绘有镇宅虎和八卦图。照片拍摄于浙江省嵊州市

2 山西省王家大院内的“土地堂”牌匾。作为某一区域的保护神，土地神在这里的保护对象是整个王氏家族

3 民居主入口门扇上的铺首据说也是保护住宅的一道屏障。照片拍摄于山西省王家大院

4 三组三叉尖戟排列在反光镜周围，据说能够锁住邪气。照片拍摄于安徽省歙县

5 即便粘贴这对门神像已经是一整年前的事，但门板上的画像仍然鲜艳夺目。照片拍摄于北京市

6 全副武装的尉迟恭作为著名的门神之一，主要负责降伏恶鬼和游魂。照片拍摄于北京市

7 在一组可拆卸屏门和一对门神的保护之下，大型民居院落的入口门廊守卫森严。照片拍摄于福建省福裕楼

以上种种原因导致端午时采取额外的保护措施变得必不可少。

民居：社会关系的样板

中国民居的结构和布局包含许多共同且连贯的设计原则，如对选址、围合、室内外空间以及等级秩序的关注。在民居院墙之内，内部空间的布局和装饰是界定家庭成员社会关系的重要途径。通常，辈分、年龄、性别的等级差异能够清晰地反映在内部空间的划分和使用方式上。毕竟只有民居，而非其他任何一种宗教建筑或世俗建筑，能够演绎中国人生命周期中的所有重要仪式。这些持续在出生、成长、婚姻、死亡各个阶段的仪式，除了少数在宏伟的厅堂中举行，大多数都选择在临时改造成礼仪空间的院落中进行。

将中国民居比喻为社会化的工具或者使家庭行为合理化的“教科书”，看似出于诗意的想象，实则有据可循。在中国民居的所有空间和特征中，建筑的围合、高度、深度、比例，以及门、礼仪性空间、卧室、床、厨房，都拥有调和家庭关系、培养成员行为的作用，将民居转变为社会关系的真正“样板”。不仅如此，礼仪和伦理方面的信息还被刻意加入种类繁多的装饰之中，与承载它们的空间互为表里。诚如白馥兰所言，中国民居作为“礼仪空间”（Space of Decorum）与“文化空间”（Space of Culture），通过将行为准则和价值观有形化，成为家庭成员社会化的附加手段。[1]

1　2

1　在这个分隔为内外两室的房间内，一位学者既要负责教育家族中的学童，又要看管后室的药材。学童们坐在照片右侧的小板凳上，一边练习书法一边背诵儒家经典。照片拍摄于河南省康百万庄园

2　1617 年建成的宏伟祠堂“宝纶阁”，由罗氏后人为纪念几个世纪前逝世的著名学者罗东舒而建。照片拍摄于安徽省歙县呈坎村

[1] 白馥兰（Francesca Bray）：《技术与性别：晚期帝制中国的权力经纬》（*Technology and Gender: Fabrics of Power in Late Imperial China*），伯克利：加利福尼亚大学出版社，1997 年，第 60—62 页。

白馥兰：《内房：压迫还是自由？》（“The Inner Quarter: Oppression or Freedom?”），见于那仲良、罗启妍：《家：中国人的居家文化》（*House Home Family: Living and Being Chinese*），火奴鲁鲁：夏威夷大学出版社、纽约：华美协进社，2005 年，第 258—279 页。

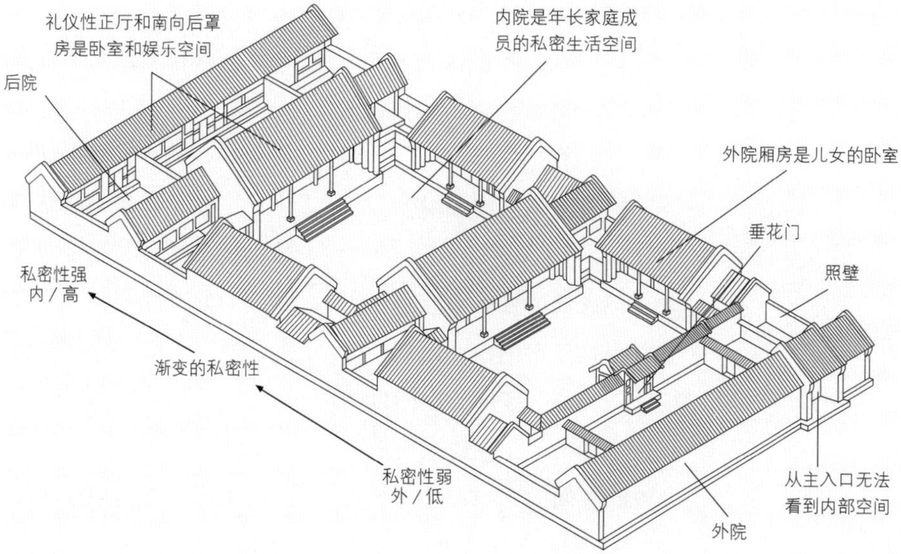

诚然，描述一个典型的中国家庭并不比描述一座典型的中国民居容易。面宽三间、构造简易的长方形小屋作为贫困农村生活的体现，似乎一直以来都是最常见的中国民居形式。然而，容纳庞大家族的深宅大院虽然不及前者常见，却也不乏其例。这种由多院落与多建筑共同构成的大型民居，是中国家庭“五世同堂”理想在现实中的体现，即便有时这个理想仅仅停留在书法匾额上。在实际情况中，父系家族的所有成员生活在同一堵围墙之中，却不必聚集在同一顶屋檐之下。他们分别占据着不同的封闭式院落，接受同一位男性家长的领导。

几乎所有复杂的深宅大院都需要扩建与改建，并且在这个过程中不断消耗掉家庭的财富。在传统的中国家庭中，儿子的婚姻将带来他的新娘，而女儿的出嫁则促使其融入另外一个家庭。随着婚姻和死亡在生命周期中不断轮回，新的角色和新的关系随之产生。在这个过程中，一些家庭

1 一座形制完整的院落式民居能够通过多种方式引导家庭成员的行为。家庭地位的差别体现在空间位置的内外、前后、上下、左右以及中心—边缘的关系之中

2 对于一些家庭来说，“五世同堂”的理想仅仅停留在匾额上，但康氏家族却在 20 世纪初将这个理想变为现实。照片拍摄于河南省康百万庄园

成员被迫搬入曾经由他人占据的房间，或者建造新的房屋作为容身之地。分家意味着添置新的炉灶，即便分开的家庭彼此相邻，并且继续共享包括打谷场、厕所、水井在内的其他设施。虽然大多数中国民居从未脱离三开间、无院落、无侧翼的简易长方形小屋的形式，但它们并非没有发展成深宅大院的野心，只能说是有心无力罢了。

在传统儒家社会的五种人伦关系中，三种都在民居的空间等级中有所体现，即“父子”“夫妇”与“兄弟”（另外两种关系是“君臣”与“朋友”）。除了朋友关系之外，其他四对关系均具有等级性，意味着这些关系需要考虑如何维持合适的等级以及如何使不同等级之间互惠互利。

一个秩序井然的家庭只可能建立在恰当合宜的成员关系之上。哪怕规模再小的中国民居，都会借由门、厅堂、台阶、房间来明确定义出内外、前后、上下、左右、中心—边缘等一系列空间关系，以此为不同辈分、年龄、性别的成员建立居住空间的参照系统。在上文介绍北京四合院民居时，已经对这些空间关系

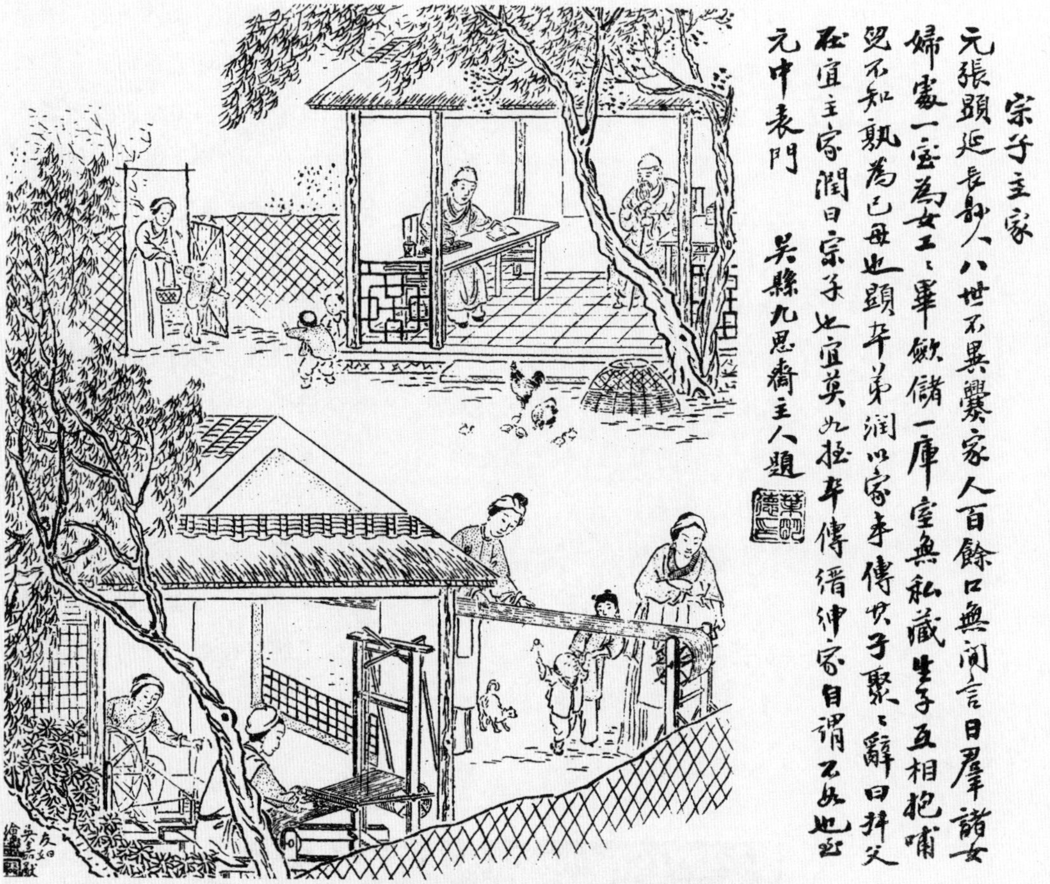

1 | 2
3

1　如这张清代晚期木刻版画所示，男性与女性在家庭中的职责各不相同却互为补充。位于画面下方的女性负责养育儿女、纺织缝纫。两位上流社会的男性在院落另一侧聚会，可能正在谈论生意或吟咏诗赋

2　在画面中摆满文房用具的书房内，一位小男孩的母亲正在悉心教导他使用毛笔练习书法

3　这位专心刺绣的年轻姑娘无疑正在准备自己的嫁妆。在艺术表现力方面，女性刺绣毫不亚于男性绘画

蔡女蘿
吳友如寫

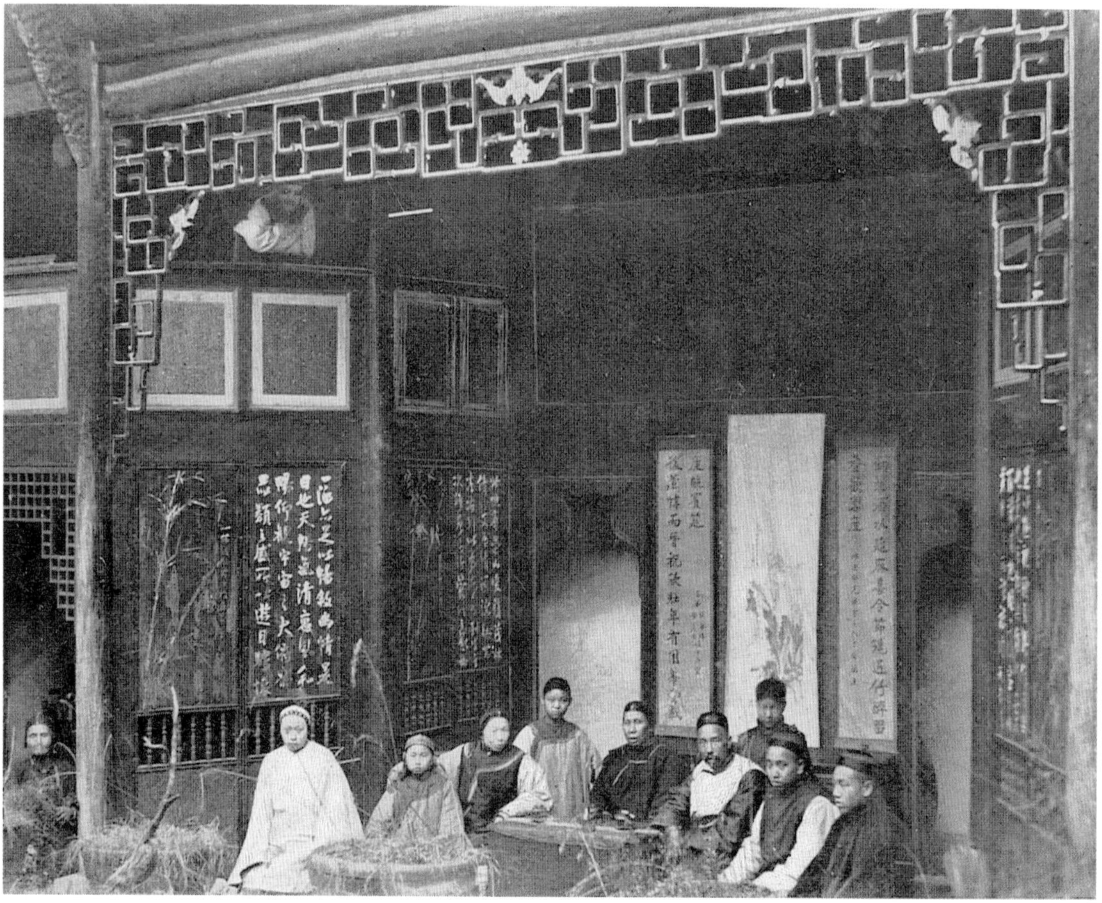

1
2

1　这个由高敞木构架围合而成的室外空间装饰丰富，是四川省一座大型民居正厅前的敞厅。照片约拍摄于 1900 年

2　在 19 世纪晚期拍摄的这张老照片中，几名女性欢快地围坐在砖砌暖炕上。这里的卧室布局与本书第 113 页图中的卧室布局相似，生火的炉灶能够在冬季加热房间和炕床

中的一些进行了探讨。然而，这些空间关系既无严格界限，也不互相排斥。相反，正如阴与阳的对立统一，这些关系同样也是彼此关联、相互平衡的，甚至在不同的语境下还能够相互转化。在本书后文即将展示的许多大型民居案例中，我们能够看到从公共空间（即内外关系中的“外”）到私密空间（即内外关系中的“内”）需要以门和厅堂作为过渡的媒介，而在门和厅堂内部则可能进一步包含着上下或左右的空间关系。

以上这些空间关系不仅表现在水平方向上，在垂直方向逐渐升高的地面、台阶、正脊、屋顶坡度上同样能够强化空间的等级差异。而这些垂直方向的空间变化常常组织在一条精心设计的轴线之中。

当一座形制完备的多院落民居容纳一个家庭的多代人口时，空间关系与家庭关系中的所有等级就能够得到完整展现。在多个院落中共同生活的祖孙三代甚至更多家人，能够编织出一张由临近居住单元组成的等级网络。在这个网络中，年长的父辈占据最内部的南向建筑，即正厅。不同民居的正厅虽然名称各异，但均设有祖先牌位和祭坛，仿佛已经逝去的长辈仍然居住于此。

在中国的许多地区，父母一辈的卧室通常位于“阶左”，即正厅东侧的房间。未婚的儿子居住在与正厅垂直、朝向院落的厢房。结婚之后，长子就可以与新娘搬入正厅内与父母卧室相对的西侧房间。若民居的规模足够大、容纳的家庭足够多，往往需要专门建造一座供奉祖先牌位的建筑。中国民居不仅具有内向性，同时也兼具对称性、中心性与等级性。而空间的内和外通常也不是绝对的。例如，对于陕西省窑洞民居的研究表明，虽然床的位置靠近窑洞口，但却被认为是“内部空间”。因为床为女性提供了从事私密活动的场所，如夫妻房事、生养子女、教育后代等，甚至烹饪、缝纫等各类生活琐事都在这里进行。而窑洞更深处则被认为是“外部空间”与男性的领地。由于这个空间可以从入口直视，一览无余的桌子恰好可以用作接待访客的场所。[1]

1 刘新：《自我的形塑：中国农村后改革时代的种族群像》（*In One's Shadow: An Ethnographic Account of the Condition of Post-Reform Rural China*），伯克利：加利福尼亚大学出版社，2000年。

正　厅

在中国中部和南部的农村地区，祠堂作为独立建筑，专门用于祭祀广大族系的共同祖先。然而，在民居内部设置的祭祀空间，无论在上述地区还是中国的其他省份，实则更为普遍。[1]对于规模较大的民居而言，正厅是最核心的空间，同时也是一个家庭凝聚力和延续性的象征。因此，正厅的空间布局需要遵循一系列既定的规则，其中正南正北的建筑朝向与严格划分的东西空间是最基本的特征。

这些布局和朝向的规则，甚至在无力建造独立礼仪性厅堂的贫民小屋中也会暗自呈现，只不过在布局和规模上有所简化。例如毛泽东童年时代的故居，即便

1 | 2

1　不再设置祖先牌位、画像、香炉、楹联、供品等礼仪用具的正厅失去了过去的生机与内涵，几乎难以想象这里曾是整个民居的中心。照片拍摄于四川省南充市

2　家庭成员根据性别、年龄、辈分在四合院内配有不同的房间。从侧院花格窗内看到的这间厢房是儿女的卧室。照片拍摄于北京市梅兰芳故居

1 何培斌：《宗祠：家庭、家族和祭祀》（“Ancestral Halls: Family, Lineage, and Ritual”），见于那仲良、罗启妍：《家：中国人的居家文化》，火奴鲁鲁：夏威夷大学出版社、纽约：华美协进社，2005年，第294—323页。

建筑室内不铺装地面，也会在放置祖先牌位与神像的空间内强调出相当的仪式感。

正厅在中国拥有各种称呼，如正厅、正堂、正屋、大厅，或者直接称为厅堂或厅屋。无论这个空间如何命名，它都是家庭团结和延续的象征，甚至家庭整体的凝聚力亦在此体现。一旦大型宅邸的基址被选定，接下来的重要事项便是邀请风水先生判定正厅的大梁朝向，此举被认为事关家庭兴旺之根本。按照规定，每一天、每半月、每季度都需要在正厅内举办各种家庭祭祀仪式，其中大部分与祖先祭祀相关。无论是宏大的独立厅堂还是从普通房间划分出的局部空间，重要事件与节日庆典均在此举行，如婚礼、葬礼、各种新年节日等。除了象征性与礼仪性，许多正厅同时也为家庭的日常活动服务，如家庭日常聚会与接待重要访客等。

无论礼仪空间是宏大精巧还是简约朴素，均装饰以丰富的图案。这些图案融入了孝道、节俭、和谐、正直、忍耐、勤劳等各种传统主题，试图通过寓言式的装饰向家庭成员灌输传统价值观。除了主入口，厅堂是民居中装饰

正厅中的家具和墙上的卷轴画。照片拍摄于安徽省汪定贵宅承志堂

1 2 3 | 5
4

1　嵌入墙中的这座黑色神龛曾经用于供奉祖先牌位。神龛下方的案桌和八仙桌上摆放塑像和礼仪用具，家人每月需要围聚在这里举办两次礼仪活动。照片拍摄于湖南省韶山市毛泽东故居

2　这条气派的门廊虽然没有张贴金色和大红色的新年装饰，但上方悬挂了一块“平为福”的金字匾额。门廊周围的石雕和木雕装饰也被赋予了吉祥的寓意。照片拍摄于山西省王家大院

3　从打开的入口门扇中看去，安徽省宏村承志堂的正厅既保持了严肃的气氛，又不乏楹联、雕刻等丰富的装饰，这些装饰表达了对家庭成员的道德期许

图案最集中的部位。虽然惯例使得中国各地的家具布置大同小异，但家具本身却能反映出一个家庭的财力、品位与地位。[1]由于厅堂空间往往是多功能的，因而家具也可以灵活移动以适应厅堂的各种使用需求。

今天，除了经过特殊保护的民居遗构以及福建省、广东省、台湾地区的现代住宅外，大多数正厅已不再具有传统的礼仪功能。它们被综合性的家庭活动取代，不仅祖先牌位被家人遗像替代，电视、冰箱、餐桌以及各种现代生活装饰品也导致整个空间变得杂乱无章。与此不同的是，台湾地区的现代住宅仍保留了正厅与祭坛的礼仪功能。在这里，祭祀祖先和神灵的仪式仍在持续上演。

在后文即将展示的众多民居案例中，我们可以看到高而狭长的案桌是正厅内必不可少的家具。案桌往往紧靠后墙放置，按照规定顺序摆放着祖先牌位、神仙画像与各种礼仪用具。除了案桌之外，正厅内还须摆放一两张比案桌低矮的桌子，其中即包括正方形的八仙桌。八仙桌不仅可以盛放礼仪性供品、香火和蜡烛，同时兼具多种世俗功能。当八仙桌搬到厅堂中央时，就成为家庭用餐、儿童读书、游戏娱乐的场所。此外，只有八仙桌而非案桌能够摆到室外充当临时祭坛。可以毫不夸张地说，中国民居中的八仙桌好比西方住宅中的壁炉，是中国家庭生活的缩影。在正厅中，家具后方的墙面上往往悬挂一张巨幅画作和几副对联。画作通常以吉祥为主题；对联无论是一副还是多副，均充满寓意和谐的经典成语。

神龛在今天的中国民居中已经颇为少见。即便是过去建造的传统民居，其中的神龛也早已在近代的动乱中被破坏无存。在曾经设置神龛的地方，只留下空

1

莎拉·韩蕙（Sarah Handler）：《中国建筑中的明代家具》（*Ming Furniture in the Light of Chinese Architecture*），伯克利：十速出版社，2005年。

罗启妍：《从传统建筑与传统家具探讨中国文化：一个文化的诠释》（"Traditional Chinese Architecture and Furniture: A Cultural Interpretation"），见于那仲良、罗启妍：《家：中国人的居家文化》，火奴鲁鲁：夏威夷大学出版社、纽约：华美协进社，2005年，第160—203页。

4 虽然高级家具和优美装饰能够使正厅变得更为优雅，但空无一物的正厅仍能通过巨大的空间尺寸和比例凸显其重要性。照片拍摄于广东省梅县

5 这种嵌有大理石面板的硬木椅在中国各地的正厅中成对出现，是对称式正厅家具布置的重要组成部分。照片拍摄于江苏省甪直镇沈宅

荡荡的壁橱暗示着过去的痕迹。神龛有时沿后墙摆在厅堂内的案桌上，有时像壁橱一样嵌在墙体之中，其造型仿佛一座缩小的木构架厅堂。门扇、花格窗、台阶、瓦屋顶、木构装饰的各种精致细节，以及榫卯、门轴的节点设置，使这座小型“厅堂”栩栩如生。

如果一个家庭没有财力制作木制神龛，刻印在纸上的神龛像也可以作为替代品。纸上的神龛不仅印有三开间木制神龛的形象，还绘出放置神龛的厅堂空间。在纸上，神龛之内绘有祖先肖像，其他空白处则杂乱点缀寓意吉祥的符号。对于正厅内的神龛，传统的祭献活动会根据家庭成员的经济地位和社会地位来决定他们如何祭拜、如何报唱以及如何供奉祭品。在富有的家庭中，神龛所在之处只有在每两个月一次的茶酒供奉时才会引起注意。一年中类似的供品祭献约有六次。六次祭献需根据季节采用不同的仪式，在双亲祭日还有附加的特殊环节。

在一些村庄，全体宗族或个别支系的祠堂代替了民居内的正厅，成为祭祀祖先的场所。尤其在中国南方地区，祠堂建筑尤为宏大，以此彰显整个宗族的凝聚力以及对各支系的影响。在中国北方地区，不仅绘有祖先形象的卷轴画替代了祖先牌位，甚至祭祀活动有时也从民居的正厅或祠堂直接挪至墓地中进行。

卧室与床

在中国传统民居中，卧室和床从不仅仅是睡觉的场所。在一些地区，女性不仅在卧室里，更直接在床上从事包括备餐、缝纫、刺绣、会客在内的所有家务活动。在封建社会晚期，来自富有家庭的女儿出嫁时将会准备一整套嫁妆，其中除了一只装满各季衣物、锦织布料、现金财物的大箱子外，还包括一张用昂贵木材制作的床。这些嫁妆在婚后将全部放置在新娘的卧室之内。有时新郎的父母也会为新人准备昂贵的婚床，作为传宗接代的必要投资。

传统的中国床并非现代常见的沙发式，而是抬起在平台之上，或者由四根细柱支撑床帐组成“架子床，”或者围合在木屋之中组成“八步床”。无论采用

在这间椭圆拱形窑洞内，不仅位于照片前景的炉灶可以加热砖砌炕床，从花格窗射入的阳光也能为房间带来一定的热量。照片拍摄于山西省王家大院

何种形式，传统的中国床常给人留下庞大壮观的深刻印象（例如本书第 250 页图 1）。同样由木匠加工而成，架子床和八步床在某种程度上形似一座小型建筑。它们犹如植入大房间中的小房间，成为民居系统中不可继续划分的最小单元。这种封闭式木床由单元化的木构架组成，竖立在高台基上的纤细梁柱、填充其间的非承重墙、覆盖其上的屋顶甚至三开间的立面，均采用了与建筑结构相似的做法。当夜幕降临时，放下丝绸薄纱或棉布床帐，就能营造出温暖而私密的围合空间；而白天当床帐被挂起、被子叠放于一侧时，高度合宜的床面又成为娱乐、劳作、会客的场所。作为女性房间内最重要的元素，床象征着女性作为妻子与母亲的角色，她们肩负着繁育后代的家庭重任。

在中国北方地区，由砖砌出的固定平台——炕（参见本书第

1 | 2

1 这是河南省康氏家族女族长的卧室，据说室内原封不动地还原了她百岁寿辰时的情景。照片拍摄于起居室，越过中厅可以看到卧室内富丽堂皇的架子床

2 如这张清代晚期绘画所示，装饰繁复的八步床与配套的家具摆件以新娘嫁妆的形式被带到夫家。作为大房间内植入的小房间，八步床不仅可以用来睡觉，也是白天从事各种活动的场所

104 页图 2、第 113 页图、第 174 页图 1)，扮演了床的角色。炕的内部布满蜿蜒曲折的烟道。在冬季，这些烟道将热量从近旁的炉灶带入炕中，使其成为温暖宜人的工作场所；在其他季节，烟道则能够发挥降温的作用。由于炕通常设置在靠近窗户的墙边，大多数紧贴南墙，这个明亮的空间由此成为工作、社交、看管儿童的理想场所。此外，靠枕、软垫、炕桌等低矮的家具与炕的形式相配合，进一步加强了炕的多功能与实用性。

卧室通常兼设门和窗。尤其在中国中部和南部地区，卧室门窗上的各种镂空花格，具有调节采光、通风和保持私密感的作用。当冬季来临时，粘贴在镂空花格内侧的窗户纸不仅能够防止热量散失，同时可以将阳光散入室内。有时卧室采用双层花格，以进一步控制上述环境要素。正如许多图像所示，镂空花格不仅美化了建筑的外部形象，当用于室内隔断时，能够将建筑内部也装点得玲珑剔透。

迎新年的年画与仪式

雕版年画、手工剪纸与书法对联被中国人用来祈求福运，下文将对其进行分门别类的详细介绍。在封建社会晚期，一个农村家庭在新年伊始需要替换不下二十种寓意平安吉祥的年画。新年的庆贺活动将从腊月二十三或二十四日的祭灶开始，一直持续至除夕夜与大年初一，直至正月十五第一个月圆之夜的元宵节才告一段落。

中国各地的地方习俗和家族传统都少不了供奉种类繁多的宅舍守护神。根据19世纪晚期的中国文献和西方观察者的记录，当时的宅舍守护神不计其数，在商店里甚至可以买到不下一千种不同的神灵画像。由于这些版画大多在迎接新年时装点在民居中，因而也被称为“年画”。[1]

寓意吉祥、祈求好运的年画往往同时具有道德上的引导作用。它们不仅将历史、文学、戏曲、神话中的典故绘制成图像，而且表现出日常生活的各种场景与各种神灵，试图以图像中的故事灌输道德观念。自制的年画先用烧焦的柳枝画出墨线轮廓，再手工填入颜色，形式相当粗糙。而另一些由能工巧匠印制的年画则以成熟的简易雕版印刷术制成，画面精致得多。年画有时仅张贴在宅舍内外的门板上，有时则贴满正厅祭坛上方、灶神龛位近旁、天花吊顶顶板、床炕四周墙面等所有可以随时进行道德说教的位置。现代年画在传统主题中还加入了当代元素，如印上美元形象可以强化对财富的追求。今天，中国的许多传统民居遗构都没有将年画保存下来，使得曾经五彩斑斓的生动景象再也难觅踪迹。

灶君，即所谓的灶王爷、灶神，可能是中国民居中最无所不在的守护神。灶君实际上与厨艺或炉火毫无关系，它其实是玉皇大帝在人间的代表，负责主宰一个家庭的命运。灶君的正式官名叫“东厨司命”[2]，他不仅负责观察、记录家庭成员的善恶之行，并且能够从炉灶周围的神龛中对其施加奖惩。供奉灶君的神龛偶尔设置塑像，但多数情况下仅粘贴一张印有神像的灰纸或红纸。神龛本身亦模仿宫殿形象，然而

1 傅凌智（James Flath）：《祈求幸福：中国北方农村的年画、艺术与历史》（*The Cult of Happiness: Nianhua, Art and History in Rural North China*），温哥华：不列颠哥伦比亚大学出版社，2004年。

傅凌智：《解读家庭的蓝本：印刷品与家庭祭祀》（“Reading the Text of the Home: Domestic Ritual Configuration through Print”），见于那仲良、罗启妍：《家：中国人的居家文化》，火奴鲁鲁：夏威夷大学出版社、纽约：华美协进社，2005年，第324—347页。

2 灶君在民间通常称为“东厨司命”，清代民间读物如《敬灶全书》有“吾（即灶君。——译者注）乃东厨司命，受一家香火，保一家康泰，察一家善恶，奏一家功过”；《灶王府君真经》有“灶王爷司东厨一家之主，一家人凡做事看得分明”。详见林继富：《灶神形象演化的历史轨迹及文化内涵》，《华中师范大学学报（哲学社会科学版）》1996年第1期，第99—105页；杨堃：《灶神考》，见于马昌仪：《中国神话学文论选萃（上编）》，北京：中国广播电视出版社，1994年，第650、667—670页。英文原书均作“东堂司命”，据改。——译者注

右图是灶君，也称为灶神，在这张画像上被称为“东堂司命”，周围环绕着寓意吉祥的图案和文字。这位守护神主要负责记录家庭成员在一年中的善恶行为，并在年终向玉皇大帝汇报。新年到来时，通常要用新的灶君像替换掉旧的画像

只有少数石雕、木雕或竹编的神龛做工精美，大多数都颇为粗糙。有时，只要将灶君画像粘贴在简易支架上或凹龛内，留下放置一两支蜡烛与酒盅的空间，就足以构成一处神龛。在农历新年前夕，被烟气熏了一整年的灶君像将被取下，在宅舍入口或庭院中央处焚烧。焚烧的烟气据说能够将灶君送上天，使其开始年复一年向玉皇大帝汇报功过的旅程。不少人相信年终的这次汇报将会决定一个人寿命的长短，以及在接下来的一年中获得的是吉运还是厄运、成功还是失败、健康还是疾病。如果用糖浆、麦芽糖粘住灶君的嘴或者用烈酒将其灌醉，就能促使灶君在汇报时多说好话。除夕夜将一张崭新的灶君像贴回龛中或墙上，便迎回了灶君，使其重新开始司察、保护、赠福的新年轮回。中国各地迎送灶君的具体细节各不相同，但大多数与上述环节大同小异。

进入 21 世纪之后，各种宅舍守护神的祭祀仪式已经远不如过去普遍。虽然在中国农村和小县城中，仍能随处看到与古代记载相似的年画，但在第三章即将展示的民居遗构中，多数年画已经形迹无存。除了大城市的商店中批量印刷的旅游纪念品，由传统工坊制作的年画仅在中产阶级家庭的追捧之下略呈复兴之势。考虑到许多中国民俗文化在 20 世纪后半叶被冠以“封建迷信”的恶名，根植于中低文化群体中的神灵信仰就显得更为根深蒂固。许多新建民居甚至也挂满象征福运、长寿、兴旺的物件，证明传统的家庭信仰仍然深入人心。当然，我们无法确知这些信物的使

用是否源自对它们效力的信任；然而可以明确的是，对于许多年轻人来说，无论旧式还是新式信物，都已经是晦涩难懂的旧时代残余，除了用作装饰品外毫无意义。尽管如此，这些含义丰富的装饰，却曾经为中国各地的民居层层渲染上个性、独特与优美。

对　联

写在红色薄纸上的对联会随着时间不断褪色，所以每逢新年到来，中国人都要在宅第入口的两侧粘贴新的对联。对联由字数相等、内容相关、对仗工整的上下两联组成，与生动形象的年画一从一主、相互搭配。新年时张贴的对联又称为“春联”或“门联”。除了上下两联，还需要在门框上方粘贴内容相关的水平横批。三者合在一起恰好组成了汉字中“門”的形象。虽然对联通常张贴于新年伊始，但其用途并不仅限于庆祝一年一度的合家团圆。婚礼、葬礼、生日、开业甚至乔迁之喜都可以张贴对联以示纪念。有时，小幅对联还粘贴在猪圈兽棚的入口处和鸡兔幼崽的笼舍上，用于表达美好的祝愿。

遍布中国的传统富人宅邸，还将文字成对地雕刻、粉刷在石制与木制的结构柱上。此外，在特殊节日时悬挂的巨大木匾额，则能令恰如其分的诗意文字更为源远流长。

传统对联在表达孝敬父母、自我约束、兄弟和睦、公平正直

1 2 | 3

1　用于召唤福运的“新年大吉”。照片拍摄于四川省阆中市

2　一条北京胡同旁的新建四合院入口大门上写有一副对联，上联是“子孙贤族将大”，下联是“兄弟睦家之肥”

3　任何一座中国民居的入口都是装饰物最集中的部位。例如这座广东省西北部的民居，凹入的门廊周围张贴着一对门神像、一组对联和一排“挂笺”。所有这些装饰物都是农历新年时布置的

满院春光
九州碧玉尽临门
四海黄金皆进户

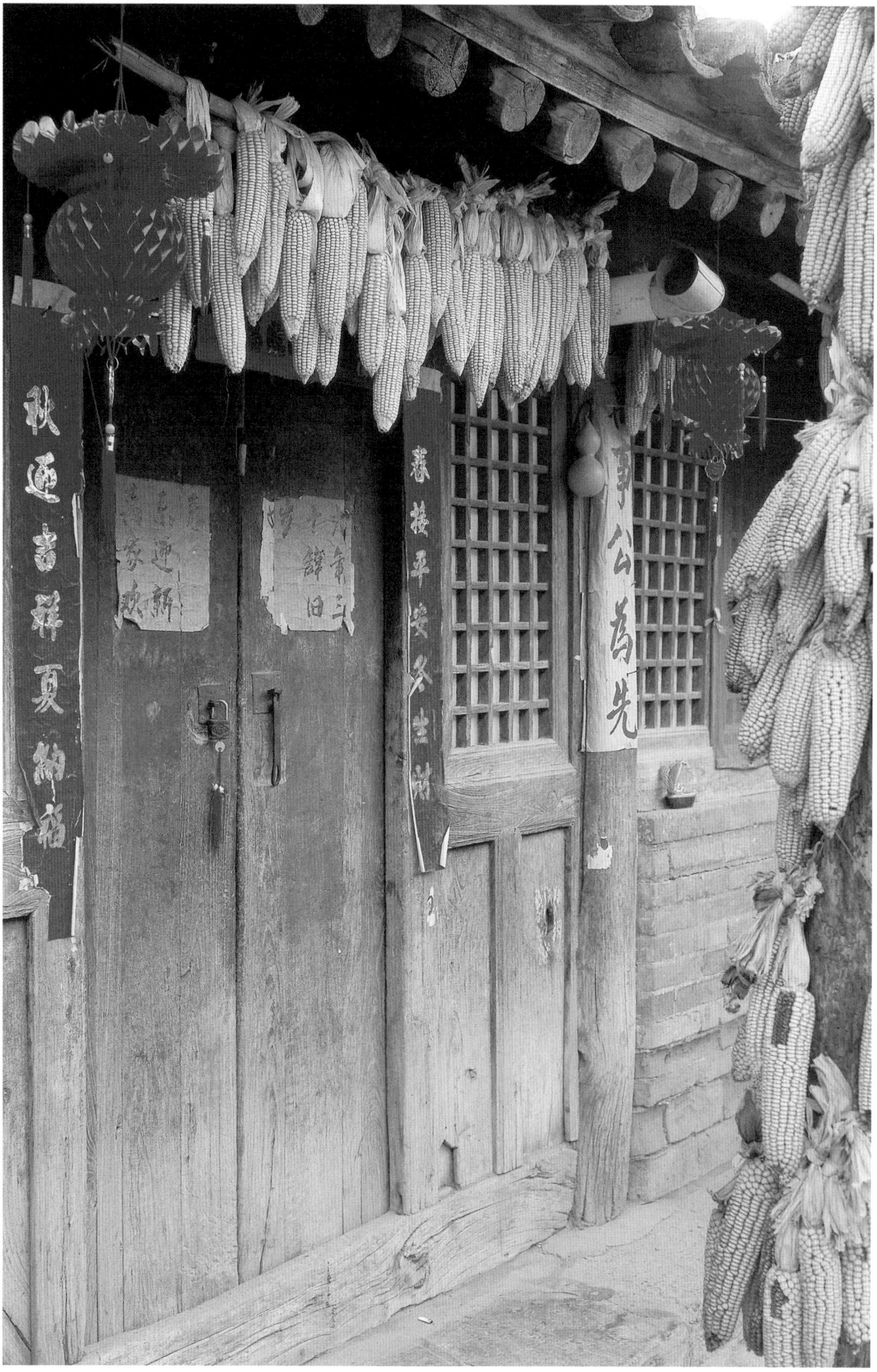
秋運吉祥夏納福
春接平安冬生財
事公為先

等传统价值观时，往往充满形象的比喻。这些对联有时包含大量艰深晦涩的词语，若非熟知古代汉语实在难以理解。相反，现代书法对联的措辞就直接得多。例如第 118 页图 1、图 2 中的“新年大吉”“吉祥如意”，以及常见的“多子多孙”“家庭美满”等。

在一些地区，挂笺是对联、年画之外的另一种新年习俗。挂笺在风吹日晒之下极易损坏，甚至比年画、对联更不耐久。挂笺也称为挂钱、挂千。“千”虽然与“钱”字义不同，但相同的字音使其同样被赋予了“金钱”的寓意。挂笺有刻印、镀金、镂雕等不同形式，通常染成红色或彩色，单独或成组地粘贴在门框上方。

中国农历新年又被称为“春节”，因为这个特殊的日子恰好在冬季将尽的一月或二月，与三月底的春分近在咫尺。春节保留了张贴吉祥文字与画像的传统习俗，仍是一年中最为多姿多彩的一天。形象生动且饱含寓意的年画、对联、挂笺，带着一个家庭对未来的美好希望，能够为最普通的民居渲染上节日的喜庆气氛。新年的第一周是走亲访友的重要时间，

1 | 2

1　在屋檐下悬挂的玉米棒旁边，上一个新年布置的红色对联和灯笼已经破损褪色。照片拍摄于北京市郊区爨底下村

2　每一只饲养幼兔的大缸上都贴着寓意吉祥的红纸，纸上写有“玉兔成群”“白兔成群”。照片拍摄于福建省永定区洪坑村福裕楼

1　2

1　乔家大院某院落的入口处环绕着书法对联、“颐养堂”匾额以及各种寓意吉祥的装饰物，集中表达了家族的愿望与志趣。照片拍摄于山西省

2　大公鸡不仅是迎接朝阳的阳性动物，而且被称作“大鸡”时还与“大吉”谐音。照片中的这只公鸡颈部挂着镜子，具有双重的镇宅功效。照片拍摄于福建省南靖县

而农历正月十五之夜的元宵节则意味着新年庆祝告一段落。在新年期间，各种食物甚至也因为谐音而被赋予了各种吉祥的寓意。

吉祥图像：趋吉避凶

如果一个人试图统计中国民居中具有象征意义的装饰物数量，那么召唤好运的吉祥图像一定会比驱散厄运的图像吸引更多的注意。[1]无论是文字还是图画，当象征手法用在对好运、幸福、财富、长寿、兴旺的追求中时，可以说它们表达的实际上是中国人生命中最重要、最深刻的情感。正如汉学家沙畹（Edouard Chavannes）在20世纪初所观察到的，“如果中国人到处书写他们的美好愿望，那仅仅是因为他们对其作用深信不疑。在他们眼中，福运与厄运的象征真的能够变为现实。如果反复表达对幸福的追求，……那么获得幸福的机会就会在一个人身边增加。……据我所知，世界上似乎再无其他民族对生活的内在价值拥有如此强烈的追求[2]。”

中国民居被视觉信息与语言信息层层包裹，其中表达的共同理想和价值观又被主题相似的礼仪、仪式、民间娱乐等活动进一步加强。借用薄松年和姜士彬的精辟描述，“日常生活的图像学”正是在这些典型的图像和活动中获得了具体的表达。[3]大多数吉祥图像并非独立存在，无论在入口、正厅还是卧室中，它们都被充满象征意义的装饰物团团包围。甚至为新年等节候制作的特殊食物也具有吉祥的寓意，虽然具体的寓意在各地可能千差万别。

1 那仲良（Ronald Knapp）：《中国民居：民间信仰、象征与居家装饰》（*China’s Living Houses: Folk Beliefs, Symbols, and Household Ornamentation*），火奴鲁鲁：夏威夷大学出版社，1999年。

2 沙畹(Emmanuel-Edouard Chavannes)著、伊莲·阿特伍德（Elaine S. Atwood）译：《五福：中国民间艺术中的象征手法》（*The Five Happinesses: Symbolism in Chinese Popular Art*），纽约：韦瑟希尔出版社，1973年，第34—35页。

法文原版：沙畹：《中国民间艺术中愿望的表达》（“De l’expression des voeux dans l’art populaire chinois”），《亚洲学报》（*Journal Asiatique*）系列九，第18辑，1901年9—10月。

3 薄松年、姜士彬（David Johnson）：《家庭守护神与吉祥象征物：中国农村日常生活的图像学》（*Domesticated Deities and Auspicious Emblems: The Iconography of Everyday Life in Village China*），伯克利：中国流行文化项目，1992年。

民居图像中的各种形象化表达——如双关、比喻、民间传说中的段子、戏曲杂剧中的故事，甚至连不识字的文盲都能看懂。画谜利用图案的双关，将看似毫无关联的物品联结成一句成语，也是一种常见的图像。红色在召唤好运的各种图像中无所不在：刻印图像的纸张是红色的，图像背景是红色的，主要图案是红色的，如果图像中有书法汉字，那么书写这些汉字的墨汁也一定是红色的。象征吉祥的物件，如筛子和筷子，甚至也有可能被刷上不符合本身色彩的红色。只有牡丹和芙蓉在图像中不是红色的，因为它们需要依靠自身形象才能被辨认。即便如此，在象征好运、名誉和财富时，这些花朵实际上也被当成了红色。大公鸡无论采用何种色彩，都是象征吉祥的阳性生物。每天以打鸣迎接初升的太阳，以及“大鸡”与“大吉”的谐音，使得脖子上挂着镜子的公鸡无论在何种意义上都是镇宅之宝。由于与夏季、南方以及代表火的朱雀鸟相关联，对于中国人来说，红色当之无愧成为生命与活力的象征。

福：对福运的追寻

在汉语中，单独的一个“福”字可以集合与“幸福”相关的，或者更贴切地说，是与“福运”“福祉”“福气”相关的各种美好元素。在中国民居中，代表“福”的建筑构件与装饰摆件五花八门。它们不仅以字体本身为表现形式，同时还包括与“福”谐音的各种象形物件。用黑墨或金墨书写在红纸上的“福”，或者用红墨书写在白纸上的“福”，通常采用菱形构图，因为这种形状本身也具有吉祥的寓意。这些菱形的“福”字不仅粘贴或雕刻在门上，也可以布置在厨房等民居内的任何位置。

有时为了迎接新年，故意将“福”字倒挂。此举能够增强“福”的效果，因为客人和路过的行人看到倒挂的“福”时会说“福倒了”，与“福到了”谐音。除了单独的书法汉字之外，“福”字周围还可以装饰龙、凤等五花八门的吉祥图案。

蝙蝠、蝴蝶、老虎通常可以替代“福”字，因为这些动物的名称中均有一个字与“福”发音

1 2 3
4

1　与“福”谐音的蝙蝠图案以四个为一组，环绕在巨大的金色“福”字周围，合起来象征“五福”。照片拍摄于安徽省宏村承志堂

2　这张“福”字贴画虽然已经褪色，但仍清晰地展现出一对金鱼，寓意“金玉有余”

3　当人们看到倒挂的“福”字时会说“福倒了”，与“福到了”谐音。照片拍摄于浙江省乌镇

4　虽然只有饱读诗书的学者才能读懂祭坛两侧的对联，但正中的巨大“福”字却无人不知。照片拍摄于广东省梅县

1
2 3

1-2 门板装饰的全景与特写。其中寓意吉祥的蝙蝠与蝴蝶形似，二者均与“福”谐音。照片拍摄于北京市

3 门环上倒挂的蝙蝠同样是“福”的象征。照片拍摄于浙江省乌镇

相近，尽管中国各地方言的具体发音可能不尽相同。其中，蝙蝠的寓意尤为吉祥。因此，不仅民居、寺观、宫殿等各类建筑的装饰构件上大量出现蝙蝠的形象，织物、刺绣、绘画、陶瓷的图案也常以蝙蝠作为主题。当西方人对寓意不祥的蝙蝠唯恐避之不及时，在中国它们却被视为优雅吉祥的飞行动物。蝙蝠作为吉祥象征物的历史始自17世纪，到清代中后期变得广为流传。

由于蝙蝠常被描绘得优雅而富有装饰意味，导致它们常被误认为是蝴蝶。实际上，蝴蝶的第一个字“蝴”同样与“福”发音相近，因而它们也是一种传统的福运象征物。福建省南部的方言将汉语普通话中的“虎”念作“福”。在这里，老虎不仅是保护家人的猛兽，同时也被当地人普遍用来象征好运。

虽然蝙蝠、蝴蝶、老虎成对出现时能够使福运加倍，但更为常见的则是五个一组。“五”这个数字在中国具有神圣的意义，而“五福”则代表了与福运、幸福相关的五个最核心要素。根据孔子编修的经典文献《尚书》记载，“五福”指“寿”（指长寿）、“富”（指财富）、“康宁”（指健康）、“攸好德”（指道德高尚）、“考终命”（指年老时有善终）。其中仅“寿”和“富”进入民间艺术，成为召唤好运的装饰主题。这或许是因为“康宁”“攸好德”“考终命”的概念比较抽象，难以用具体的形象来表征。考虑到“富”与福运的“福”读音相同，也就不难理解为何仅说“福”时，许多中国人的脑海中只能联想到“富”而非五福中的每一个要素。甚至这两个极为相似的字形，也极易被不识字者或粗心大意的人混淆。

在入口上方的横幅上书写的“五福临门”几个大字，意指“五个召唤福运的要素已经来到门口”，是对“五福”的完整企盼。同样的意思也可以借助隐喻性的图案和字体来表达。五只蝙蝠、五只蝴蝶、五只老虎，由于每个都含有与“福”谐音的汉字，是常见的“五福”象征。与此类似，其中任何一种动物以四个为一组环绕在倒写的“福”字或者抽象的“寿”字周围，也是随处可见的“五福”象征。此外，梅

1 2
3 4

1-2 在这两块雕刻面板上，四只造型优雅的蝙蝠环绕在圆形图案周围，圆圈中写有一个抽象的“寿”字。这五个元素组合在一起象征“五福”，即“寿”“富”“康宁”“攸好德”“考终命”。照片分别拍摄于河南省康百万庄园和山西省乔家大院

3 如照片中的窗格所示，万寿无疆的主题通常以反向的纳粹符号来表征。作为汉字“万”的象征，这种图案的直角弯折形状同时暗示了持续不断的动感与永恒绵延的生命。照片拍摄于北京市梅兰芳故居

4 一对与“福”谐音的蝴蝶支撑着象征长寿的图案，图上雕有青松、仙鹤与岩石。照片拍摄于浙江省嵊州市黄泽镇白泥坎村

花的五朵花瓣，作为民间艺术或建筑构件上常见的优美细节，同样与“五福”的意义相关联。虽然上述种种图案所代表的“五福”在经典文献中有明确记载，但古往今来对于那些不熟悉古典文学的人来说，“五福”通常被简单地解释为“福”（指福运）、“禄”（指俸禄）、“寿”（指长寿）、“喜”（指快乐）、“财”（指财富）。在北京紫禁城内，暗红色厅堂门板上代表“五福”的精致图案，亦与普通民居中的图案在风格和细节上略有不同。

寿：对长寿的企盼

在对各种福祉的追求中，“寿”无疑是仅次于“福”的最常见的装饰题材。“寿”意指“长寿”，表达了中国人对长命百岁甚至长生不老的企盼。“寿”的字形早已超越了标准字体和简单形式，拥有不下百种不同的书写样式，其中一些因为过于抽象和古旧甚至难以识别。不仅如此，大型民居的平面布局，例如山西省太谷县北洸村的曹家大院，号称亦根据“寿”的字形笔画设计而成，由此将整个民居变成一个放大了的强烈象征。

与纳粹党党徽方向相反的万字符同样与长命百岁、长生不老的寓意相关联。研究者认为这种关联或者始自新石器时期，或者取自一种表示无限的螺旋重叠“S”形，或者来自佛教传入中国后象征福运的梵文符号。直至17世纪，这种符号才开始称作“万”。自此以后，万字符就成为一种代表汉字“万”的常见图案。鉴于“万”作为一个常用数词，包含“数以万计”的内在含义，因而用来象征“长寿”再合适不过。在形容年龄时，“万”意味着永恒的，或者至少是绵延的生命，使得这种符号不仅在间隙处充当次要的填充图案，更成为木雕、石刻、砖雕上不断重复的视觉元素。除此之外，与长寿相关的成语也可以采用象征化的形象来表达。例如上文提及的五只蝙蝠，如果环绕在圆形的“寿”字图案周围，就组成了“五福捧寿”的画谜。其他常见的长寿象征还有仙鹤、松树、柏树、乌龟、麋鹿、岩石，以及仙桃、菊花、野兔、猕猴。这些图案有时单独出现，更为常

见的则是与其他吉祥图案一起组成双关画谜。白鹤在道教中号称能够载着仙人升天，而千岁寿命的黑鹤则常以口衔灵芝的形象出现，这种菌类号称是长生不老药中的一味必备配方。

松树和柏树由于能够在极寒下保持常青，而且树龄极长，显然可以用于象征长寿。这一意象集中体现在四字成语“松鹤长春”之中。当松树和柏树因耐寒以及在恶劣天气下保持常青而成为当之无愧的长寿象征时，相对脆弱的菊花仿佛难以被赋予相同的寓意。然而，菊花作为一种多年生植物，不仅根系顽强而且在百花落尽的深秋绽放；加之菊花的“菊”与长久的“久”谐音、菊花盛开的农历九月九日与“久久”谐音，使得菊花成为另一个长寿的象征。

乌龟自然是长寿的象征，尤其当中国人相信大自然赋予其万年寿命时，更强化了这一象征意味。圆形外壳象征穹形天空，平坦胸甲象征水平地面，乌龟本身就是一个缩小的宇宙模型。根据道教传说，麋鹿也具有与乌龟相

1 2
3 4
5

1-4 本书第 25 页图 3 中四扇门板的腰部装饰物特写。其中每一个装饰物均具有吉祥的寓意：石榴象征多子，因为石榴的“多籽”与“多子”谐音；仙桃象征长寿，因为神话传说中西王母花园里的仙桃具有使人长生不老的魔力；佛手柑形似老人的手掌，同时象征福（佛）与寿（手）；柿子因其鲜艳的色彩象征欢乐

5 一副篆体对联之间的墙面上刻有百寿图。一百个不同字形的“寿”字集合在一起，表达了尤为强烈的长寿祈福。照片拍摄于山西省乔家大院

似的寿命，并且牡鹿还是寿星的坐骑。此外，麋鹿据说还非常善于寻找使人长生不老的灵芝。

桃子、桃木、桃枝、桃花甚至桃树本身均是长寿的象征，因此这些物品尤其适合给老人贺寿。号称千年成熟一次的巨大仙桃生长在西王母的花园中，具有使人长生不老的神奇功效。猴子抱着仙桃的形象常使人联想起著名小说《西游记》中的故事。小说中的美猴王为了长生不老偷吃了西王母花园中的仙桃。由于“桃”与“逃跑”的“逃”谐音，桃木还被认为具有驱魔的神力。

六十岁是传统中国人期盼拥有的寿命，虽然远不及长生不老，但已是十二生肖的五个完整轮回。蝴蝶和猫分别与七八十岁的“耋”、八九十岁的“耄”谐音，因此二者至今仍是长寿的象征。将“寿”字重复百遍的百寿图，则表达了更加热烈的长寿祝福。

禄：财禄

在中国古代，商人或地主的财富并不能与为官所得的兴旺发达相提并论。为了获得官吏的地位，人们必须经年累月地发奋苦

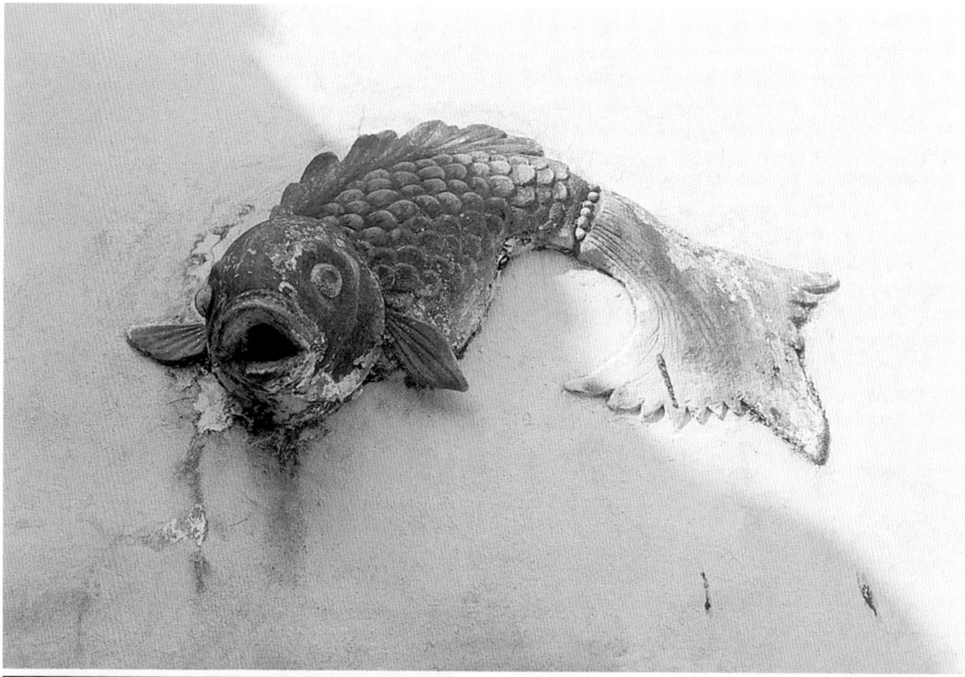

1
2 3

1　虽然任何一种鱼都因与“余”谐音而具有繁荣富足的寓意，但鲤鱼的象征意义尤为丰富。照片中的这条鲤鱼位于某书房院落内，象征着坚韧不拔的意志。此外，在逆流中奋游而上的鲤鱼还可以比喻历经层层考试才能取得功名的艰辛求学之路。照片拍摄于香港文颂銮宅

2　石雕气孔的宝葫芦形状象征长寿与仙气。另一些人认为宝葫芦是铁拐李的象征。作为八仙之一，他的独门法器是一只宝葫芦，号称能够用仙气将妖魔鬼怪封印其中。照片拍摄于广东省梅县

3　猕猴的形象具有多种吉祥的寓意，尤其在各种画谜中可以借助谐音象征王侯。照片拍摄于山西省王家大院

读，通过刁钻严苛的层层选拔，最终才有可能考取意味着各种特权与优待的功名。

由于官吏的薪酬称为“禄”，与之发音相同的“鹿”即成为官吏财富的代表。麋鹿可以同时象征官吏财富与长寿，具体的象征对象有时也并不严格加以区分。

鲤鱼是一种需要在河中奋游才能抵达龙门的鱼类，人们以此比喻历经层层考试最终取得功名的艰辛历程。对于许多中国人来说，鲤鱼的“鲤”还与利益的“利”谐音。实际上，任何一种鱼都能够代表繁荣，因为“鱼”本身即是“余”的谐音。其中金鱼尤能象征财富，因为金鱼与“金余”谐音。甚至因为相似的读音，“金鱼”的“鱼”还可以理解为昂贵的“玉”。由于莲花的“莲”与“连接”“连同”的“连”谐音，当金鱼与莲花同时出现时，能够组成“金玉同合”或“金玉满堂”的画谜。

福禄寿：三“星”

福、禄、寿三个吉祥元素，长期以来被人格化为三位神仙，成为大量民居中的装饰图案。有时“喜”也加入其中成为第四位神仙。明代之后，福、禄、寿已经不仅仅是流行在中低文化群体的民间艺术元素，更在文人文化中广为流传直至今日。无论是三个成组还是单独出现，各具特色的福、禄、寿都能在简易的墙面剪纸、五颜六色的刻印版画或者更为精致的三维木雕与泥塑中立刻被辨认出来。尽管中国人普遍将福、禄、寿称为“星”，但最好不要将其与真正的神仙混为一谈，因为它们并不是任何一座祠庙的供奉对象。鉴于它们的显赫名声，可以将它们看作长生不老的仙人或是某种超验的存在。

寿星的历史可以一直追溯至两千年前，远超禄星与福星。寿星常被描绘成一位德高望重的长者。绵长的白髯、下坠的耳垂、突出的额头、额头上的三道皱纹以及秃顶的光头，夸张的造型特征使得寿星的形象为任何一个中国人所熟识。寿星的画像不仅常配有松树、岩石、仙鹤、寿桃等其他象征长寿的图案，其本人往往还身骑牡鹿，手持节杖与存放

福

长生不老药的葫芦，身边随侍一名象征后代的童子。此外，寿星的长袍通常在袖口处绘有一枚圆形图案，作为“寿”字的抽象象征。直至今日，将意取长寿的寿星画像作为贺寿礼物，仍是一项传统习俗。

无论禄星还是福星，均不能与寿星被神化的历史相提并论。禄星通常穿着华丽的绿色锦织官袍和带翼头冠，前者的“绿”色与“禄”谐音，后者的“冠”与“官”谐音。为了进一步强化禄星的特征，考虑到“鹿”与“禄”谐音，禄星的长袍上通常象征性地装饰有鹿的形象。此外，禄星与某些福星还常常手持如意——一种号称能满足任何愿望的神杖。如意木雕或玉雕的奇异造型，实则取自长生不老药灵芝的不规则形状。

福星通常被描绘成老年士人的形象，手中把玩几朵或一篮象征福祉的花朵，或者一支“如意”神杖。此外，福星作为幸福的象征，特有的造型特征还包括带帽翅的乌纱帽、蓝色长袍、长袍上装饰的“福”字，以及蝙蝠、蝴蝶等与“福”谐音的动物图案。

1 | 2
  | 3

1 墙上悬挂的两个字——代表“福运”的“福”字与代表“俸禄”的“禄”字，既是愿望也是祝福。照片拍摄于安徽省呈坎村燕翼堂

2 照片中的福、禄、寿三星被用作屋顶装饰物。照片拍摄于江苏省甪直镇

3 福、禄、寿被人格化为三位神仙，成为大量民居中的装饰图案。照片中的福、禄、寿三星被其他吉祥图案团团包围，其中即包括代表“福运”的蝙蝠与代表多子的童子。照片拍摄于河南省康百万庄园

“囍”：幸福成双

将相辅相成的两个愿望“福”和“寿”组合在一起即成为“双喜”。代表“双喜”的汉字由一对“喜”字组成，虽然字典中未收录，但为每一个中国人所熟识。“囍”不仅专门在婚礼中使用，也可以用于庆祝其他喜事，总之是中国民居中最常出现的“汉字”之一。由于对称的字形相对简单，“囍”有时更增添其他图案以加强象征意义。在婚床上方，裂开的石榴露出难以计数的石榴籽，是“多子多福”的强烈象征。蜘蛛网的图案与八卦相似，恰好可以与“囍”的繁复字形相搭配。这一比喻使得念作“喜”的一种蜘蛛“蟢”成为另一种吉祥的动物。“蟢”预示了上天赐予的好运，若成对出现，则能够表达“喜（蟢）到檐前美事双”的美好寓意。

代表铜钱的两个圆环交错在一起，称为“双钱”，同样是“囍”的象征。借助“双钱”与“双全”谐音，这个图案表达的是“福”与“寿”相互联结的寓意。在中国，一种形似老人手的柑橘类水果被命名为“佛手柑”。由于“佛手”与“福寿”发音相似，这种水果也是“囍”的象征。此外，一些人相信这种拥有刺鼻香气的水果能够促进人体内“气”的流动，因而具有调节身体机能的实际功效。

八仙：八位仙人

充满传奇色彩的八仙，即道

1 2 3

1　木雕窗格上重复出现的双圆嵌套图案形似一对铜钱，象征“囍”。此外，由于代表一对铜钱的名词“双钱”与“双全”谐音，这个图案还可以象征“福”与“寿”的结合。照片拍摄于四川省阆中市马家大院

2　这张精致繁复的“囍”剪纸需要在新婚时粘贴在婚床上方的天花板上。除了位于中心的“囍”字外，剪纸上丰富的吉祥图案还包括顶部的石榴和底部的佛手柑，前者暴露的“多籽”与“多子”谐音，后者象征着“福”（佛）与“寿”（手）。图像来自广东省

3　道教的八仙拥有永葆青春的生命，这是一种比长生不老更高级的状态。八位仙人以其迥异的个性与法器为每个中国人所熟识。图中是用剪纸表现的八仙形象

教的八位仙人，常常以腾云驾雾或宴饮作乐的形象出现，最贴切地诠释了什么是永葆青春——一种比长生不老更高级的状态。他们有时单独出现，有时则以全部或部分八仙组合成生动的场景。八仙的群体或个人形象不仅被优雅地绘制、刻印在手卷、扇面、陶瓷和刺绣上，同时还被加工成民居建筑中的各类装饰性构件。八仙中每位都是民间传说中的英雄，其中一些人物的传记资料证明其取材自真实人物，另一些则明显是虚构的角色。每位仙人得道成仙的具体方式各不相同，但在这个重要的生命节点之后，他们全都获得了永葆青春的神力。八仙享尽两个世界的各种好处，一方面在人世逍遥快活，另一方面却无须承受人间的艰难困苦、生老病死。不仅如此，传说八仙还能起死回生、医治百病、隐介藏形，同时还是玉皇大帝的使者。作为一个群体，八个仙人代表了中国社会中的各色人等：富与贫、士与军、壮与瘸、男与女、老与少。

中国各地的八仙人物几乎完全相同，他们的名号妇孺皆知，虽然关于他们的神话传说可能存

1 八仙在中国民居中可以用一张一米见方的桌子和四条板凳来象征。这张被称为“八仙桌”的方桌将分享食物与亲友团聚的喜悦物象化

2 雕刻有八仙图案的门扇。其中左侧门扇上雕有持剑的吕洞宾和提花篮的蓝采和，右侧门扇上雕有年轻的何仙姑和身着官服的曹国舅

在不同的版本。钟离权又名汉钟离，是八仙之首。他光着膀子，脑袋两侧各盘绕一条辫子，胡子的长度几近肚脐。羽毛扇或寿桃是他的独门法器。据说钟离权能够起死回生，遮天蔽日，并且擅写草书。李铁拐是一个蓬头散发、怒目圆睁的瘸腿乞丐，代表着身体残疾者。他的独门宝物是一只葫芦，其中装着神奇草药或者由仙桃制成的不老仙丹，葫芦口还飞出一只象征福运的蝙蝠。蓝采和有时被看作女性，更为常见的则是手持花篮或果篮的双性人形象。作为一名云游四方的流浪歌者，蓝采和拥有过人的智慧，据说以嘲讽人世间的忧愁烦恼为乐。何仙姑作为八仙中唯一的女性，以孝敬母亲与法力独特著称，尤其擅长调解家庭矛盾与操持家务。何仙姑通常手持莲花、长勺或如意，据说以采食月光和云母为生，是从事家务劳动者的守护神。曹国舅既是皇亲国戚又是卖艺者的守护神，也是八仙中时代最晚的一个。他身着优雅官服，手持拂尘或者一对象征官吏笏板的云阳板。张果老是一位倒骑白色毛驴、

求名求利但須求己莫求人
詩書世業重冀後人

这幅欢聚一堂孝敬双亲的全家福画面是所有中国人心中的理想图景。照片拍摄于山西省

年龄极长的苦行隐士，据说由蝙蝠变成。他法力无边，不仅能够起死回生、隐介藏形，甚至能将毛驴折成纸藏在竹箱中，之后再喷水使其恢复原形。他的法器是渔鼓——一种形似竹竿、用两根木棍敲打演奏的乐器。韩湘子取材自9世纪的历史人物，以翩翩君子的形象出现，是一位性格叛逆的隐士。相传他吹奏法器玉箫时，能够控制花开花落。他不仅是青年的代表，同时也是预言者的守护神。吕洞宾作为八仙中最著名的一位，是每一位普通人的代表，尤其代表了凡人对性和酒的奢欲。他通常以背插双刃宝剑、手持马鬃拂尘的形象出现，这把宝剑号称能斩断凡人的一切贪婪、淫欲与痛苦。在大多数中国民居中，最常见的八仙象征物是一张

一米见方的方桌，称为“八仙桌”。在八仙桌每侧摆放一条板凳，恰好可以容纳八人。

无论在厨房还是正厅，用来分享食物的八仙桌均是幸福的象征。在订婚、婚礼、男性过生日等各种庆祝场合，亲朋好友的欢宴都围绕在八仙桌旁进行。八仙桌上有时还可以增加可折叠的圆形桌面，以适应每桌超过八人的大型宴会。

家庭和睦

夫妻美满、家庭和睦是中国传统生活的一个重心。由于中国人相信妯娌之间的争端最有可能破坏家庭和谐，于是为每个儿子挑选合适的媳妇就变得尤为重

要。在这种观念之下，年轻女性仅仅被看作大家庭的附属品。诚然，丈夫与妻子、男性与女性，经历的是完全不同的人生："男性从出生、成长直到死亡都生活在同一堵院墙之中，身边永远环绕着同一群男性亲属。他从来无须离开自己的父母和家庭，从认识世界开始，他最先认识的就是自己所属的家族和环境。家对他来说是相伴一生的场所，但只要乐意，他可以随时走出这座建筑。在父系世袭制度的要求下，他首先要忠于自己的家族。而女性的成长经历从来身不由己。一旦出嫁，她就必须离开生养她的家以及她所依恋的母亲姐妹，搬入一个完全陌生的居所，跟一群新的女性相处，其中不少人甚至对她怀有敌意。在建立盟友之前，她只能自力更生，或者直到以母亲的身份被新的家庭接纳。"[1]

家庭和睦的标志物是水仙和兰花，作为爱情的象征，它们通常成对出现。紫藤以耐寒、长寿以及绵延不绝的藤蔓而著称，缠绕在松树上的紫藤则是两性结合的象征。美满的婚姻常常被描绘

1 白馥兰：《技术与性别：晚期帝制中国的权力经纬》（*Technology and Gender: Fabrics of Power in Late Imperial China*），伯克利：加利福尼亚大学出版社，1997年，第109页。

此处译文参考了原著的中译本。详见白馥兰著，江湄、邓京力译：《技术与性别：晚期帝制中国的权力经纬》，南京：江苏人民出版社，2006年，第116—117页。——译者注

1 | 2

1 这块木花格上雕有多个吉祥象征：金玉、莲蓬、仙桃、童子，共同组成“连年有余”“连生贵子”的画谜。照片拍摄于山西省王家大院

2 褪色的红纸上写有“四季平安”四个字，两侧的“乐伦”则表达了对天伦之乐的祝福。照片拍摄于山西省平遥县范宅

成一对水中遨游的鱼儿、比翼双飞的大雁、飞上枝头的喜鹊或者水面嬉戏的鸳鸯。由于牛郎织女的爱情故事，喜鹊成为充满想象力的吉祥之鸟。鸳鸯则是显而易见的爱情象征，因为这种鸟不仅相伴终老，而且时时比翼双飞。如果在鸳鸯的身旁或口中增添一朵莲花或莲蓬，就能寓指“鸳鸯贵子”，成为卧室瓷器上常见的装饰主题。

一对莲花，尤其当荷叶与莲蓬也同时出现时，能够象征婚姻美满、夫妻交合。此外，莲蓬头内满溢的莲子还可以象征不断繁衍的后代。如意、盒子、莲花组合在一起，组成的则是“和合如意”的画谜。

子孙：男性后代

不断繁衍的后代尤其是男性后代，被认为是婚姻的终极目标，也是大量民俗装饰的主题。这里甚至不需要刻意强调后代的性别，因为对儿子的渴望是毋庸置疑的。只有儿子能延续家族姓氏，并在祭祖仪式中充当不可或

这张色彩斑斓的木刻版画充满视觉上的双关语与寓意吉祥的图案，如胖男孩、金鱼和莲花。借助谐音字，这幅画表达的是“金玉（鱼）满堂”的寓意。图像来自山东省潍坊市

缺的角色。考虑到中文的“子”与“籽”发音相同，也就不难理解为何石榴、葡萄、各种瓜类、莲蓬等富含种子的植物能够引发后代兴旺、多子多孙的寓意。绘有吹笙的可爱胖男孩、莲花、桂花的年画，暗含“笙”与“生”、“莲”与“连”、“桂”与“贵”的谐音。所有这些图像和文字的谐音效果合在一起，构成“连生贵子”的画谜，一种对家庭百子千孙、延绵不绝的美好祝福。

道德寓言：教化故事

一个完美的家庭少不了和谐的生活、繁盛的后代以及福、寿、禄、喜的保佑。表现幸福家庭的生动词组“全家福”，从古至今都是中国民居中常见的题词和故事画主题。中国人相信只要将这个主题以上述方式表现出来，就能达到教育与劝勉的目的。此类教化式主题多数情况下仅布置在卧室和正厅内，以简单生硬的格言、寓言画甚至连环画的形式出现，但有时也遍布祠堂、墓

地。其中母亲（可以想象妻子、儿媳无疑也与之类似）的床和卧室是布置教化式寓言画的最理想场所。

上述这类简短的主题虽然无所不在、随时浮现，但仍是一种相对被动的交流方式，需要更加主动的工具与之配合。故事讲述、戏曲表演以及儿童启蒙读物的阅读，都能周期性地加强和巩固各类主题。尤其是戏曲表演，通过对白和歌曲中的隐喻式台词，将道德寓言中的经验教训转化为一种妙趣丛生、引人入胜的传播形式。在持续不断的耳濡目染之下，男女老少对各类故事中的孝顺儿子、尽责儿媳、贞德妇女、正义青年变得了如指掌，并且伴随这些传说中的角色，接受了他们所宣扬的道德准则与幸福之道。这些耳熟能详的道德楷模或者取材自因超凡事迹而成名的历史人物，或者取材自人格化的各路神仙，例如福星、禄星、寿星以及八仙即是后者的代表。

家庭幸福的最基本要素莫过于儿子的出生。此后便是一个漫长的社会化过程，目标在于将儿子教育成对父母百依百顺的孝子。孝敬父母，尊敬祖先（同样是对孝敬的表达），时刻牢记繁育子孙、传宗接代的责任，三者合起来被认为是家庭团结、幸福常在的基石。《孝经》将这一价值观浓缩为简洁有力的几句格言："孝子之事亲也，居则致其敬，养则致其乐，病则致其忧，丧则致其哀，祭则致其严。五者备矣，然后能事亲。……礼者，敬而已矣。故敬其父，则子悦。敬其兄，则弟悦。敬其君，则臣悦。敬一人，而千万人悦。所敬者寡，而悦者众，此之谓要道也。"[1]

在宋代（960—1279），男孩从小就要熟读被列为经典的《孝经》。当时的民俗艺术、文人艺术、手工艺品均在作品之中以各种方式表现孝德的主题。李公麟所绘著名绢本手卷《孝经图》即是在绘画中表现孝德故事的典型。画中以十八段故事画与图说相配合的形式，阐释了经典的孝德故事与行为准则。不仅如此，刻印版画、手工剪纸以及各种砖雕、木雕、石雕同样乐于表现和传播这些故事，使其成为中国文化中一个广为接受的核心价值观。

1 译文引自《汉魏古注十三经（下册）·孝经》，北京：中华书局，1998年，第15—16页。——译者注

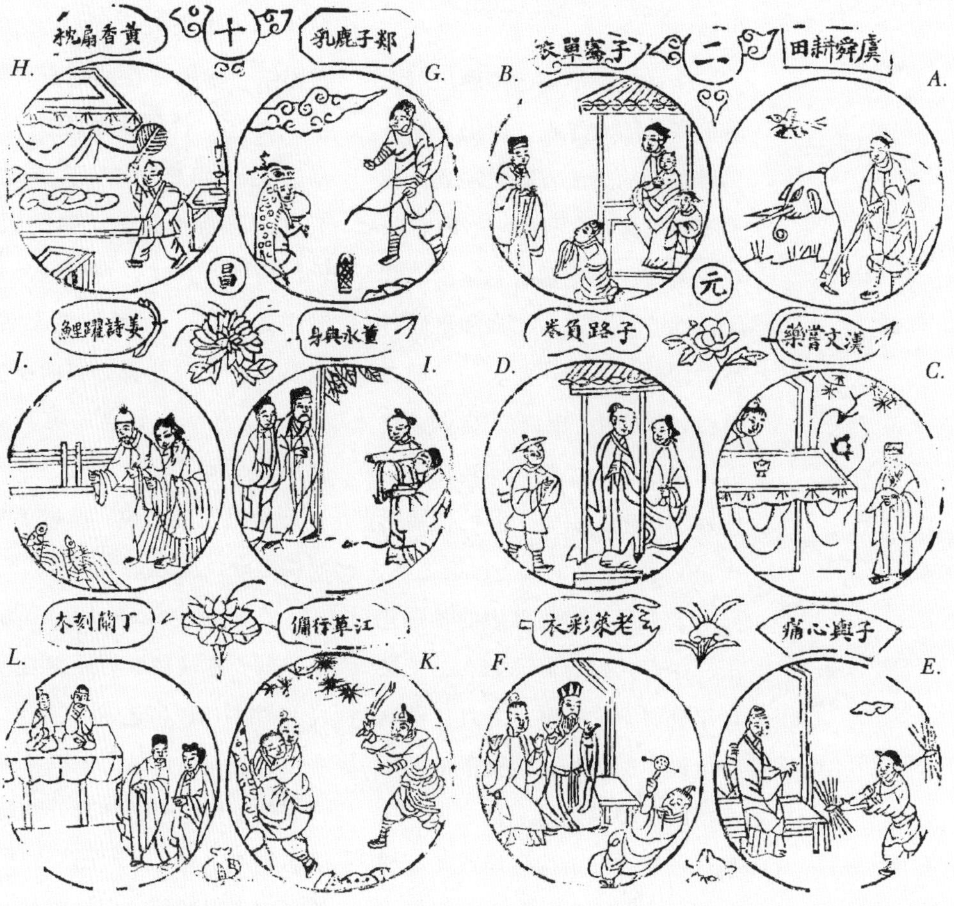

这张木刻版画简明地表现了《二十四孝》中的十二个故事。其中（A）图《虞舜耕田》讲的是上古圣贤虞舜在遭到父亲和继母虐待的情况下坚持尽孝；（C）图《汉文尝药》讲的是汉文帝为其母品尝苦涩汤药；（E）图《子舆心痛》讲的是出门在外的儿子因为感到母亲咬手指之痛而迅速回家；（F）图《老莱彩衣》讲的是年迈的儿子在地上戏耍为博取父母一乐；（G）图《郯子鹿乳》讲的是儿子披鹿皮混入鹿群中为年迈双亲偷取鹿乳；（H）图《黄香扇枕》讲的是儿子在夏天用扇子为父亲凉枕席，在冬天用身体为父亲暖被褥;（J）图《姜诗跃鲤》讲的是夫妇每日长途跋涉为公婆打回他们喜爱的河水、河鱼，孝心至诚感动了河鱼，以至于河鱼自愿从房前跃出供其食用

甚至在具备文字阅读和图画理解的能力之前，学龄前的中国儿童就需要背诵和牢记《三字经》——一篇创作于13世纪、浓缩了儒家思想的经典文献。《三字经》以三字短语为一句，共计不到一千二百字，作为一篇简短的儒家启蒙读物，强调了教育、孝顺、家国关系与各种行为规范的重要性。直到20世纪前，这本读物一直在中国家庭中长盛不衰，但近五十年内其影响力却大不如前。与此同时，也有媒体于2004年报道称，《三字经》在幼儿园老师的倡导下迎来一场复兴。在他们看来，两个月内牢记《三字经》的训练是对大脑能力的一种开发。

《二十四孝》将道德的典范行为进一步扩充为二十四篇故事，是另一部广为流传的道德寓言。无论采用画册、年历还是口头讲述的形式，这二十四篇故事的目标都在于借助榜样向中国儿童灌输各种责任：承受痛苦、历经险阻、忍辱负重，甚至在极端困难的情况下坚持尽孝。其中十一篇故事发生在儿子与母亲之间，五篇在儿子与双亲之间，四篇在儿子与父亲之间，两篇在儿子与继母之间，另两篇在儿媳与婆婆之间。

这二十四个教化故事中，一些故事展示了极端的孝顺行为：七十岁的儿子模仿婴儿以娱乐父母，儿媳用自己的乳汁喂养年迈的婆婆（参见本书第332页图2），儿子扮成幼鹿为双亲挤取雌鹿乳汁，儿子让蚊子叮咬自己使父母免受其苦，儿子割下自己的肉为病父配药，儿子亲口为病母品尝汤药，儿子在饥荒时从百里之外为父母背米，凡此种种。

为了表达对公婆的孝敬，年轻新娘必须在婚床帐幔上刺绣以孝敬为主题的图案。新生儿出生后，绘有简明故事画的雕版印刷品可以被悬挂起来作为启蒙教育画。粘贴在窗户或墙面上的手工剪纸，虽然只需简单勾勒孝道寓言中的几个元素就能隐喻复杂故事，但大多数情况下仅以表现幼儿能够理解的简单寓言为主。总之，无论采用何种形式，以上这些装饰品不仅能够使幼儿潜移默化地接受道德准则、理解正确的价值观、培养理想的行为，同时也是成年人规范自身行为的警钟。有时，画册也包含不孝行为带来的惩罚，而随处可见的所谓“家规”手册则极尽所能地宣扬如何继承祖先遗训、维护家庭和睦。由于人们越来越热衷总结造成家庭长期困顿的原因，违背道德准则而导致家族衰落的故事得到大量演绎。所有这些观念交织在一起，全部彰显在中国民居之中。

《女孝经》集中收录女性道德榜样，成书于唐代，并配有图示。全书由对话体裁的十八个章节组成，各章题目均与男性阅读的《孝经》类似，只不过特别增加了孝敬婆婆的一章。这部文献继而在宋代被绘制成绢本手卷，以便在民居卧室中充当教化性装饰。

吳猛
恣蚊
飽血
莫驅蚊，恐噬
親，替身可，
請噬我，噬我
我心怡，
噬親我心悲。
兒睡著，
忘蚊啄，忘蚊
啄，神仙樂。

作为《二十四孝果报图》之一，这幅画表现的是《恣蚊饱血》的故事。故事讲述的是八岁男孩吴猛为了孝敬买不起蚊帐的贫穷双亲，用裸露的后背吸引蚊子饱食其鲜血，使父母能够安眠

中国民居作为家庭的居所，之所以能够超越建筑的物质外壳，正是因为充满象征的神话传说，深深扎根的传统观念，严守吉时的例行仪式，包括辈分、性别、年龄在内的家庭等级，与生命周期相关的重大事件，难以计数的日常活动与佳节庆典。那些匪夷所思的物件，各个中国家庭仍在按照皇历和传统将它们挂满民居的里里外外，即使这些物件似乎仅具有装饰性的价值而已。虽然一些装饰物的确只在线条、材质、色彩方面具有审美价值，但更多民居装饰品实则被赋予了十分明确的内在含义。这些装饰品被刻意创造出来并赋予特定的含义，不仅是中国人表达好恶的

重要手段，也暗含着家庭成员与社会群体的宇宙信仰。在今天中国的一些地区，这些信仰仍在许多活动中有所体现：如重大事件的决策、礼仪活动的举办、建筑基址的选择、民居朝向和比例的设计、建造活动的顺序，以及一切结构性和季节性装饰物的布置。其中一些影响显而易见，另一些则微妙、隐晦甚至似有似无。然而，在大多数情况下，传统象征物的丰富含义已经无法被年轻一代解读，仅仅留下一个模糊的总体印象而已。

民居通常随时间不断演变，有时是渐进式的，有时则以跳跃式的改建满足不断变化的家庭需求。由于中国民居往往世代相传，因而它们在相当长的历史中成为一个家族生生不息的鲜活遗产。作为繁衍、工作、社交、娱乐的场所，许多中国民居的物理空间都能够揭示出其他载体难以取代的复杂家庭关系网。一场婚礼、一个婴儿、一场葬礼，任何一个事件都有可能反映在民居的变化之中。

第三章

中国民居的优秀遗产

北京四合院民居

梅兰芳故居 ..... 北 京

出挑的屋檐与屋檐下方的木构件均装饰着色彩斑斓的吉祥图案

最著名的中国民居类型非四合院莫属。这种由一座或多座院落构成、四周由单层建筑围合、每座建筑仅朝向内院开设门窗的四方形院落式建筑，至少从西周时期(公元前 1046—前 771)开始，就已经是中国民居、宫殿、寺观的常见形式。它们作为基本单元，拼合出中国北方特有的方格网状城市肌理。

典型的四合院民居主要分布在北京及其周边地区，其组合方式千变万化，除了一些简单的小民房外，大多数四合院的空间布局都相当复杂。但它们同时也体现出一系列近乎固定的标准化元素：封闭的灰色高墙仅在偏离正中的角落处开设唯一的入口，以保证必要的私密性；所有建筑均朝向中心院落，其中朝南或东南的建筑是正厅的所在；整座民居采用均衡对称的布局，中心轴线上是按等级排列的空间序列。此外，明清时期设立的京城住宅等第法规对四合院等级进行了严格的限制，包括木材尺寸、厅堂宽度、装饰色彩以及家具类型。此举使得达官贵人和皇亲国戚的宅邸能够明显地区别于商人宅第(虽然后者实际上也有建造大型四合院的经济实力)，而庶民的住宅就更无法与之相比。

紫禁城作为帝国的心脏，由红色高墙之内的三条平行轴线将宏大的宫殿与宫内人员居住的院落组织在一起。这些院落不仅是后宫亲眷的寝殿，同时也要为数量众多的侍从提供容身之地，其

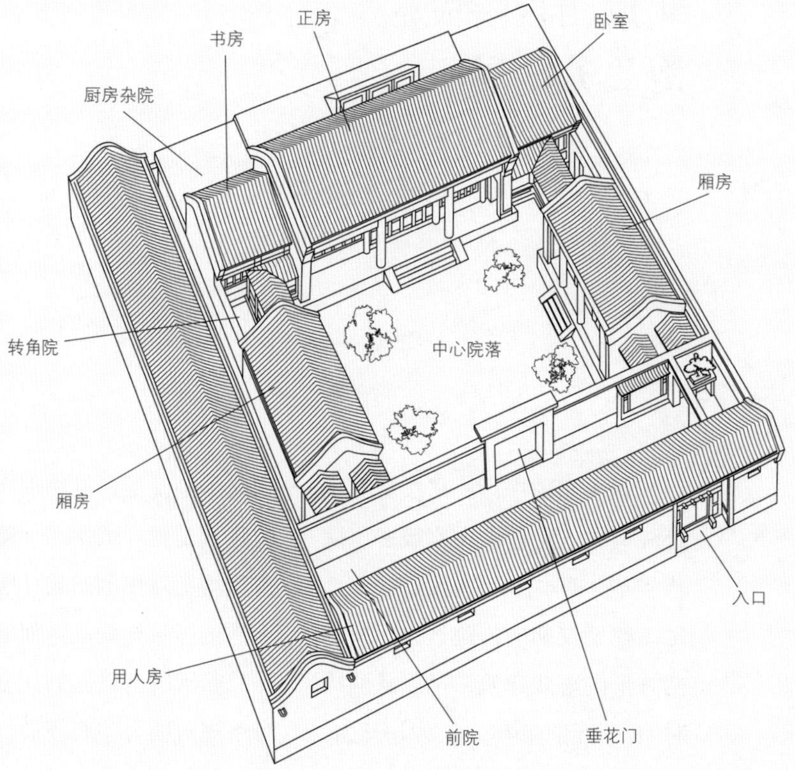

北京市梅兰芳故居轴测图。规模最小的四合院仅由一座四方形院落和四周院墙组成，院墙上开设一个单独的小入口

中仅太监的人数到晚清时期就达到一千五百人。西侧轴线的北端是皇帝、后妃及其他亲眷的寝殿区，在这里，高墙围合、尺寸适宜的院落占据了紫禁城西北角的四分之一区域。虽然这些相互连通的建筑均装饰有昂贵的木材、华丽的色彩，摆设有精美的家具，但它们的平面布局和建筑结构实则与四合院无异，甚至与中国城村随处可见的寺庙亦相差无几。

1949 年以前，不仅紫禁城由高墙包裹，其外侧还有一圈高墙围合出更大的皇城区，皇城区外侧才是由城墙围合而成的北京城。在三重高墙构成的空间骨架中，宗教建筑、民居以及商业建筑像细胞一样充斥其中，由此构成的空间结构兼具宇宙信仰与实际功能的双重意义。从元大都时期开始，东西南北四通八达的街道和小巷就将北京城的大部分区域划分成棋盘格式的道路网。街坊民居即沿着这些城市“脉络”逐渐发展成熟。北京城的“脉络”称为“胡同”，这些多如牛毛的小街和窄巷总数不可胜计（参见本书第28页图1）。在胡同之间的街坊内，紧密地排列着贵族、官员、学者、商人、工匠以及各色人等建造的大大小小的单层四合院民居，其中一些只有单座院落，另一些则由相互连接的多个院落组成。

一些四合院是占地广阔的深宅大院，而另一些则拥挤不堪地容纳着多个家庭。慈禧太后的御前女官德龄公主（1907年嫁给美国人之后更名撒迪厄斯·怀特夫人［Mrs. Thaddeus C. White］）曾写道：“北京的住宅乐于追求宏大的规模，它们占地广阔，我们之前居住的房子也不例外。这栋房子拥有十六座单层的小建筑，一共一百七十五间房间，它们以四面围合的方形院落为一组，成组地组成整座住宅。在这种布局方式之下，紧贴在建筑正面的玻璃游廊使人们无须走出室外就能在各个建筑之间来往穿梭。我的读者们也许会好奇，我们怎么可能用上这么多房间。但如果考虑到整个大家庭里不计其数的秘书、文人、信差、用人、马夫和苦力，就能想象装满这些房间并非难事。建筑周围的园林采用中式布局。小池中饲养着金鱼和美丽的荷花，池上架着小桥，池边栽着高大的垂柳，小池之间是忽近忽远的蜿蜒小路，沿着小路两侧精心布置的花圃中栽满各式花卉。”[1]

上述这种大型四合院在今天基本上全部消失了，它们或者被改造成多个家庭共享的杂院，或者为适应现代需求而被彻底拆除。然而，在紫禁城以北、紧邻前海处仍保留了一座精美的遗构。这座被称为“恭王府”的豪华建筑群可以说是变幻莫测的晚清历史的见证者。恭亲王是清朝道光帝的第六子，咸丰帝的弟弟，他于1852年搬入这座王府时，这座建筑已建成百年。恭亲王搬入之后，这座王府成为一座由东、中、西三路建筑组成的豪华宅邸，

1 这段文字引自德龄公主的《清宫二年记》（*Two Years in the Forbidden City*），此处译文参考了原著的中译本。详见裕德龄著、顾秋心译：《清宫二年记：清宫中的生活写照》，上海：百新书局，1948年，第3页。——译者注

尤以花园和园林建筑而闻名，其中最知名的部分包括一座由假山组成的迷宫、一座茶室以及专为看戏而设的各种空间。一些人甚至认为著名作家曹雪芹的著作《红楼梦》即取材自在恭王府居住的经历。

清代早期一共有八座亲王府，到晚期增加至十二座。除了恭王府之外，其他王府没有一座以原状留存下来，不仅独特的王府风采早已消逝，甚至大部分建筑原物也拆毁无存。随着时间流逝，尤其在20世纪初和1949年后，这些王府被政府、医院、学校、艺术机构、工厂等单位纷纷占领，曾经奢华的宅邸由此转变成实用性建筑。例如，西安门南侧的礼亲王府被改为民政部办公楼，而什刹海地区的清代早期睿亲王府则在多年之中由多个学校轮番占用。东单地区的豫亲王府被拆建为洛克菲勒基金会下属的北京协和医学院，即今天的北京协和医院。

梅兰芳故居

在北京西城区什刹海旁的一

1 | 2
  | 3

1　这座大理石水盆立在突出的石刻基座上，上部结构壮观华丽，据说原是皇宫中的器物。照片中位于石盆右侧的是装饰影壁

2　虽然梅兰芳故居西侧的一排房间打破了空间的严格对称性，但总平面图仍然清晰展现出四合院典型的对称式和等级式布局

3　大多数四合院的正房采用坐北朝南、面宽三间的单层建筑形式。梅兰芳故居中心院落内最引人注目的是一对柿子树。夏天，家庭成员和客人通常会把桌椅从周围房内搬到院中，在这里享受美好的阳光与宁静的夜晚

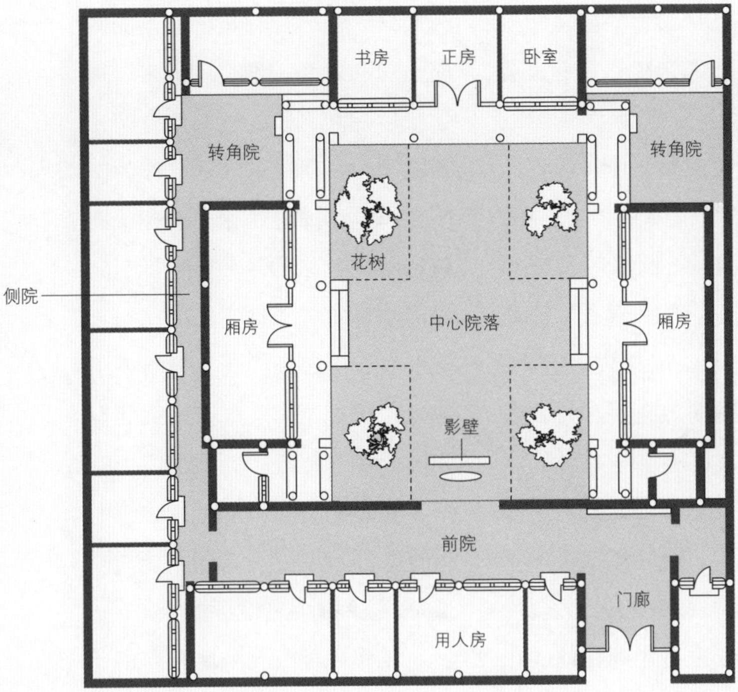
书房
正房
卧室
转角院
转角院
花树
侧院
厢房
中心院落
厢房
影壁
前院
门廊
用人房

条僻静的小巷护国寺胡同里，坐落着一座灰砖四合院，它就是著名京剧表演艺术家梅兰芳的故居。梅兰芳于1951—1961年在此居住，度过了生命中的最后十年。这座四合院在18世纪后半叶曾是一座清代王府的一部分，原先的府邸建筑远比现存故居宏大，但与清代其他贵族宅院相比，规模和华丽程度仍逊色得多。

梅兰芳从八岁开始学戏，早年就享誉国内。1919年、1924年的日本之行，1930年的美国之行，1935年的苏联之行，则将他的花旦名声远播海外。1949年刚过不久，周恩来就敦促梅兰芳返回北京担任中国京剧院院长一职，甚至承诺将他和家眷安置在他们的四合院旧居之中。这座旧居由梅兰芳于1921年购入，一直到1933年梅兰芳才将其售出。然而梅兰芳谢绝了周总理的好意，虽然曾经的旧居在他的自传中仅是一座“普通的四合院民居”，但他还是不愿将已售出的房产重新据为己有。

作为旧居的替代品，他接受了护国寺胡同里的一座独立小院。这座小院仅是一座完整宅院中划分出来的一小部分，而且年久失修，当时仅存位于北侧的南向正房和两侧的厢房。后来，加建了后院和侧院，这座四合院才形成了今日所见的布局。作为一座占地1000多平方米、总建筑面积约500平方米、所有建筑朝向内部的建筑群，这座民居在四合院中属于中等规模，甚至略大于他之前的旧居。[1]整座建筑的空间布局相当传统，一系列门、院落、建筑营造出一个具有私密感的空间序列。当一个人从外部走向内部时，空间的私密性不断增强。

整座民居仅在外墙东南角开设唯一的入口，虽然两扇巨大的门板被漆成红色，但入口仍显得十分低调。入口内是一座门廊，门廊对面的浅灰色砖砌影壁前栽着丛丛绿竹。由门廊左拐再穿过一道门，就进入了所谓的“公共区域”。公共区域是一条狭窄的长方形院落，用人们在这里从事日常工作，客人们在这里等待通报，自行车、火炭等大量家居生活用品也堆放于此。此外，一对高大的梧桐树在院中舒展枝杈，用花瓣状的树叶与成串的褐色花朵覆盖在院落上方。院落南侧是一排北向房间，称为“倒座”。

1 梅兰芳位于护国寺胡同的这座故居基地南北深38.3米，东西宽30.6米，比一般较宽的二进四合院（深30米、宽20米）更大。但之前位于东城区无量大人胡同（后改名“红星胡同”）的旧居是一座规模更大的四合院，由东西两路院落组成，西院共三进，东院为花园，于20世纪后期被彻底拆毁。详见吴开英：《梅兰芳纪念馆建筑历史原貌考》，《大舞台》2011年第9期，第256页。贾珺：《北京私家园林志》，北京：清华大学出版社，2009年，第235—237页。——译者注

传统的正房明间通常被用作祠堂，是举办仪式、庆祝节日的家庭中心。在梅兰芳故居中，这个家庭中心被改为画室，成为梅兰芳与密友雅集的私人空间

流雲吐華月
春風來故人

1

梅兰芳故居中的两棵海棠树，是 1951 年 4 月 3 日为纪念中国戏曲研究院的成立，梅兰芳差遣服务人员种下的。详见梅宝琛：《怀念父亲梅兰芳》，北京：中国社会出版社，2005 年，第 87—88 页。此处英文原文有误，据改。——译者注

1 漆面花格门扇安装着玻璃和丝帘，将正房内的画室与家庭起居室分隔开来

2 画室西侧是一间阳光明媚的大书房，朝南的窗户引入了明亮的光线

右手边的墙面上设有一座华丽的门楼，称为“垂花门”。垂花门作为外部前院和内部正院的过渡，不仅保障了内部区域的安全，同时也是民居内外装饰最集中的部位。与街巷上的入口大门不同，垂花门通常由昂贵的木构架与繁复的装饰堆叠而成，极尽奢华之能事。但梅兰芳故居的垂花门却较为朴素。当客人走到垂花门时，必须爬上几步台阶才能进入正院，而一面装饰着华丽图案的影壁则能防止客人将正院一览无余。梅兰芳居住期间将一座号称从皇宫中流出的大理石水盆摆放在影壁前作为装饰。石盆放置在凸出的石刻基座上，上部结构壮观华丽，但并非四合院中的常见布置。

宽敞的中心院落与入口处的长方形院落、西侧客房前的狭长院落，占地超过了整座四合院总占地面积的 40%。铺着方砖的中心院落是家庭生活的中心。院落内外低矮的建筑，使得院子里的天空仿佛一直绵延到远处的地平线上。与其他北京四合院相似，这座院落也利用树木和盆栽柔化了建筑的坚硬轮廓。为了在一年四季中获得持续的舒适感，院内的植物品种都经过仔细选择，除了枝叶的形态之外，可食用的果实与吉祥的寓意都是需要考量的因素。梅兰芳故居中心院落内的主要植物是一对柿子树。这种树结出的橘黄色果实与李子相似，呈扁平状，在冬季结霜之前口味苦涩，成熟之后既美味可口又富含营养。与柿子树相配的是两棵海棠树，之所以采用这样的搭配，据说是因为这四棵树组合在一起刚好是“事事平安”的谐音。[1] 此外，柿子树不仅树龄较长，而且能够提供阴凉、吸引鸟类。而石榴树和枣树也因丰富的种子与寓意，是四合院中常见的植物品种。相反，四季常青的松树、柏树以及白杨树在四合院中却很少见，因为这些树种被认为更适合于墓地。遇到晴朗的天气，家庭成员和客人通常会把桌椅从周围房内搬到院中，在这里享受美好的阳光与宁静的夜晚。在正房与两侧厢房相接处的半围合角落，爬满紫藤花的廊架将三座建筑联系在一起。

梅兰芳故居的正房与其他经典四合院相似，也是位于中心院落北侧的一座单层建筑。它正面朝南，

正符合“坐北朝南”的经典朝向。正房作为民居内的私密场所，通常是祠堂和礼仪空间的所在，也是家中长辈居住的地方。梅兰芳将正房的明间用作画室，成为他和密友雅集的私人空间。东侧是家人活动的起居室，起居室内是卧室。西侧是一间阳光明媚的大书房。

与正房垂直的是两座东西向厢房。厢房严格按照左右对称式布局，是儿子婚后与他的家眷生活的空间。西侧厢房背后的长条形建筑在四合院中并不常见，这里同时与前院和中心院落相连通，容纳着数量众多的客房和储藏室。

北京四合院的一个重要元素是一系列狭窄的半室外游廊，它们为家庭成员提供了躲避日晒雨淋的步道。由于四合院的每座建筑都相互分离，因而朝向中心院落开设的门是进出室内的唯一入口。加之建筑之间均不设置封闭廊道，因而当天气晴好时，横穿院落是建筑之间最方便的联系通道。而遇到雨雪等恶劣天气时，狭窄的半室外游廊则为建筑之间的穿行提供了一定的保护。此外，宽阔的檐廊和粗壮的红柱，在冬季分别具有缓解冷风与储存热量

的作用。

作为一位著名的表演艺术家，梅兰芳在此居住期间曾为大量社会名流表演过京剧。这座民居在家具和装修方面，将西式与中式的风格并置，体现出古典与现代的融合。

1961 年梅兰芳过世之后，虽

然他的夫人搬入了一座更小的住宅，但他的儿子们仍继续在此生活。然而，1966 年之后，北京的红卫兵开始不断地在民居外墙和大门上粘贴批判梅兰芳资产阶级生活的大字报。这一举动导致他的孩子们不得不搬离这座四合院，从此以后直到 1986 年作为博物馆重新开放前，这里都不再有人居住。最初博物馆的参观者甚少，但 1994 年梅兰芳百年诞辰纪念之后，参观人数激增。中外游客不仅试图对北京旧城胡同里的四合院生活一窥究竟，更好奇于这位 20 世纪中国最杰出的表演艺术家的生活情境。正如梅兰芳所言："台上三五步，走尽天下路。"[1]

四合院：危机与复兴

一段时期以来，大量家庭涌入四合院，将曾经的优雅与宁静彻底打破。剧作家、现实主义小说作家老舍在 1936 年创作的著名小说《骆驼祥子》中，描写了一名勤劳的人力车夫在衰败的北京四合院内的生活。在书中他如此描写一座四合院和其中的居民："大杂院里有七八户人家，多数的都住着一间房；一间房里有的住着老少七八口。这些人有的拉车，有的作小买卖，有的当巡警，有的当仆人。各人有各人的事，谁也没个空闲，连小孩子们也都提着小筐，早晨去打粥，下午去拾煤核。只有那顶小的孩子才把屁股冻得通红的在院里玩耍或打架。炉灰尘土脏水就都倒在院中，没人顾得去打扫，院子当中间儿冻满了冰，大孩子拾煤核回来拿这当作冰场，嚷闹着打冰出溜玩。顶苦的是那些老人与妇女。老人们无衣无食，躺在冰凉的炕上，干等着年轻的挣来一点钱，好喝碗粥。"[2]

1 此句谚语并非出自梅兰芳，而是引自吴祖光《京剧与京剧大师梅兰芳》(*Peking Opera and Its Great Master Mei Lanfang*)。吴祖光原文用英文写作，这句谚语的英文原文是"Small as the stage is, a few steps will bring you far beyond heaven"，与京剧戏谚"台上三五步,走尽天下路"意思相近，故译为此。吴祖光原文详见吴祖光、黄佐临、梅绍武：《京剧与梅兰芳》(*Peking Opera and Mei Lanfang*)，北京：新世界出版社，1981 年，第 3—4 页。——译者注

2 译文引自老舍：《骆驼祥子》，北京：人民文学出版社，1981 年，第 141 页。——译者注

1 梅兰芳的花旦扮相。身为丈夫和父亲的梅兰芳在京剧中仅扮演花旦一角

2 新建四合院内的装饰构件有的来自北京市内，有的则搜求自其他省份。照片中四角雕刻盘龙的精美木雕门板来自山西省

某新建四合院厢房旁的异形假山石

在1949年国家安定、经济恢复之后，仍有越来越多的四合院从一个家族独有的私宅变成多户人家共享的大杂院。房屋分配制度导致四合院被大量北京家庭共有，曾经宽敞的院落由此被划分为多个家庭的居住场所，只是这些大杂院中的生活条件并不像老舍描写的那么艰苦。在此之后直至20世纪80年代，有限空间中人口的不断增长、使用需求的激增以及必要维护的缺失，导致四合院普遍遭到破坏。在遍布北京城的大杂院中，临时搭建的厨房、卧室、储物棚逐渐将四合院最核心的空间——中心院落——彻底吞没。

在过去的四分之一世纪，拔地而起的高层公寓为城市居民提供了大量居住空间，由此缓解了旧城内单层住宅的人口压力。然而，在北京城现代化的进程中，这座古都如何保护它最珍贵的历史建筑遗产仍是一个巨大的挑战。20世纪90年代大面积的胡同街区被夷为平地，到了2000年，随着拆建达到顶峰，留存下来的四合院数量之少给人们敲响了警钟。经过二十多年扫荡式的拆建，只有不到一千座四合院被指定为历史保护建筑，幸免于被草率拆毁的命运。然而，令旧城居民和建筑保护者失望的是，一些保存完好的四合院在被列入保护名录之后，在看似安全的情况下仍惨遭恣意拆除。

一些传统四合院得到及时抢救，但代价是原有居民全部迁走，它们被改造为城市中心的豪宅，由此滋生了另一个高端消费市场。随着翻修的四合院变成私人房产或投资性地产，它们配备了各种现代生活的必需品——车库、空调、现代厨卫、电子安保、卫星通信等，这些设施在使旧城绅士化的同时，却抹掉了传统的城市肌理。有时，发展投资公司的房地产部门将大片的传统四合院拆建为新的院落式别墅。一个典型案例是紧邻紫禁城红色高墙的南池子地区。在这里，房地产公司发明了“四合楼”一词，试图通过与“四合院”在字面上的联系，为他们新建的那些多层建筑掩过饰非。开发商表面吹嘘这些两层的四合楼“延续”了传统四合院的灰砖墙和院落，但实际上他们的作品与世界各地随处可见的花园式别墅别无二致，只是仿古的瓦屋面（实际上

在门廊花格和明亮灯光的烘托下，某新建四合院内的这个小侧院专门用来展示异形假山石。匾额上题有“易安居”三字

是混凝土材料）和月亮门象征性地带有一点中国传统建筑的影子。无疑，北京的传统四合院民居和胡同街区正面临一场空前的挑战。

还有一些原本因地产升值可能遭到拆除的四合院幸存下来，因为它们曾是名人故居或政府部门的办公场所。在这些四合院里，作家、学者、艺术家、政治家等各界名流曾在传统院落的氛围中，度过了生命中的大段岁月。虽然一些名人故居表面上被改造成了博物馆，但即使对这些名人知之甚少，游客们还是能在这里体验到最原真的北京四合院生活。其中最有趣的要数20世纪各位著名作家的故居。老舍1949年从美国返回后购买了他的四合院住宅，直到1966年离世之前，他一直在这里居住。读者可能会想，不知道老舍在这里居住时是否想象过与七八户人同住的情形。中国现代文学之父鲁迅自从1924年搬入他的单院落住宅之后，仅在这里居住了两年多。[1]但在中国各地的鲁迅故居中，只有这一座是传统的院落式民居。祖籍四川省的诗人、剧作家郭沫若从1963年到1978年离世前居住在他的北京四合院住宅里，住宅前身是恭王府的一个附属部分。在他的院落内，一片栽种着银杏和松树的宽阔草坪在四合院中显得颇为特别。其他名气虽不大但值得参观的历史人物故居还有18世纪清代学者纪昀的阅微草堂，以及晚清政治改革家谭嗣同在北京的住所——原湖南浏阳会馆。

1949年后，北京城内的大量传统四合院变成政府重要部门的办公场所。其中一座饱含历史信息的建筑如今已对外开放，它就是坐落在静谧的后海区域的醇亲王府。这座占地广阔的园林式建筑不仅是中国末代皇帝溥仪的出生地，增建之后又成为孙中山先生遗孀宋庆龄在1963—1981年的住所。然而，大多数传统四合院在今天仍隐没在灰砖高墙之内，除了年迈的街坊邻居之外，已经鲜有人知道它们的所在。

1 北京鲁迅故居位于北京市西城区宫门口二条19号，鲁迅于1924年5月至1926年8月住在这里。详见北京市古代建筑研究所等：《城市记忆：北京四合院普查成果与保护·第1卷》北京：北京美术摄影出版社，2013年，第27页。——译者注

1
2 3

1 通向某中型四合院的狭窄门廊揭示出“文化大革命”时期造成的住宅破坏。四分之一世纪前写在门上的“革命”二字至今仍未褪色

2 无人知晓这座古旧大门之内的四合院究竟是整修一新还是破败不堪

3 一座北京四合院入口外的看门石狮子

北方山地民居

爨底下村 ..... 北京

在黄河的沉积作用下，北京周边的大部分地区形成一片广阔的平原。在这里，民居与北京四合院一样，也采用水平延展的布局方式。与此同时，北京西北方向的崎岖山脉中，即蜿蜒屈曲的长城所在地，还散布着多个山村。其中一个名为“爨底下”的小山村位于北京市区以西 90 千米、地广人稀的门头沟区斋堂镇中。爨底下村的初民来自北京以西的山西省，在 15 世纪的明代，一些韩姓移民穿越险恶的太行山后定居于此。爨底下村，意指“炉灶底下的村落”。但“爨”字过于复杂，后曾被发音相似、字形简洁的“川”字取代，村落也别名“川底下”，意取“川流底下的村落”。

从北京到这座小山村需要步行两日或骑行一日，虽然看似荒僻偏远，但这里曾是京城和山西太原之间的古驿路上一个颇为重要的驿站。封建时代，驿使负责在京城与帝国最偏远的地区之间传递公文。在中国的一些地区，驿路甚至可以采取运河水网的形式。虽然在各种形式的驿路上均设有驿站，但只有在危险的山路上，可靠的歇脚之处才最为重要。当爨底下的村民仅能依靠山上巴掌大的耕地辅以野外捕猎的方式勉强维持生计时，为步行或驴马背上疲惫的驿使提供食物、住宿以及饮水就成为村民们一项重要的收入来源。

由于山中的冬季尤其寒冷，早期的定居者选择了一处海拔 650 米的南向陡坡作为建筑基地。在这

覆盖在南向山坡上的爨底下村由位于不同高度的多个台地组成

里，背后的山体提供了遮挡蒙古草原冷风的重要屏障，而南向坡地则能够为每座民居引入温暖的阳光。山坡上随处可见的卵石以及被山谷溪流切成各种形状的条石是台基、墙体、道路、台阶的主要建筑材料。而房梁、檩条、门窗上必不可少的木材，虽然能够在附近获取，却在尺寸和质量方面差强人意。于是，在建筑基地、可用材料的限制之下，这里的居民只能建造相对紧凑的民居以满足他们简朴的生活需求。最早的一批民居可能沿驿路而建，但随着生活经验的积累，村民们逐渐发现位于山坡高处的基址能够享受更长时间的日照，在冬季这一优势更加明显。于是，民居逐渐向高处蔓延，与低处的房屋以石砌的台阶和小路相连，并在建筑群下方以一面 20 米高的挡土墙进行加固。这些石砌的挡土墙和道路网同时发挥着稳定山体、缓解夏季暴雨滑坡的作用。此外，据说村落设计时还考虑了猫、狗等各种动物的行动便利，为每一种动物专设了一条石砌小路，使它们能够在各个高度之间自由穿行。

坡地的建造条件导致这里的每一座四合院均采用层层台地的形式，即后侧的建筑地坪高于前侧。从小路旁的入口进入之后通常先来到地势较低的前侧建筑与院落，接下来一系列台阶将人们引入地势较高的后侧建筑与院

1 | 2
3 4

1 地形条件导致同一座四合院内的房屋位于不同高度的地坪上，以台阶相互连通。其中最重要的正房位于最后侧，居高临下地俯视着院内的其他建筑

2 当代画家刘崇的画作展示了顺应陡峭山地而建的爨底下村全景。南向陡坡不仅有利于村民们利用冬季暖阳和夏季凉风，而且是遮挡凛冽北风的重要屏障

3 村口墙面上写着爨底下村的简称“爨”字，这个复杂的汉字意指炉灶

4 照片中的这座小型民居坐落在高达 5 米的坚固石基上，以石砌台阶、小路与其他建筑相连

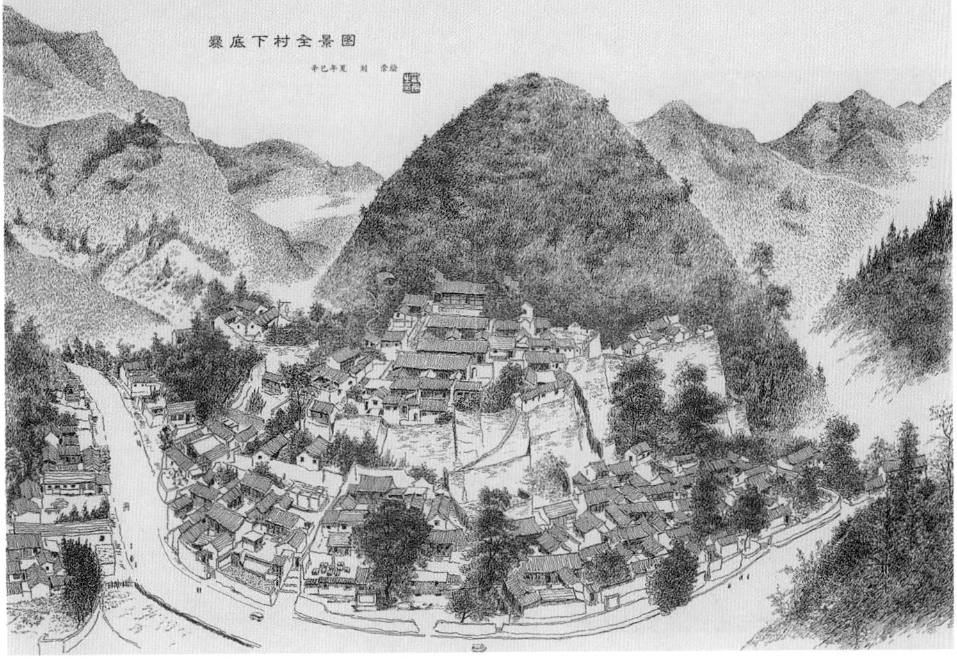
爨底下村全景图
辛巳年夏 刘 常绘

落。从总体上来说，与山坡高处的民居相比，低处的民居在高差变化上较为平缓。广亮院是爨底下村最大的民居建筑群，它由三路院落组成，每一路院落的前后建筑均位于高差 5 米的台地上下。这座民居正在进行保护性修复，但周围其他小型三合院和四合院却仍处在不同程度的破败之中。

甚至爨底下村规模最小的院落式民居，也清晰地展现出四合院的所有经典要素：对称的平面，

1 砖砌炕床通常紧靠南向窗户，使得冬天坐在炕上的人们能够享受温暖的阳光。此外，每座炕床还是一个发热体，当火箱产生的热量途经炕内烟道流向烟囱时，被烟道加热的炕床能够进一步将热量散向整个房间

2 图中展示的是炕的构造。组成炕的火箱、烟道、烟囱全部用砖砌成

3 在照片展示的四合院内，虽然地坪较高的部分仍有待修复，但低处的倒“U”形院落却保存完好

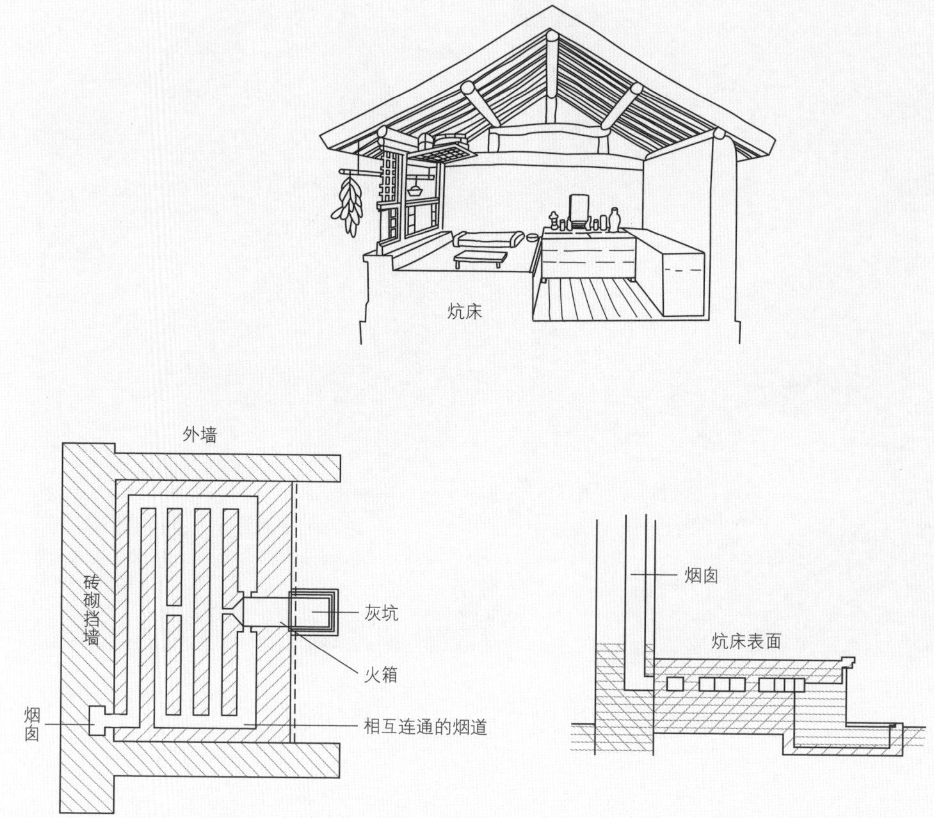

中轴线上的等级序列，围合的外墙，外墙东南角的入口，入口门廊对面的影壁，面朝内部的倒座，成对的厢房以及南向的正厅。此外，正厅通常采用典型的三开间，两侧的厢房只有两开间。

在中国北方的大多数小型民居中，砖砌的炕床与做饭的炉灶相连，能够将其中的热量传导并分散到床体之中。在爨底下村的许多大型民居中，卧室与厨房之间通常距离较远，因而每座炕床需要在侧旁专设火箱，冬季在火箱里燃烧木炭、煤炭、木柴就能使炕床变得舒适温暖。这种炕床在结构上与厨房侧旁的炕床几乎相同，二者均由炕体内部的砖砌烟道传导热空气，再由烟道吸收热量上传至炕体表面。炕床通常嵌砌在厚重的外墙之中，因为墙体能够发挥保温隔热的作用。在南向卧室中，南墙上的花格窗也能在冬季为室内增添一定的热量。

村中各处正在塌落的建筑，显露出中国北方建筑特有的粗壮抬梁式木构架。这些民居门窗上的花格图案较为简单，大多数仍残留着用来隔绝冷风的窗户纸。仍在使用的民居则展现出农村宅舍多姿多彩的装饰与生活气息：屋檐下挂着等待晒干的玉米棒，入口处粘贴着红色的对联和门神像，墙面上用报纸和杂志打满补丁。虽然空置的民居缺少上述生活气息，却保留着20世纪60年代后期书写的政治标语，对于当代参观者来说，这些来自另一个时代的标语显得尤为新奇。

20世纪90年代早期的爨底下村仅剩一个披着传统建筑形态的空壳。根据一些报道，村落的总人口从18世纪的约三十户，在接下来的一个世纪中增加到七十户以上。然而到了20世纪90年代后期，虽然研究者在这里清算出大大小小的各类院落式民居共计七十四个，但只有十八个仍由四十位村民居住。诚然，随着时间流逝，破败的建筑将不断被遗弃，代之以在近旁采用相同材料建造的新住宅，因而想要获得爨底下村鼎盛时代的准确人口数据几乎是不可能的。根据年迈的村

2 3

1

1　虽然这座厢房现在已然空无一人，但花格窗上破损的窗户纸证明这里在不久之前还有人居住

2　褪色的新年对联和鲜艳的门神像装点着这座小型院落式民居的入口大门

3　在仍有人居住的四合院入口处，墙面上张贴着报纸，屋檐下挂着玉米棒和夜间照明用的红灯笼

1 详见北京市门头沟区文化文物局：《门头沟文物志》，北京：燕山出版社，2001年，第116、403—408页。——译者注

民回忆，1942年日本军队烧毁了村中三分之一的民居，而这个数据实际上可能仅是针对当时正在使用的建筑而言。时至今日，这些被烧毁的民居大部分仍保持着废弃的状态。

据说对爨底下村的关注始自两位画家，当吴冠中和彭世强分别于1986年和1992年造访此地时，二人都被这里完美交融的自然风景与人文景观深深打动。1996年，一部讲述慈禧太后1900年西逃的电视剧在爨底下村取景，因为这里是她逃往西安的必经之地。与此同时，一位名为韩孟亮的企业家——爨底下村的后人，开始尝试以各种途径在这座贫困的小山村中发展旅游业。通过接受北京媒体的采访、邀请电视台拍摄影片、发放介绍村落的内容简短的印刷品，他以一己之力将村子推广了出去。1998年，爨底下村被门头沟区政府公布为区级“历史文化保护区”，2001年北京市政府又将其列入市级文物保护单位，并制定了全方位的保护规划。[1]今天一条双车道的高速公路使得门头沟区与市区之

1 | 2

1　这座传统四合院纵长的入口门廊由大量烧结砖、粗壮木柱和木雕装饰物组成

2　这座四合院经过局部修复后，入口门廊两侧仍保留着墙面上的历史口号，对面是一座古老的砖雕影壁

间仅剩下不到三小时的车程，优美的自然风景使这里成为北京市民逃离城市牢笼的世外桃源。虽然大多数人来这里的主要目的是在野外或游客营地里钓鱼、徒步、滑冰、游泳，但也有一些人注意到了这枚散落在山谷中的古建筑遗珠。虽然爨底下村已经不再是那个只有驿使偶尔造访的僻静村落，但它仍保留了传统山地村落的物理形态。无疑，修复几个世纪以来的破损建筑的工作永远不会停止，但过去那种艰难却宜人的生活气息却再也无法轻易恢复。

江南水乡民居

江南水镇民居 …… 长江三角洲地区

江南，即长江以南地区，无数条运河在这里纵横交错。这些运河沿岸，除了拥有中国最富庶的城市之外，还星罗棋布地点缀着许多村落和水镇。从地理学的角度来看，从南京横跨上海以及包括太湖在内的这个地区，其水文特征比地形特征更为显著。在这里，低洼地带以及无所不在的水体孕育出富有当地特色的传统生活。至少从隋代开凿京杭大运河开始，“江南”这个名称就已经与“富庶”结下了不解之缘。作为富庶的“鱼米之乡”与中国丝绸业的发源地，河流纵横的江南地区长期以覆盖村、镇、市各级市场的繁荣经济网络而闻名。无论是杭州、苏州、无锡、扬州这些曾经宁静的大城市，还是这些大都市周边不计其数的村镇聚落，财富和人口的双重增长在这里造就了精致的文人文化，使这里的城市独具特色。

园林式民居代表了江南最精致的民居建筑类型。文人园林，或者笼统地称为中国古典园林，专属于那些在日常生活中追求简朴、优雅、诗意的文人。这类园林当然是文人住宅整体中的一个组成部分，以至于中国人关于住宅的概念可以精辟地浓缩在“园宅”一词之中。虽然一些园宅在规模庞大的建筑群中布置有各种类型的建筑、山石、水体、植物，但大多数园宅通过缩移自然的方式能够在一个相对较小的空间内实现各种美学元素的互补。接下来的章节将不会介绍那些最壮

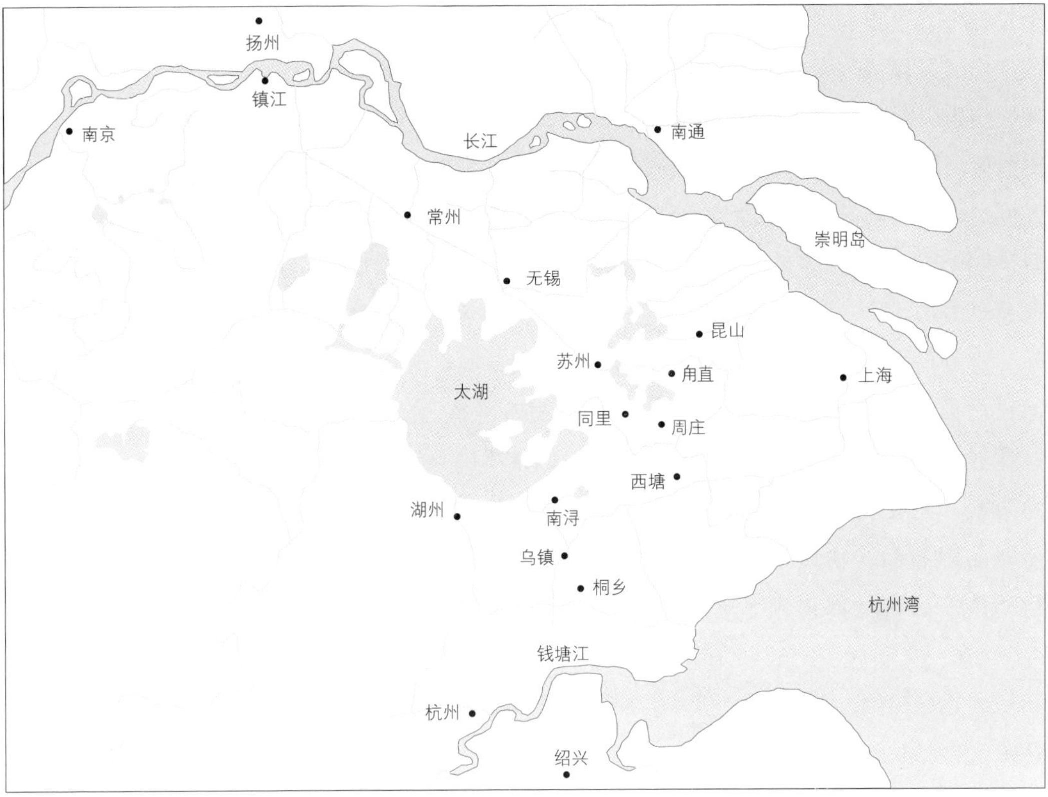

江南地区水网与著名水镇分布图

丽的中国文人园宅，取而代之的是一座小而优雅的文人书斋与一座运河沿岸的商人宅邸。前者位于浙江省绍兴市，宅主是明代的一位书法家、画家、诗人兼剧作家；后者位于江苏省角直镇，曾因繁荣的家族和商业活动而充满生机。

江南地区的水网曾经联系着上百座村落和城镇，今天仅剩屈指可数的几座仍保留着传统的水乡布局与生活方式。近几十年来，随着突飞猛进的现代化与工业化的发展，新式住宅工厂的建设、运河湿地的回填以及道路的修建以草率牺牲大量传统聚落为代价，换来的是传统形式和特色的消亡。幸而在上海同济大学建筑学院阮仪三教授的首倡之下，江南水镇的保护工作从20世纪80年代拉开帷幕，至今已经在一些案例中获得了巨大成功。在这个过程中，一些水镇与建筑从破败失修的废弃状态历经保护性转型，成为吸引国内游客的知名历史景区。保护规划在经济和旅游开发尚未攀升至近几年的高峰之前，就预先制定了许多基本原则：迁移新建项目至历史保护区之外，修复历史建筑，改善水质，铺设电路和通信网络。为了在这些村落城镇中维护日常生活的节奏，防止其完全变为旅游消费的附属品，物质遗产和非物质遗产的议题都得到了充分考量。

21 世纪伊始，在每个水镇各具特色的自由式布局以及石板曲径旁紧密排列的特色建筑之中，我们仍能感受到最原真的传统氛围。在运河上下与小巷沿路，传统活动仍随处可见。临水的敞厅、古雅的茶馆寺观、纪念性的牌坊、高高拱起的石桥，以亲切宜人的氛围营造出游客和居民都为之沉醉不已的慢节奏生活。

在现存水镇中，最值得一提的是浙江省的乌镇、南浔、西塘，江苏省的角直、周庄、同里，这些水镇已经联合申报联合国教科文组织的世界遗产。除此以外，虽然许多水镇已经在发展过程中不幸失去了传统风貌，但仍有一些尚处在不同程度的

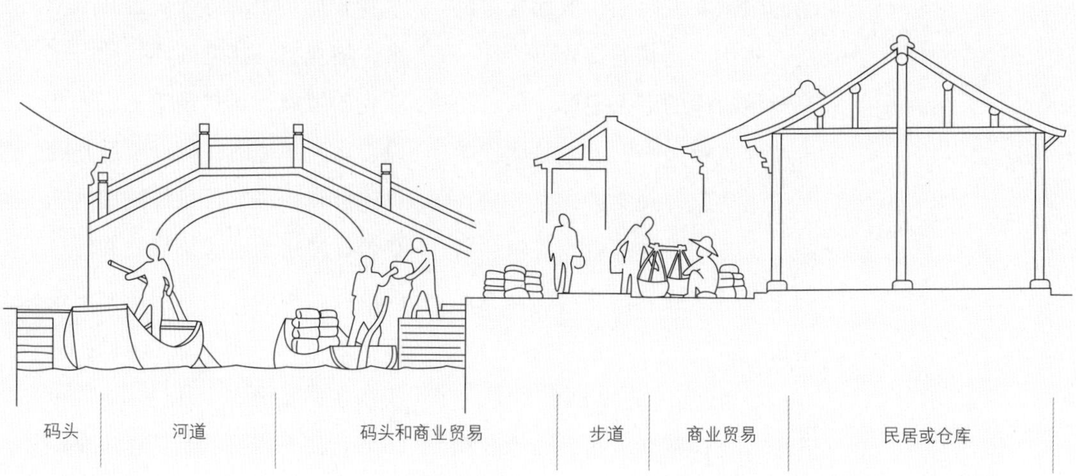

保护之中。其中较有代表性的是浙江省东部绍兴市周边的东浦、柯桥、安昌，以及江苏省南部苏州市周边的锦溪、沙溪、木渎、光福。由于大多数水镇距离中国的超级城市上海仅几个小时路程，时常需要承受超负荷的旅游压力。这些曾经人迹罕至的景区，随着网站、新闻、熟人的大力宣传以及中国家庭收入的不断提高，成为广受国内游客追捧的热门景区。

江苏省甪直

甪直，如同许多江南水镇和村落一样，在薄雾中迎来每一天的清晨。尤其在暮春至初夏时节，当梅子成熟、水稻等待移种之时，所谓的梅雨季将带来日夜滴答不断的连绵阴雨。这时，若通风不畅，在阴暗、闷热、潮湿的天气里，鞋子、床具甚至大米等储藏物极易发霉，因而“梅雨”对当地居民来说几乎与“霉雨”无异。于是，

2

1

1　在水网密布的江南地区，运河、拱桥、小船与沿岸的民居商铺以不同的方式为居住和商业活动提供便利

2　在江苏省甪直镇，两条运河交汇处的一座茶楼是居民和游客的休闲胜地

1 角直全镇总面积 72 平方千米，其中古镇区域 1.04 平方千米。素有“桥都”之称的角直古镇曾有桥“七十二座半”，现存四十一座，桥梁密度每平方千米 48.3 座。详见张胜男、韩志英：《江苏吴中角直镇》，《文物》2015 年第 11 期，第 70—77 页。此处英文原文记载角直古镇现存古桥四十座（only forty remain），有误，据改。——译者注

这段时间尤其需要注意将暗处的物品挪至亮处晾晒，但无论如何，只有在梅雨季结束之后的七月烈日下曝晒这些物品，才是终极的防霉之道。

直到今天，乘小船造访角直仍比坐车方便得多。随着船桨在狭窄的水道中摆动，一幅优美的乡村生活画卷便在起伏的土埂与低洼的稻田之间缓缓展开。这些原先覆盖着森林和湿地的自然低地被农民开垦成耕地和多年生经济作物用地，种满桑树、茶树、松木和果树，中国人由此将这一地区形象地称为“水乡”。在过去，农产品同样依靠船只运往河流沿线的角直等村镇，在那里等待加工、储存和销售。除了水道之外，石板铺设的小巷与不计其数的石桥、木桥组成了另一套步行交通系统。

占地仅 1 平方千米的角直古镇据说曾经拥有多达七十二座桥。虽然其中仅四十一座[1]留存至今，但用“百步一桥”来形容角直确实不为过。由花岗岩砌成的石拱桥——和丰桥是其中最古老的一座，据说始建于宋代，其他桥则大多是清代遗构。著名的万盛米行坐落在水镇东部的兴隆

桥前。这座占地宏大的院落式建筑群建于1910年，主人是两位米商。这对富有的米商在角直地区拥有上百座米仓和磨坊，而万盛米行则是他们的商业中心。

角直镇保存最完好的两座民居分别是萧宅和沈宅。萧宅位于角直镇北部的一条小巷旁，最初由杨姓宅主于1889年建造，20世纪初转卖给望族萧冰黎，他曾与人一起创办电灯厂。今天这座民居已被改造成20世纪60年代香港著名影星萧芳芳的纪念馆。这名传奇女星1947年生于上海，童年时代移居香港。虽然她从未在这座建筑中居住过，但她是角直萧氏的第三代直系孙女。作为著名的香港影视明星、慈善家，她的名气吸引了无数游客前来角直萧宅参观，同时将这座占地1000多平方米、典型的清代晚期富商宅邸展现在游客眼前。建于19世纪的沈宅面积远超萧宅，宅主是一位教育家兼商人，后文将以另篇详细介绍。

江苏省周庄

拥有约九百年历史的周庄水镇位于一片略微抬起的高地之

1 | 2

1　在江南水镇中，如照片中的江苏省角直镇，运河既是当地居民日常生活中不可或缺的元素，也是游客感受当地文化的必经之地

2　清晨，江苏省角直镇某茶楼二层的花格窗已经打开，准备迎接居民和游客

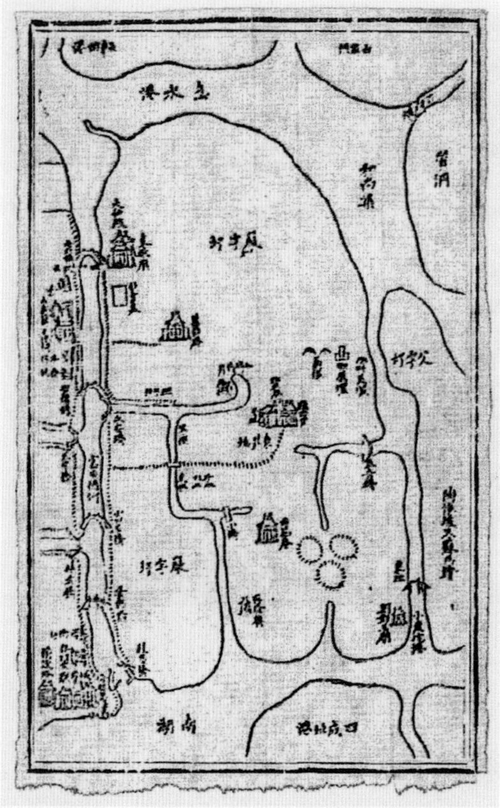

1 | 3

2

1　在这张 19 世纪舆图上，水体环绕的周庄古镇由一系列岛屿与精心布置的连桥组成

2　江南地区的街巷、运河、建筑的各种空间组合方式

3　江南水乡各处的石桥拱起在运河之上，桥面设置台阶供人们穿行、运货。照片中周庄富安桥的两端聚集着商铺和茶馆

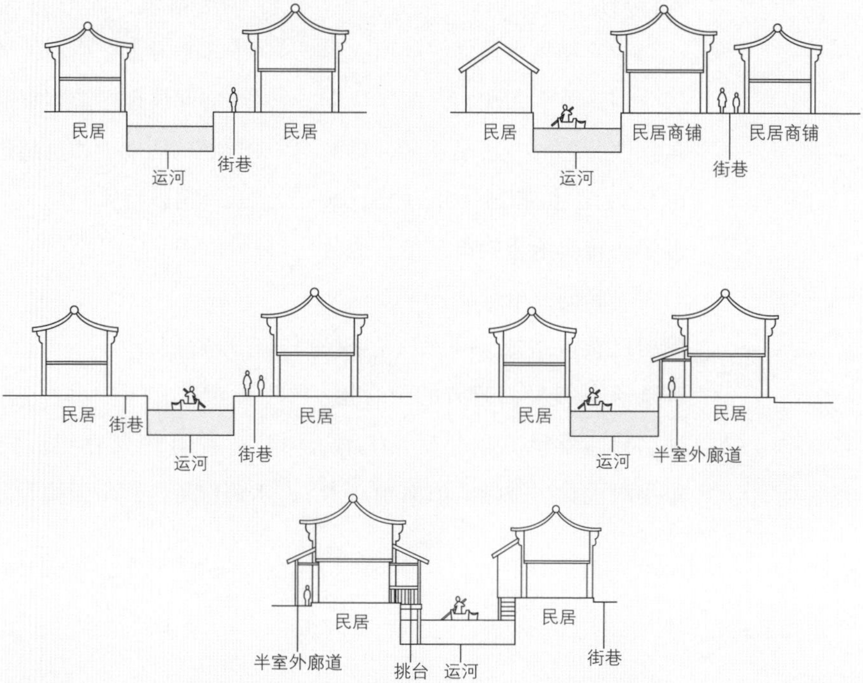

上，镇中约 24% 的面积由水面覆盖。与其他水镇相比，这一相对孤立的地理位置，使得周庄在 20 世纪 80 年代后高速发展的上海至苏州走廊地带之间，成为一处保存完好的绿洲。1986 年，周庄被誉为传统村镇保护的“最后阵地”。虽然批评周庄落后、腐朽、令人昏昏欲睡的声音从未间断，但长期以来一直有人坚守着周庄的保护工作。

根据历史文献记载，周庄的起源可以追溯至邑人周迪功郎[1]，他于 1086 年的北宋时期开始在这里建设村落。但直到几个世纪后的 1127 年，在南宋王朝迁都浙江杭州之后，位于国都近旁的周庄才开始走向繁荣。到了 17 世纪，周庄的居民达到三千人，而 1953 年的四千人很可能是周庄的人口顶峰。虽然 1986 年周庄的人口仅剩一千八百三十八人，但过去五十多年中人口的稳步下降与本土居民的有效迁移，使得许多可能遭到破坏的传统建筑提前获得了保护。

在周庄水镇仅半平方千米的面积内，60% 的建筑建于明清时期。它们排列在水网沿线，构成了古镇的骨架。几条主要河流的走向并不规则，但在周庄中心区域恰好组成了一个“井”字形。除了水网之外，狭窄的街道、小巷与河流基本平行，组成了与水网并行的另一套复杂交通网。十九座桥将河流分隔出的各个小

1 周迪功郎的名字在清光绪年间已失考，迪功郎是他的官职名。详见陶煦：《周庄镇志》卷四，第 14 页，清光绪八年（1882）刻本。此处英文原文误作“周迪”，据改。——译者注

酒
茶

借红纱

1 清晨，尚未外出活动的小船停泊在水面上，数量多到堵塞了河道

2 演员们正在江苏省周庄的这座戏台上表演地方戏。这种半室外戏台在中国南方的村镇中随处可见

3 木雕构件支撑着略微出挑的二层立面

4 门板和窗板上的木雕装饰物

岛联系在一起，每一座桥在连接交通的同时也是居民活动最集中的地点。

周庄的旅游开发始自20世纪90年代早期，远早于其他水镇。从那时起，持续几十年的极端破坏就开始有所改善。例如，明代大型民居“玉燕堂”（又名“张厅”）由徐氏家族始建于15世纪，清初转卖给张氏家族，在获得清理保护之前，宅中的七十余间房屋自1949年起一直由十七户家庭共同占据。建于1742年的沈本仁宅（又名“沈厅”）占地2000多平方米，包括七座院落，一百余间房屋，直到20世纪80年代以前一直是当地机械厂的所在地。今天，改造后的沈厅代表着周庄曾经的辉煌，已然成为整个水镇的骄傲。

浙江省乌镇

乌镇坐落在浙江省东北部的京杭大运河沿岸，在这里，一座座古老的石桥横跨在纵横交错的小河之上。作为苏、浙二省水网交界处为数不多的优美水镇之

1 | 2

1　从浙江省乌镇的一条半室外廊道向外看，运河对岸的商铺住宅可以从背面欣赏河景，其中一些甚至设有通向河面的台阶。在水镇各处，粉墙黛瓦的“马头墙”在房屋之间层叠升起

2　木构架的两层楼排列在乌镇等许多江南水镇的窄巷两侧，通常一层用作商铺，二层用作住宅。当一层商铺的木板门关闭时，二层的巨大花格窗可以保障室内通风

一，乌镇直到 2001 年才向游客开放。与其他著名水镇不同，乌镇的大部分区域在尚未修复的情况下，完好地保留着许多传统建筑。于是，今天的乌镇生活几乎与过去无异，仅有零星的几座建筑专为游客服务。在这里的任何一条窄巷穿行时，日常生活的景象能够随时映入眼帘：当地居民依旧用板车送水，人们做饭、看小孩、打麻将；当地的手工作坊仍在以传统的方式酿酒织布，制作着木材、丝绸及金属制品。

乌镇的许多民居面朝街道、背对河流，形成前店后宅的格局。除了民居之间层层叠叠起防火作用的高大白粉砖墙之外，建筑通常采用两层高的纯木构架，其中地面层较高而阁楼层较矮。建筑装饰从不过分奢华，通常仅在木构架上增添少量木雕而已。然而，不加粉刷的古老木板能够与其他材料的自然纹理完美融合，其中就包括花岗岩条石台基、灰瓦屋顶以及斑驳层叠的白粉山墙。上述店宅建筑中有许多建在抬高的临水码头上，以一串台阶通向低处的石砌平台，平台则可以同时用来停船与洗衣。

乌镇的历史保护区占地约1.3平方千米，入口处是一座新建的牌坊，穿过牌坊是一座高大的古戏台。在这个保护区内，大量建筑已经复原至19世纪晚期的风貌，其中包括茅盾故居、修真道观、汇源当铺以及阮恒德药店。这些建筑附近的区域也被划入保护区的范围之内，在开发过程中尤其强调基础设施的建设，如埋设地下水电管网、修复传统步道、迁移现代建筑以及帮助原住民迁往新建住宅。其中一个彻底复原成仿古建筑的区域被称为“传统手工作坊区”，区内的商店制作并售卖米酒、晒烟、花布、布鞋，以及各种藤编品、竹编品与木制品。

浙江省绍兴市

绍兴市坐落在杭州湾南侧的

2

1

1 照片中的八字桥是中国最著名的古桥之一，据说重建于宋代的1256年平缓的坡道和净跨4.5米的桥面恰到好处地嵌在拥挤的居住区中。在有“东方威尼斯”之称的浙江省绍兴市，这座桥仅是城中四百座桥中的一座

2 生于绍兴的鲁迅曾经在照片中的这间“三味书屋”中学习儒家经典

水乡之间，虽然与湾北的水乡大同小异，但这里的历史实则比大多数水镇悠久辉煌得多。早在春秋时期（公元前770—前476），越国就开始在绍兴地区建造都城，取名会稽。大禹治水的神话更将绍兴地区的历史提前至距今约五千年前。今天，位于绍兴市附近的大禹墓仍然是当地一处具有特殊意义的纪念场所。绍兴如今已是一座人口近三十五万的现代化城市，周边环绕着大大小小的经济开发区。虽然绍兴市作为古镇的整体风貌早已荡然无存，但城中仍保存着许多重要的历史遗迹，其中包括大量名人故居，如明代书法家、画家、诗人兼剧作家

鲁迅（1881—1936），中国最杰出的现代作家之一，在浙江省绍兴市的一座河畔民居中度过了生命中的前三分之一时光。宽敞的砖砌地面、刷白的墙面、圆形的月亮门、镂雕的窗扇，使得鲁迅故居在白天明亮又凉爽

徐渭的故居，20世纪现代文学家鲁迅的故居。绍兴周边的水镇，诸如安昌、东浦、柯桥等，获得的关注与投资完全无法与江南北部地区的水镇相比，因而所有古镇核心区都处在现代工业发展的威胁之中。即便如此，缓慢流淌的运河以及运河上繁忙的船只，还是为每座古镇保留了一丝混杂在现代商业中的传统气息。此外，沿着运河的许多作坊式民居，仍然居住着铜匠、石匠、棉花匠、竹匠、铁匠等传统手工艺人。

在绍兴市的各个水镇中，现代世界的冲击并未打断居民日常生活的步伐。主要街道上日渐增多的新式车辆，并不影响行人与自行车继续占领各条背街小巷。男女老少日复一日地在石板路两侧的单层或双层木构架店宅中购买新鲜的农产品，邻里之间闲聊，人们用板车运水，生火做饭，清洗竹筐，料理花盆。手工艺人在古老的作坊内劳作，以最传统的方式制作着铜、木、棉、丝、纸制品。为了保护运河沿岸日渐倾圮的传统民居和商铺，仓桥直街历史街区自2001年开始进行修复，试图在提高居民生活质量的同时保护绍兴市的建筑遗产。每座古老水镇的附近都建有一座“新城”，配备有多层公寓、学校、工厂、购物中心。在大多数居民看来，新城要比拥挤的老城舒适便捷得多。

批发零售
现磨珍珠粉

教育家宅邸
沈宅 ……江苏省

从运河对岸看去，影壁位于运河和民居商铺之间，与河道、街巷平行。影壁旁的石阶通向水面，在这里不仅可以购买往来商船运送的货物，还可以浆洗衣物

江苏省南部的角直是江南地区水网之间的一座小型古镇，位于苏州城东南25千米处，与烟波浩渺的太湖相邻。作为一座城镇结构完整，河流、桥梁、各类临水建筑均保存完好的古镇，角直一直是江南地区名气最小却最优美的水镇之一。

虽然角直的大多数民居都规模很小，通常仅将商、住功能简单地并置在单座房屋内，但镇上亦不乏19世纪修建的大型民居。始建于1873年的沈宅就是其中尤为壮丽的一座。今天对于沈宅的关注往往强调宅主沈柏寒先生作为教育家所取得的成就，鲜少提及沈氏家族最初的财富积累实则集中于经商活动。沈先生于1883年在这座老宅中出生，至少在此生活至1929年。他的祖父是一名典型的中国传统富商兼慈善家，于1889年为培养角直的青年创办了一所书院。双亲去世后，沈柏寒先生由祖父抚养，也成为书院的学生之一。1904年，正值二十一岁的沈柏寒与其他中国进步青年一样，为了学习强国日本的现代化经验，踏上了去往早稻田大学教育学部的留学之路。1906年回国之后，他将祖父创办的书院改组为一所现代化小学，即今天的甫里小学，引入了包括几何、史地、文学、体育在内的新式学科。在1929年因病退休前，沈先生曾两次出任小学校长。沈先生于1953年在苏州逝世后，其在教育方面的创举至今仍是乡人口中的佳话。

沈宅现在向游客开放的部分仅是巨大建筑群中的一小部分。这座临河宅邸原本由三路院落组成，除了居住区外还包括由商铺和巨大仓库组成的商业区。鼎盛时期的沈宅建筑群占地超过 3400 平方米，现在仅面积不到 800 平方米的西路建筑对外开放，这部分即沈宅原先的居住区。与许多中国民居相似，沈宅也采取“坐北朝南”的格局，即所有正厅的门窗都朝向正南方。主入口对面是一座与河道平行的高大灰砖影壁，其上镌刻的“漪韵”二字在现代人看来晦涩难懂。影壁与紧邻的商铺组成了一处转角空间，通过一段“L”形台阶与低处的水面相连。这个空间凸出在街道一侧，与街道上来来往往的人流互不干扰，成为邻里交谈、小贩摆摊的好地方。

作为一座晚清建筑，沈宅的装饰在很多人眼中或许过于奢华，一些人甚至认为这些遍布大小院落和各个厅堂的装饰物难逃俗丽之嫌。进入大门首先来到入口门楼，门楼之内是一个极窄的天井。天井对面的小屋原是西路和中路建筑之间用于存放仪仗的廊屋，现在被改造成一座小型图书馆。从天井左转就来到第一座厅堂外的长方形窄院。这座厅堂原是沈宅的西便厅，家具被搬走之后成为江南传统服饰展览馆。

沈宅向北的第二进院落比第一进院落更大，正符合院落式民居中常见的空间等级序列。院落北侧是正厅“乐善堂”，室内布置着成套的精美家具、卷轴画、书法对联、红色花灯以及各种寓意吉祥的装饰图案。在近 10 米高的厅堂内，除了暴露的椽子和灰色的屋瓦之外，厅堂的每个角

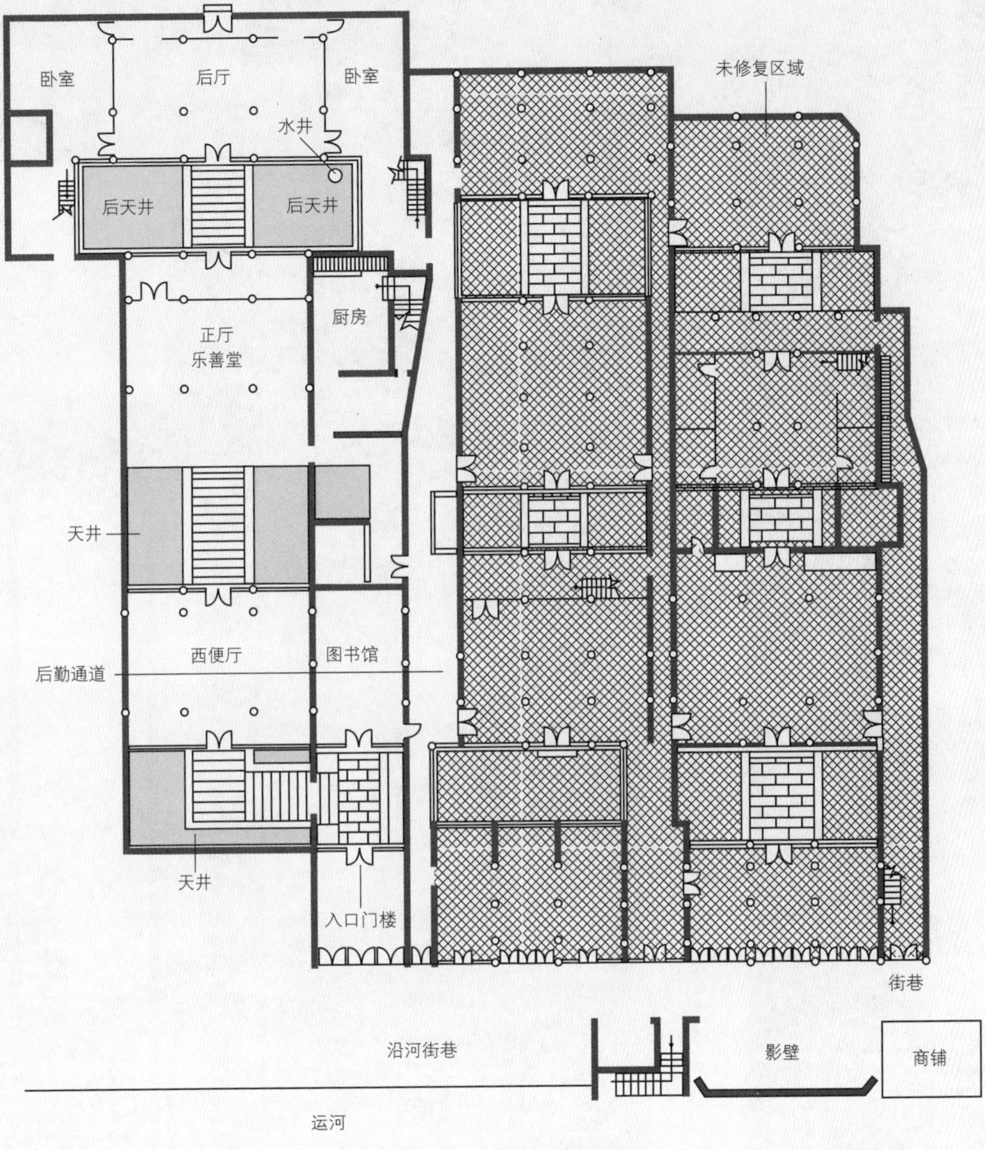

1　沈宅入口对面是一座影壁，一对装饰性的摆手墙（摆手墙，指中国古建筑在照壁、桥头、护岸两侧设置的八字形斜向护墙。——译者注）伸展在影壁两侧

2　沈宅及其附属商业建筑位于一条东西向运河的北岸。在总占地超过 3400 平方米的建筑群中，居住区的面积不到 800 平方米

读書最樂俊秀都由名教來
堂

“乐善堂”是沈宅内最重要的礼仪空间，室内净高接近10米，椽子和灰瓦在屋顶上露明可见。粗壮的结构柱、墙板、花格窗等木构件与卷轴画、书法对联、红色花灯等装饰物交相辉映，其中大多数装饰图案均具有吉祥的寓意

1 | 2 3 4

1 在沈宅的入口门楼内，高大的白粉墙围合出一方狭窄的天井，墙上开有门窗

2 正厅背后是长方形后院。围合后院的两层楼是以妇女儿童为主的家庭成员使用的内部空间

3 沈宅内原本用作书斋的大房间，现在被改造成农村厨房。装饰繁复的砖砌炉灶虽然可以使游客感受到供养庞大家族所需的巨大后厨空间，却导致沈氏世代相传的书香气息荡然无存

4 在正厅的东北角看高大的花格门。打开的花格门能够为室内引入必要的采光和通风。厅内家具的对称式布局合乎传统礼仪的规定

落都被粗壮的结构柱、墙板、门窗花格、浅木雕等木构件装饰得富丽堂皇。

以乐善堂为代表的多功能正厅是传统家庭生活的核心，象征着家族世代相传的凝聚力与延续性。不仅婚礼、葬礼等重要事件和仪式在这里举行，纪念日和生日也在此庆祝。每当佳节来临，正厅前的巨大院落和院落南侧的厅堂就会被改造成宴会厅，摆满圆桌以接待亲朋好友。正厅内实木家具的摆放方式，如方桌、长桌、屏风、小摆件的位置，必须合乎传统礼仪。除了靠墙设置的家具之外，大多数家具都对称地放置在房间中心的四根木柱之间，使室内的视觉焦点集中在这一区域。而垂直的对联、水平的匾额、卷轴画、瓷器则主要用来向客人炫耀家族的财富和地位。从某种程度上来说，正厅内的家

1 | 2
3

1　随着一天内的光线变化，正厅白墙上的窗影也变幻无穷

2　中国厨房经常采用大大小小的竹篮来存放物品

3　后院二层的这间卧室内设有一张奢华的架子床。床四周挂着红色婚帐和纱帘，下方铺着棉被褥，旁边摆着脸盆架、浴桶、尿壶等生活用具

具和装饰物不仅是家族的财富象征，同时也体现出宅主的艺术品位与当时的社会风尚。

紧邻乐善堂的建筑原是沈宅的书斋，也是书香门第必不可少的重要空间。对于文人宅邸来说，在正厅侧旁设置的书斋能够充当宅主在世俗事务之外的一片精神乐土。然而遗憾的是，现在这个空间被一个巨大的农村厨房占据。房中的巨大砖砌炉灶以及厨师做饭时常用的家具、厨具，虽然可以使游客感受到供养庞大家族所需要的巨大后厨空间，却导致沈氏世代相传的书香气息荡然无存。实际上，厨房等辅助空间似乎原先位于沈宅最后排的房间附近，而非像今天这样设置在礼仪性正厅的近旁，但那些区域因未完成修复尚未对外开放。

从正厅内案桌两侧的窄门可以进入沈宅的后院。后院通常是家庭成员尤其是妇女儿童活动的私密空间。沈宅的长方形后院以一座两层高、七开间的“U”形楼阁从三面围合，原是家庭成员和一些仆从的卧室。整个后院的上下左右遍布精美的木雕花格门窗。当它们全部打开时，完全连通的室内外空间有利于促进家庭

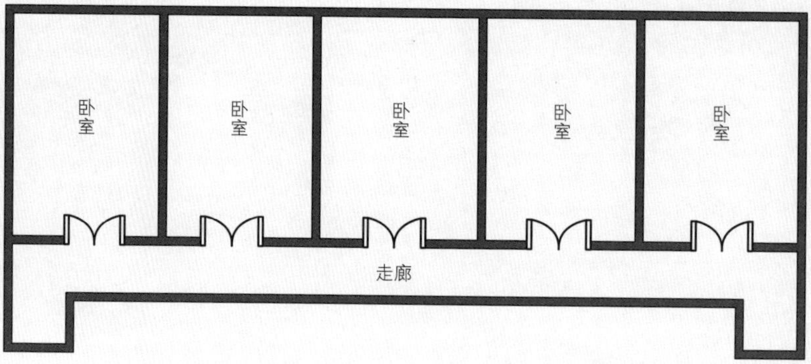

2

1

1　后院二层的五开间卧室平面图

2　这种被称作“榻”的卧具既能躺，也能坐。雕刻精美的木板和木板上镶嵌的山云纹大理石面，使其成为一件艺术品

成员的交流。

后院两侧的陡峭木梯将人们引向更为私密的家庭空间，现在这个空间被布置成五间卧室，每间卧室的家具各不相同。二层的房间虽然不利于老人使用，却更凉爽、明亮，面积也更大。中国民居的卧室并不限于夜间使用。实际上，只需要将靠垫和低矮的家具稍稍调整，就能将床变成坐榻，坐在上面与亲友交谈、照顾儿童。由于所有单元化的家具都易于拆装，因而在窄梯上搬运巨大臃肿的架子床、卧榻、储藏柜也并非难事。

此外，妇女儿童在二层还可以窥视男人们在一层的各种活动。从这里向南看去，粉砖黛瓦的马头墙从乐善堂两侧高高升起，映衬在蔚蓝的天空和白云之下。除了在密不透风的建筑群中提供审美愉悦，马头墙还发挥着实用性的功能：一方面能够在紧密排列的民居之间阻隔火势，另一方面则能防止盗贼在相互连通的房顶上四处穿行。

学者书斋

徐渭故居青藤书屋 ..... 浙江省

在浙江省北部沿海平原上的古老水镇绍兴市内，一条狭窄的巷道深处坐落着一座简朴低调却不失优雅的书屋，它的主人就是才华横溢、离经叛道的明代著名文人徐渭。徐渭自谓“吾书第一，诗次之，文次之，画又次之”，但在当代海内外学者看来，徐渭在这些方面的成就几乎难分高下。作为徐渭的故居兼书斋，因为院内一株盘桓苍虬、枝繁叶茂的古老爬藤，这座小院今天也被称为“青藤书屋”。

作为书法家，徐渭的狂草奔放自由，字形连贯，一气呵成。虽然他在世时就以戏剧创作闻名，但随着他创作的《雌木兰替父从军》被迪士尼公司改编为动画电影，他的剧作在近些年获得了越来越多的关注。这部取材自古乐府的戏剧讲述了木兰女扮男装替父从军的故事，1998 年的电影利用计算机动画技术将机智勇敢、荣归故里的木兰搬上荧幕。相信徐渭若仍在世，迪士尼的宣传语“在逆境中绽放的花朵是最珍贵、最美丽的”也会深得其心。与诗歌、戏曲等文学方面的名声

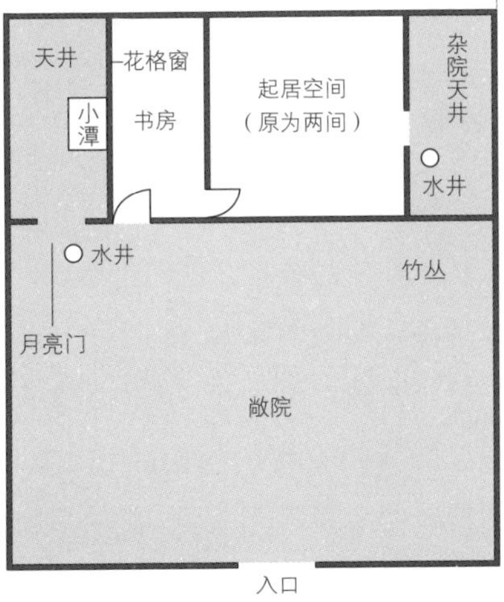

1 | 2

1　在卵石小路旁的月亮门内，朴素的书房花格窗、环绕着低矮石槛的小潭、后墙下的标志性植物青藤纷纷映入眼帘。据说天井中的潭水从不曾干涸或漫溢

2　在青藤书屋内，园林式敞院的面积占总院落面积的一半以上，剩下的空间由两座天井与天井之间的建筑组成

相比，徐渭的写意画获得的关注较晚。但他将粗笔与泼墨结合，并以生宣纸代替画绢的风格，对后来的写意花鸟画家产生了深远影响。在诗画中融入了江南地区独特风格的徐渭，虽然在世时艺术名声仅限于绍兴地区，但去世后却在几个世纪间名扬四海。

徐渭的生平和作品常被拿来与后印象派画家凡·高比较。诚然，他在艺术方面的成就总是与穷困潦倒、近乎疯癫的生活相伴。徐渭由父亲的小妾诞下后，即交由继室苗氏抚养。随着苗氏在徐渭十四岁时去世，他的生活便开始坠入痛苦的深渊。他二十一岁结婚，却在短短五年之内承受丧妻之痛。在接下来的五年中，徐渭曾隐居寺院一年，一边从事诗歌、戏曲等文学创作，一边准备

1 2

1 书房不仅朴素无华、简约静谧，而且与外部自然融为一体。当徐渭站在或坐在书桌前面对花格窗时，天井内石峰、青藤、潭水的光影变幻就成为他创作灵感的无尽源泉

2 书桌上放着书法创作必备的一套文房四宝：笔、墨、纸、砚

科举考试。然而徐渭应考八次，却屡屡落第。据说他曾以各种离奇手段尝试自杀——其中包括将长铁钉插入耳窍、用木槌敲击头部、打碎阴囊等，都幸免于难。由于徐渭偏执地认为第三任妻子张氏不贞，在将其杀死后承受了七年牢狱之灾，五十三岁时才借万历皇帝即位大赦之机重获自由。在生命的最后二十年中，徐渭在精神极不稳定的状态下仍然坚持探索出一条独特的写意画之路，但这个成就却并未给他带来经济上的富足。徐渭最终在穷困潦倒中去世，享年七十二岁。去世之后，他的才华才得到世人的广泛认可。

徐渭在绍兴市内的书斋仿佛一处世外桃源。整座建筑由一座简约的园林式敞院与敞院后侧的多功能砖砌建筑组成。除了一条蜿蜒屈曲的卵石小路，院内随意布置着几条石凳、一口古老的石井以及各种阔叶植物，其中最显眼的是一丛优美的绿竹。绿竹之后的墙面上题有“自在岩”三字，宣示着徐渭追求自由的精神理想。

砖砌建筑内部被划分为两个房间，其中书房的面积较小。两个房间端头各是一处狭小紧凑的天井式院落。这两处天井中较大的一座，与入口处的大型院落以一扇月亮门相连，另外三面分别是两堵白粉墙和一面朴素的木制漆面花格窗。这座极尽简约之美的小天井中仅有三个元素：一棵古树，一汪环绕着低矮石槛、从不干涸漫溢的小潭，以及整个书屋的标志性植物——一株从后墙石峰中盘亘而起的青藤。

上述自然园林式天井侧旁是一条小路，直接通往书房。书房以块石铺地，室内仅布置一把坚固的座椅和一张硬木长桌，桌

从街巷一迈入青藤书屋的院墙，目光首先被通向月亮门的蜿蜒小路和书房入口处的异形门洞吸引。月亮门外的古老井口石与敞院另一侧的假山石、竹丛构成了人工与自然的对话

自在岩

建筑的另一侧是一处杂院。院内的水井为浆洗衣物、准备食材提供了水源。室外空间不仅便于晾晒衣物，夏天甚至可以直接在这里生火做饭

面上放置着书法创作必备的文房四宝——笔、墨、纸、砚。可以想象每当徐渭在书桌前从事创作时，只要抬头看向窗外，无论是匆匆一瞥还是注目凝视，青藤、石峰、潭水以及它们在墙面上投下的变幻光影都能为其创作带来无限灵感。

书房旁边的另一个较大房间用途不明，但很可能曾被分隔为两部分，同时用作卧室和起居室。今天，这座房间被改造为徐渭书画作品的展厅。房间的另一侧是一处杂院，院中的水井和反光的墙面暗示出这里可能曾是准备食物与晾洗衣物的空间。

这座简朴的故居兼书斋，在多个方面独具慰藉心灵的特质，实为这位潦倒的隐士提供了一处遁隐世外的精神乐土。书屋内的小潭、土丘、石峰、绿竹、青藤等所有重要元素的布置方式似乎均体现出道家崇尚自然的特点，成为徐渭创作灵感的无尽源泉。而作为一座文人书屋，文人日常生活必需的长桌、座椅、书箱、文房四宝等，不仅尺寸合宜，而且朴素无华。

无论是简朴的建筑结构、平面布局，还是优雅的院落、家具、装饰，极尽简约的青藤书屋成为徐渭优雅品位的最佳诠释。诚如徐渭诗中所言：“半生落魄已成翁，独立书斋啸晚风。笔底明珠无处卖，闲抛闲掷野藤中。”

百万富豪庄园

康百万庄园 …… 河南省

今天的河南省北部已经难以再现曾为封建王朝中心时的辉煌。无论是在曾显赫一时的洛阳、开封，还是在被称为“中原”的肥沃平原上，如今已很难想象繁荣的农业和商业曾经在这里造就了无数豪门巨贾。横跨在日渐荒芜的黄河两岸，这个曾因便捷的水陆贸易网而兴旺发达的地区，却随着国都南迁至杭

1 照片中康氏女族长的卧室，据说原封不动地还原了她百岁寿辰时的情景。从起居室越过中厅可以看到卧室内富丽堂皇的架子床

2 站在附近的山坡上向东看去，相互平行的一系列建筑屋顶和切割而成的黄土崖壁清晰可见

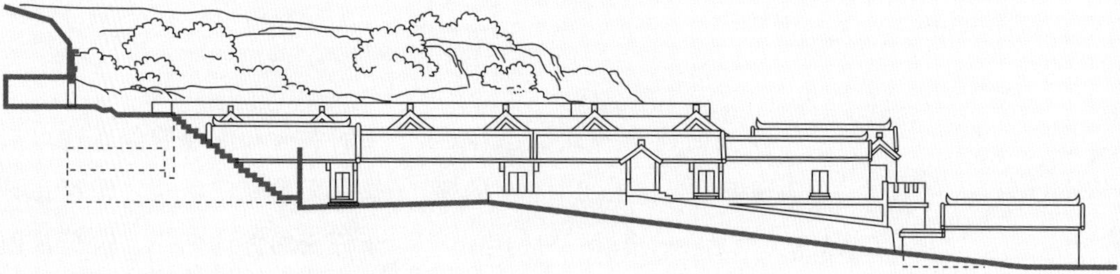

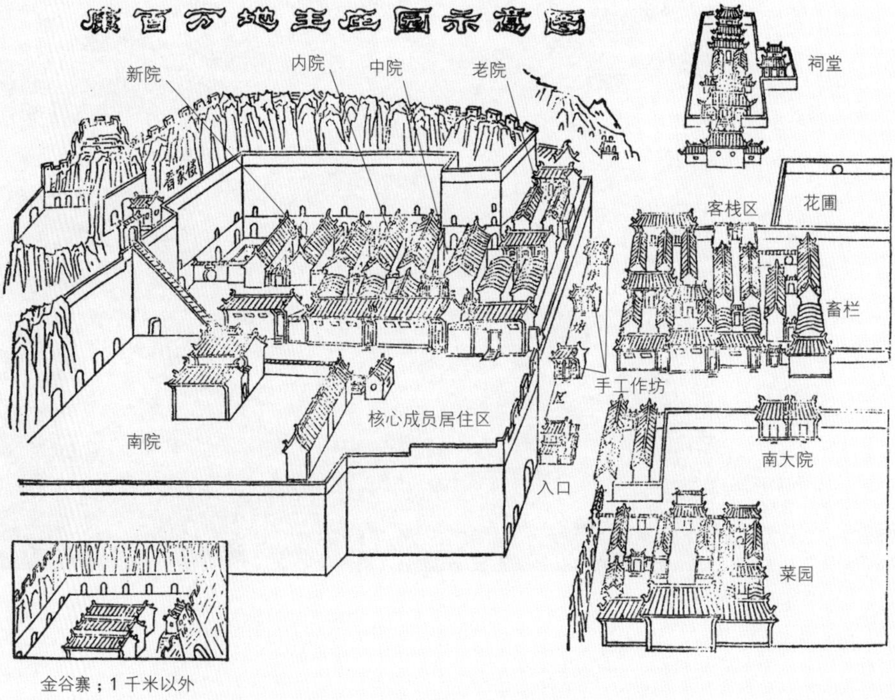
康百万地主庄園示意圖
新院
内院
中院
老院
祠堂
客栈区
花圃
畜栏
手工作坊
核心成员居住区
南院
入口
南大院
菜园
金谷寨；1 千米以外

州、南京，元明清时期再北迁至北京而不断丧失人口、财富和权力，最终不可避免地走向衰落。今天，铁路、工业、棉花生产成为河南省北部最重要的产业。散落各处的史前遗址、龙门石窟的佛教雕塑、汉宋两代的帝王墓葬以及中国现存的几座最古老的佛寺道观，也为这里吸引了大量游客。尽管如此，却很少有人知道，除了上述著名遗址外，这里还保留着中国古代几个豪门大户极尽奢华的生活痕迹。

康百万庄园坐落在洛阳和开封之间的巩县，即今天黄河南岸的巩义市。从明代晚期一直到20世纪初，康氏家族十二代人长达四百余年的繁荣史，有力地驳斥了所谓“富不过三代”的俗谚。由于四百余年从未经历过正式分家或财产流失，富饶的农业和商业使得康氏家族能够在巩县建立一个庞大的私人庄园。这座庄园在鼎盛时期不仅包括高墙环绕的核心成员居住区、亲戚侍从居住区，更由祠堂、手工作坊、客栈、马厩、牛棚、畜栏、砖窑、军营、磨坊、商铺等一系列设施组成了一个自给自足的独立王国。虽然这些附属设施大多数仅存遗迹，

1 两张剖面图清晰表现出康百万庄园从黄土崖中切割而成的建筑台基。除了院落周围相互连通的地上建筑，崖壁上挖出的窑洞也是重要的家庭活动空间

2 这张19世纪绘制的透视图，展示了康百万庄园的居住区与手工作坊、客栈、牛棚、畜栏、磨坊、砖窑、军营等附属建筑

3 入口坡道的尽头正对一面以福、禄、寿三星为主题的灰砖影壁

1 东侧院落的前院由一座奢丽的过厅与一对厢房组成

2 康百万庄园的平面图。庄园由五座独立的宅院组成，各个宅院之间以甬道和小门相互连通。在每座宅院中，黄土崖壁上凿出的纵长窑洞都是重要的居住空间

但在康氏庄园广阔的领地内却保留着中国现存最大的封闭式民居建筑群。在这个建筑群内，半地下的靠崖式窑洞、仿窑洞的砖砌锢窑、地上建筑全部围绕在大大小小、相互连通的院落周围。康氏庄园几乎占领了整个康店村。在这里，黄土高原上的一条条深壑使得传统的半地下窑洞至今仍是大多数当地农民乐于采用的民居形式。据说1901年义和团运动平定之后，慈禧太后在返京途中曾驻跸于此，正是她御赐康氏家族以“百万”之名，使得“康百万庄园”的称号名扬天下。

康百万庄园伸展在伊洛河边的层层台塬上，从明代晚期开始建设，1821年高达12—15米、顶部设有矮墙的一圈围墙砌筑完成之后，这座巨大的民居建筑群才始具雏形。庄园的大部分建筑建于1828—1909年，即清朝的最后一个世纪，最终建成的总建筑面积达64300平方米。为了给南北长83米、东西宽73米的建筑群砌筑一块完整、平坦、高大的台基，台塬上的大量黄土被运来填充在低洼场地内，台基侧面还

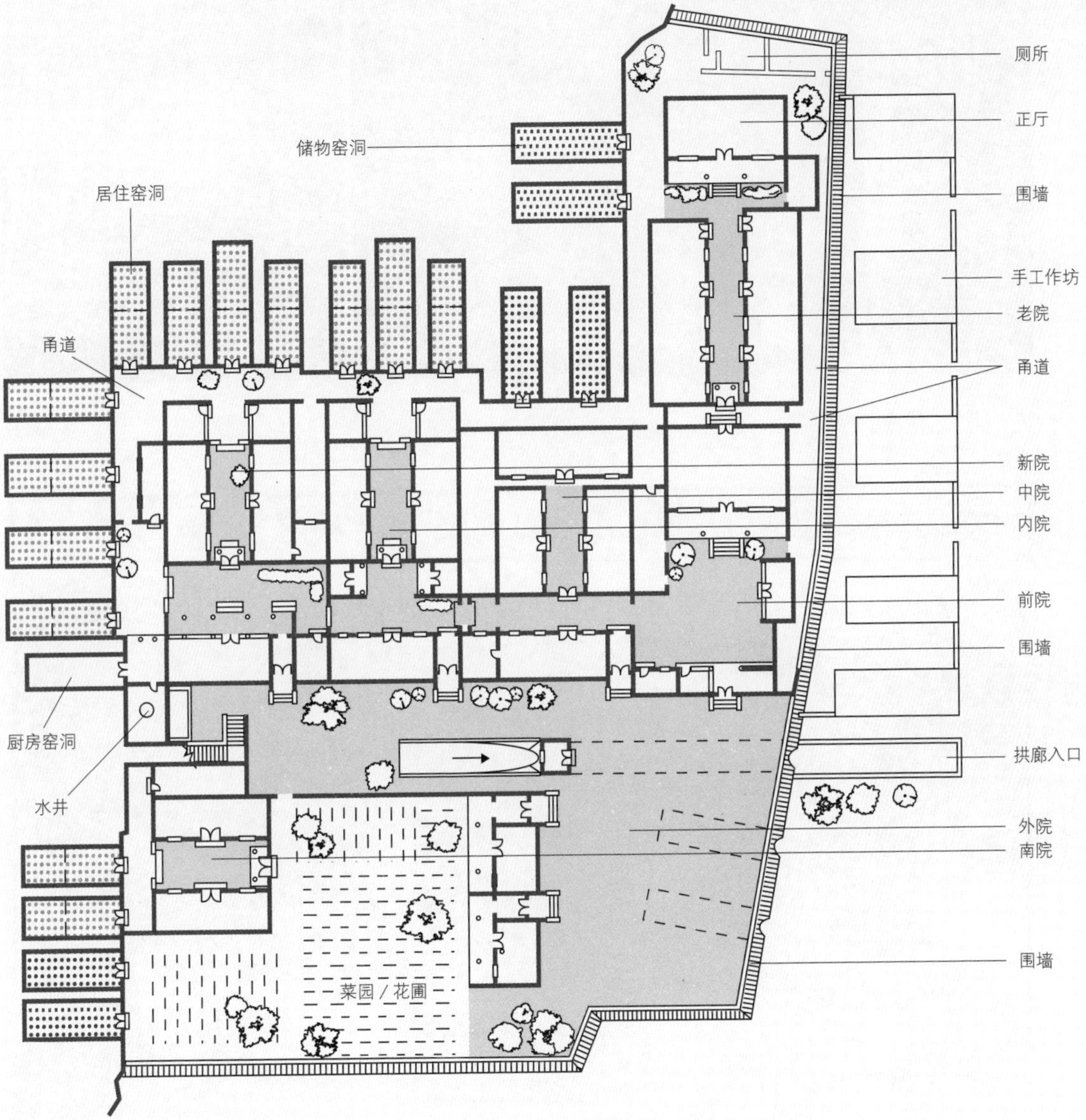
厕所
正厅
储物窑洞
居住窑洞
围墙
手工作坊
老院
甬道
甬道
新院
中院
内院
前院
围墙
厨房窑洞
拱廊入口
水井
外院
南院
围墙
菜园／花圃

河南有個沈萬三康百萬元子蘭、三大家活財神
阮子蘭
沈萬三
康百萬

用巨大的砖石进行了加固。台塬上挖去黄土后形成的“L”形断面，恰好为开凿靠崖式窑洞提供了平整壁面。这些靠崖式窑洞与拱形砖砌锢窑、地上建筑共同围合成一个个狭窄的传统院落。庄园入口处是一条23.7米长的砖砌地下拱廊，拱廊以坡道将人们从坚固的入口门楼引入庄园。坡道尽头正对着一面壮丽的灰砖影壁，影壁上雕刻着福、禄、寿三星的形象以及各种寓意吉祥的装饰图案。

家庭核心成员的居住区由五座各具特色的宅院组成，各个宅院相互平行且入口独立，仅由几条横穿院墙的甬道和几个小门相互连通。最大最长的宅院称为“老院”，位于东侧。老院的建筑布局严格对称，在55米长、14.5米宽的场地内从前到后依次布置有入口门廊、前院、穿厅、一对装饰奢华的厢房以及最后侧的正厅。20世纪初，当慈禧太后于1901年途经康百万庄园时，康氏最年长的女族长正居住于此。当时她已年逾百岁，与居住在庄园内的其他四代人一起，为康氏家族实现了“五世同堂”的最高理想。她的房间位于老院最深处的正厅内，由中间的厅堂、东侧的起居室和西侧的卧室组成。

其他四座宅院虽然规模不及老院，但各有独特之处，且均由地上建筑和窑洞组成。四座院落的地上建筑全部采用北京皇宫内常见的灰砖硬山顶[1]形式。而种类繁多的台阶、廊道、门洞则不仅是院落之间的联系通道，同时还发挥着分隔空间的作用。

其中一座宅院内左右相对的两座厢房，展现出中国传统家庭内迥异的男女分工：男性需以武艺和学识为重，而缝纫、刺绣等家务劳动则是女性的专属。建筑群最后排的窑洞中，有一间是“三大家活财神”的祭坛，包括康百万在内的这三位财神据说在过去的中国北方农村地区曾经广受崇拜。中院入口处有一株枝干苍虬、造型优美的古树，以及一块题有“克慎厥猷”的匾额。后院角落处的一间窑洞被划分为两间，外间是私塾，里间是药房，两间均由私塾先生掌管。私塾先生向儿童教授的主要内容是《三字经》，其中充斥着需要死记硬背的经文和道德故事。在课堂上，学童们分坐在低矮的书桌周围，一边背

1 关于“硬山顶”的具体介绍，详见本书第63页。——译者注

1 康氏女族长的卧室对面是一间挂着厚重帷幔的起居室，族长在这里接待访客

2 架子床上的福、禄、寿三星雕像

3 在这张绘有“三大家活财神”的彩色版画上，康氏家族族长康百万作为民间供奉的活财神之一，据说在中国北方农村地区广受崇拜

克慎厥

樂以安息

诵课文，一边练习书法。《三字经》中“教不严，师之惰”的教诲促使先生必须对学生严加管教。

20 世纪 20 年代初，随着中国进入军阀混战时期，康氏家族的财富和权力遭到急剧削弱。当时，整个家族从成功的豫商逐渐被冠以地主豪强的恶名。在 1949 年之后的土地改革运动中，不仅康氏家族的所有土地被充公后分配给农民，庄园内约三千件藏品

1 | 4

2 3 | 5

1 在苍虬的古树枝干的映衬下，中院入口上方悬挂着一块“克慎厥猷”匾额

2 在康百万庄园的一座女眷宅院内，正厅的家具布置沿袭了晚清时期的风格

3 在某个青年男性使用的房间内，书架上堆满古籍，书桌上摆着书法创作必备的笔、墨、纸、砚

4 康百万庄园内的所有地上建筑均采用北京皇宫内常见的灰砖硬山顶形式

5 这间奢华的年轻女性卧室内摆放着精美的架子床、梳妆台、博古架、瓷器摆件和脸盆架。房间内最引人注目的是一把古琴

也被搬走封存在仓库之中。在 1968 年，作为压榨人民的三大地主，四川成都的刘文彩、山东烟台的牟二黑以及河南巩义的康应魁成为政治运动批斗的焦点。这个政治决定却意外导致三大家族的庄园作为反映地主恶行的群众教育基地，得到完整保留，没有像其他精美民居那样遭到拆毁。经过 20 世纪 90 年代的修复之后，康百万庄园于 2001 年被公布为全国重点文物保护单位。由于庄园内的传统家具都得到了妥善保管且建筑群受损极小，快速完成的修复工作并未遭遇过多困难。

三层明宅
王干臣宅燕翼堂 ..... 安徽省

在安徽省南部的崇山峻岭中，坐落着百余座古村落。其中一些村落据说保存着中国现存最古老的民居建筑，而这些宝贵的遗产直到近些年才逐渐为人所知。其中之一即歙县呈坎村。呈坎村的历史可追溯至唐代（618—907），村中朴素优雅的二百余座清代（1616—1911）民居、祠堂、牌坊、厅堂、桥梁以及约二十座明代（1368—1644）建筑、一座元代（1206—1368）建筑，使得“中国古民居博物馆”的美誉确实名不虚传。

长期以来，呈坎村以“三街九十九巷”的棋盘格式空间结构与山环水抱的风水格局而远近闻名。村落背后和侧面是迂回起伏的山脉，正面朝东是蜿蜒的众川河。这一地理格局不仅能够有效遮挡冬季寒冷的西北风、保证良好的排水，同时能够保证每一座院落在有序布局的前提下捕捉到夏季凉风与冬季暖阳。村民们自豪地认为这一优越的村落选址完全符合风水中“九龙戏珠”的吉阵格局。实际上，呈坎村独特复杂的空间布局与其他村落一样，都是在自然条件的制约下有机、渐进式地发展而来。

呈坎村看似世外桃源中一个与世隔绝的小村落，但与新安江相连的无数条山涧溪流，却为这里带来了可观的财富。新安江作为历史上重要的漕运水道，能够将呈坎村的货物直接运抵南宋都城杭州和长江下游的其他江南重镇。这条绵延商路最初以茶叶、

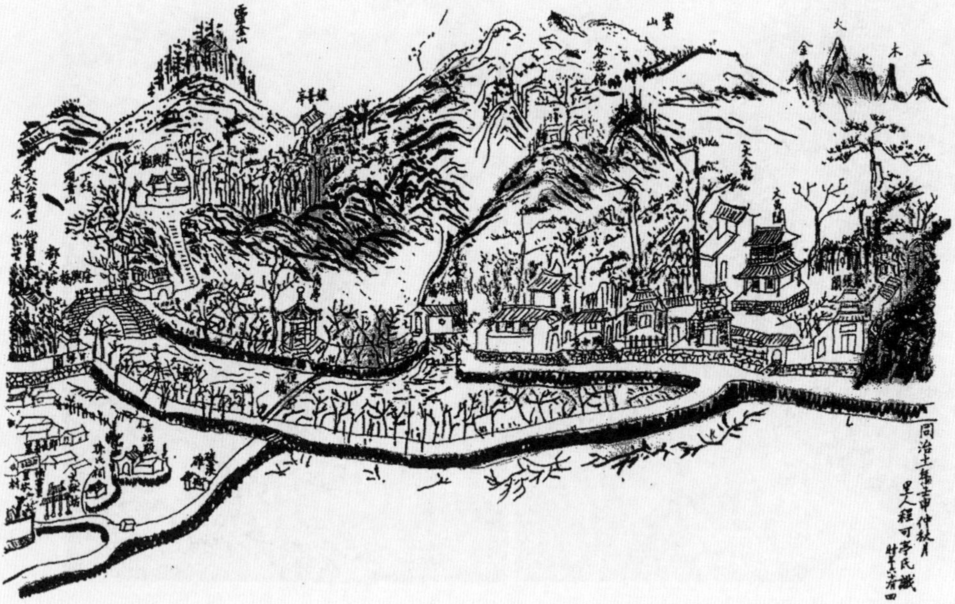

1 绘于 1872 年的舆图展现了从南侧农田远望呈坎村的景象

2 这张剖面图清晰展示出支撑三层楼阁的结构柱，以及紧凑院墙内颇为宽敞的建筑空间

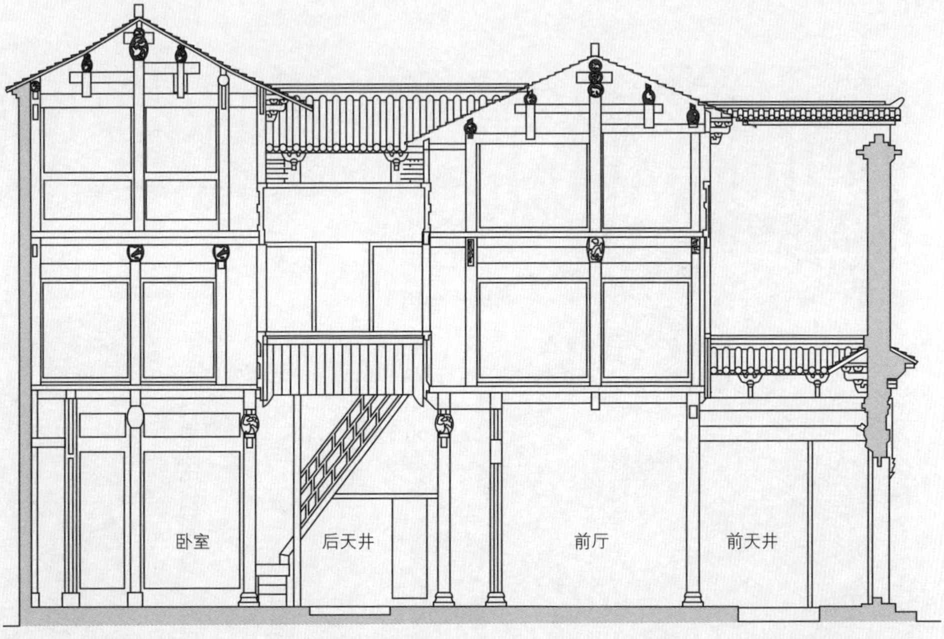

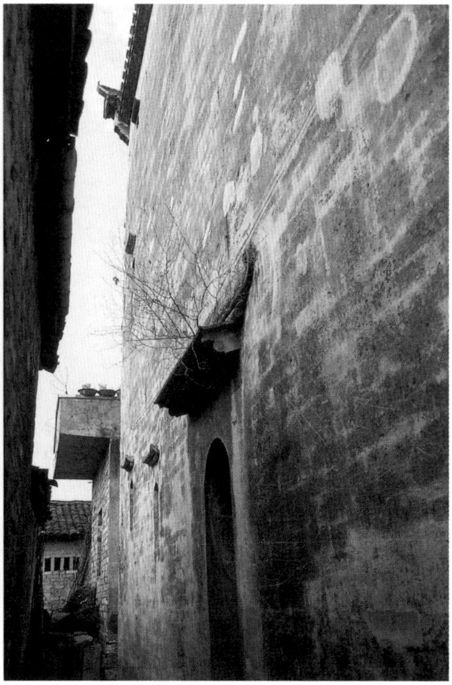

1 2 | 3

4

1　燕翼堂的入口挤在逼仄的石板巷里，周围高墙环绕，几乎难以察觉

2　燕翼堂背面的次入口无法确定是最初设置的，还是后来添加的

3　宏伟的罗氏祠堂的宝纶阁作为呈坎村的古建筑瑰宝之一，建于 1517—1611 年

4　图中的民居五房厅由三座相互连通的三层楼阁组成，正在进行修复。立面图由罗伯特·鲍威尔绘制

漆器、食盐贸易为主，后来扩展至文房用品，以其可观的商业资源造就了富有传奇色彩的徽州商人。徽商从贸易和当铺生意中积累了大量财富，通过买官的方式，甚至可以从富商一跃成为上流社会的官吏。由于长期客居在长江下游的城市中，徽商也有“客商”之名。与富庶都市中文人的交流，大大提升了他们在精致生活、艺术欣赏等高雅文化方面的品位。

在明代，徽商在接触了山外的大千世界后，将传统价值观带回宁静的山村，在这里发展出中国传统文化的一个优秀分支——徽州文化。为了培养家乡的有为青年，乐善好施的徽商在村镇中捐建了不计其数的乡学。由此使得徽州成为残酷的科举考试制度下中举考生最多的省份之一，这一成就至今仍为当地人津津乐道。除了徽商慷慨捐赠的学校、桥梁、道路、祠堂，最能代表他们丰富生活的当属他们自己建造的宅邸，这里不仅是留守家眷的容身之处，更是他们告老还乡之后的精神乐土。

在呈坎村现存的民居中，燕翼堂是尤能代表徽州文化的一座。这座三层高的紧凑民居建于明代中叶，虽然村中大部分民居都属于当地望族罗氏，但燕翼堂的宅主据说名为王干臣，是一个传记资料极少的人物。与长江下游的园林式民居和中国北方的宏大庄园相比，以燕翼堂为代表的徽州民居占地虽小，总建筑面积却不小。这些看似紧凑的砖砌建筑通常只有三开间，但高达三层的楼阁式结构使其内部空间颇为宽敞。在徽州各地，粉墙黛瓦的高大马头墙层叠升起，充当民居间的防火墙。学者们往往将徽州紧凑的多层民居归因于这里寸土寸金的山地地形。虽然建筑少占耕地是当地居民长期总结出的生活经验，但考虑到徽州在古代地广人稀的事实，这种高墙包裹的紧凑形式应当更多地反映了对安全感和私密性的追求。尤其当丈夫、兄长等家族中的男性长期客居异乡时，这一考虑对于留守的妇女、儿童、老人来说确实颇为必要。

在两条极窄石径的相交处，燕翼堂的白色围墙从村落的步道中拔地而起。主入口位于东侧小径上，狭窄逼仄的小径使得入口

从厚重的入口门扇中看前厅。入口门扇由金属板包裹的厚石板制成，并用凸起的金属门钉加固

上方突出的精美砖雕门罩只能半隐半现。厚重的入口门扇由4.5厘米厚的石板制成，石板外包裹金属薄板，并用凸起的金属门钉加固。南墙和西墙高处的推拉窗扇也采用了相同的构造，只不过用烧结砖替换了石板。

燕翼堂占地仅312平方米，但数量众多的房间和相互连接的天井使得整座建筑宽敞明亮。这座建筑的一个有趣之处在于，其平面轮廓看似规则，实则并非严整的长方形。平面总长23.3米，但南墙的一个转折使得平面从后侧的13.7米逐渐加宽至前侧的14.3米。这个略微偏离长方形的平面轮廓，很可能受到了风水中某条不知名规定的影响。

燕翼堂内部设有一对狭窄的长方形天井，由此为三层高的内部空间引入自然采光、通风和雨水。这种比例纵长的垂直向天井，在南方民居中比水平向院落常见得多。走进主入口后跨过一条狭窄的门廊，不知不觉就来到燕翼堂的前天井。正对前天井的是一座明间近9米深的前厅，厅内布置着一整套传统桌椅字画。从天井抬头往上看，目光无疑会

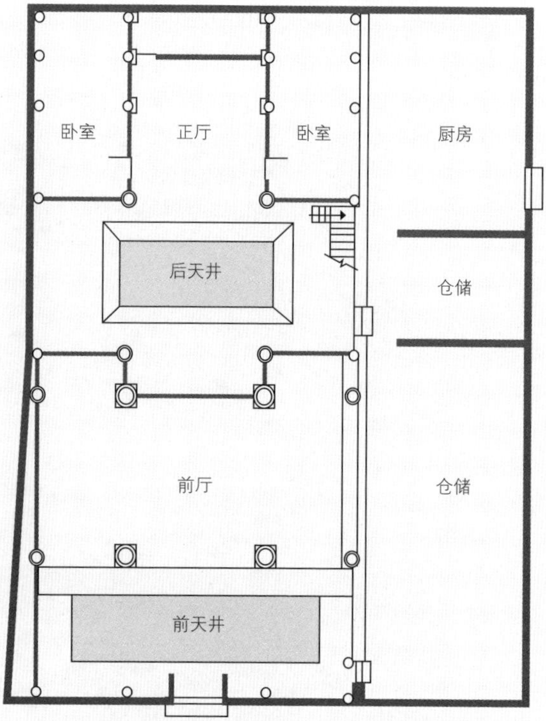

1 | 2 3
4

1 从平面图上可以看到燕翼堂面宽三间，从前往后依次排列有前天井、前厅、后天井、居住区。独立的侧翼建筑包含一间厨房和仓储空间

2 从前厅看向入口。入口门廊内的长方形天井令整个空间洒满明亮的自然光

3 从天井向上看，一层活动空间的面积最大，随着楼层升高，天井的宽度逐渐缩小。照片左侧是卧室的入口，门外即连通上层的陡梯。照片右侧是通往前厅的窄廊。当回廊花格窗全部打开时，二层的通风是整座建筑内最好的

4 在主入口门廊内侧抬头看，与中庭类似的前天井为前厅上方的两层楼引入自然采光和通风

被镶嵌着花格窗的通高木板墙吸引。这些花格窗能够有效控制楼上房间的自然通风。三层高的主体建筑侧旁是一座单层附属建筑，这里不仅与主体部分连通，同时还设有一个通向外部侧巷的后勤入口。

前厅内位于案桌后侧的两扇木门是通向后天井的入口。后天井由一间逼仄的正厅和正厅两翼的狭窄卧室围合而成，一架陡峭的斜梯从这里通往上层的房间。由于后天井比前天井更加宽敞，这里更像是一座真正的院落，为妇女儿童提供了劳作嬉戏的空间。虽然这两座天井在今天已然空无一物，失去了日常生活和礼仪活动带来的蓬勃生机，但可以想象这里在过去应当摆满了盆栽、水缸等装饰物，甚至还有饲养金鱼的水槽。其中水缸内储存的雨水不仅可以供日常使用，还可以作为消防用水以备不测。后天井后侧、正厅两旁的卧室虽然狭小，但比楼上房间的室内空间更高。对斜梯望而却步的老人恰好可以住在这里，而年轻的女人和儿童则住在楼上。这两间卧室的花格窗在整个建筑中最为精

1 | 2 3
  | 4

1 后天井两侧分别是一间窄小黑暗的卧室，卧室以木墙板和木雕花格窗围合。石阶和木梯连通着楼上的空间

2 楼上某房间的外墙窗安装着石板窗扇

3 一束阳光能够在一天的大部分时间里穿过南窗洒入房间

4 二层回廊的花格窗虽然没有一层的雕饰繁复，但能够将自然风从天井上方的开口引入室内

1 | 2

1 这座元代民居一直被村民们用作谷仓。墙上仍然保留着原入口大门的清晰轮廓

2 在两个方向的坡屋顶交接处，雕花瓦当将雨水汇入天井

美。卧室内摆满架子床、大木箱、桌椅、脸盆架等各种家具。从后天井往上看，朝向天空的屋顶开口明显比天井的地面范围更小，这样一来，即使下雨也不会妨碍天井中的室外活动。

二层和三层的房间除了用作卧室和储藏室外，还有一间敞厅位于后侧正中。这间敞厅与一层的厅堂朝向、位置均相同，为妇女在楼上祭神提供了便利。二层和三层的回廊在木板上方安装有连续的可开启花格窗。与一层的花格窗相比，高处的这些十字方格窗朴素无华，仅在层高上略具变化。虽然在斜梯上搬运衣柜、谷物等各类物品时多有不便，但寸土寸金的地面空间以及干燥安全的阁楼环境使得楼上的储藏空间仍然值得利用。这些储藏空间内设有厚重的大木箱、衣柜以及嵌入墙体的壁橱。

站在三层楼上，层叠交错的屋面瓦在窗外映入眼帘。天井周围的四面坡屋顶将雨水汇入下方的院落之中，形成当地人所谓“四水归堂”的风水格局。如此一来，整座建筑好似一座密不透风的巨大水箱，表达了财富汇聚犹如“肥水不流外人田”的隐喻。

燕翼堂的室内遍布结构性和装饰性的木材，这些木材均开采自村落周围漫山遍野的天然林场。与宏村承志堂等清代晚期民居不同，明代民居的木构件更为简朴，其中繁复木雕的数量远少于清代民居。燕翼堂的所有房间和屋顶均采用抬梁式木构架。与中国其他传统建筑类似，这座建筑也尽可能

将室内木构件暴露出来。特定位置的水平构件和垂直支架能够为支撑地面与屋顶的繁复木构架吸引更多的目光。不仅如此，非结构性的装饰木构件，例如由朴素木板和十字花格窗组成的二三层回廊，在燕翼堂中也具有装点室内空间的作用。

除了已修复和更多等待修复的民居建筑外，呈坎村的古建筑宝库中还有几座精美绝伦的祠堂、厅堂和桥梁。宝纶阁和长春社是其中尤为珍贵的建筑瑰宝，不仅在规模和装饰方面超乎寻常，更为难得的是已经根据历史原貌完成了原真性修复。始建于1517年、扩建于1611年的宝纶阁是一座巨大的九开间建筑，总宽度仅比北京紫禁城太和殿小6米。阁内不仅祭祀着罗氏先祖罗东舒——一位生活于14世纪的元代隐士，还存放着几个世纪以来皇帝御赐罗氏家族的大量圣旨和珍宝。长春社作为祭祀土地神的祠庙，虽然建筑台基是宋代遗构，但台基以上的主要部分则建于16世纪。

包括燕翼堂在内的呈坎民居与祠堂，作为徽州建筑的代表，其高度发达的建筑艺术离不开财富、工艺、文化在当地的协同发展。纽约著名的东亚艺术品商人安思远（Robert H. Ellsworth）是第一个着手开展呈坎建筑遗产保护的人。在1991年的一场洪水之后，安思远首次来到呈坎村，随即开始通过香港地区设立的中国文化艺术基金会（CHAF），投入大量个人资源并邀请朋友开展当地传统建筑的保护工作。上文提及的宝纶阁和长春社，即是在中国文化艺术基金会的主持下获得了国际水准的修复。现在正在进行的另一个修复项目是五房厅——一座由三栋相互连通的三层楼阁组成的16世纪民居。遗憾的是，村中唯一的一座元代建筑几十年来一直被村民们用作谷仓，至今尚未得到修复。更可悲的是，即使在这样一个建筑保护及时、资金投入充足的村落，仍然无法阻止明代建筑的数量从1988年的二十七座减少至2000年的二十座左右。自然坍塌、火灾以及少数情况下的另址迁建都是导致破坏的原因。

1
2 3 4

1 元代民居现在的入口大门位于建筑背面（正面的原入口大门见第236页图1）

2 金属门锁的特写

3 一把门锁锁住了通向厨房的门，门后的部分不对外开放

4 入口门扇上通常设有一对铜制或铁制的门环，既可以用来拉门，也可以用来敲门。照片中的大门上还设有一把门锁。这种设在外侧的门锁在过去并不常见，因为民居内总留有人看家护院

富商宅邸
汪定贵宅承志堂 ..... 安徽省

宏村承志堂由安徽盐商汪定贵建于1855年，是清代多层富商宅邸中的杰出代表。汪定贵作为典型的徽州商人，常年奔波于中国的几个大都市之间，但他的家眷却能在黄山脚下这片中国最优美宁静的土地上尽享田园牧歌式的安逸生活。虽然承志堂的建造时间比呈坎村的燕翼堂晚几个世纪，但相似的村落环境使其成为另一个精美且独特的徽州民居代表。

1 走进窄巷旁的小门后，首先映入眼帘的是宽敞的外院和壮丽的入口门罩

2 在宏村的粉墙黛瓦之间，蜿蜒曲折的石板小径步移景异

承志堂坐落在蜿蜒曲折的石板小径旁，小径一侧的浅水渠将新鲜的活水引入宏村中心的池沼。虽然密不透风的高大围墙将内部豪华宏大的房屋遮挡得严严实实，但在眼光敏锐的观察者看来，承志堂入口处的小径和水渠足以暗示出这座民居的壮丽程度远超周围其他民居。

一座朝向西南吉位的边门将人们从石板小径引入承志堂的外院。外院是一座东西向纵长的长方形院落，设有壮丽的南向主入口和另一个较小的侧门。凸出在主入口上方的砖雕门罩，以巨大的尺寸成为统领整个入口空间的视觉焦点，但稍能遮挡雨水的短小出檐则表明其装饰性远超实用性。看似纯木结构的门罩，实际上是用砖石模仿木构精雕而成。门罩所在的“八”字形摆手墙寓意不明，很可能与民居入口处常见的八卦护符有关。

壮丽的承志堂建筑群占地2100平方米，由相互连通的七座单体建筑组成，共约六十间房。除了几间宏大宽敞的前厅、正厅以及卧室、客房、厨房、书房、储藏区、回廊、檐廊之外，承志堂的围墙之内还设有九个大小不同的天井和一座巨大的花园，其中至少一座天井的规模可以与真正的院落相匹敌。

天井不仅是建筑实体围合的室外空间而已。作为多层建筑之间精心布置的室外空间，每座天井仿佛一座两层通高的竖井，以略微下凹的地面收集雨水，并将漫溢的积水排出院外。除了将自然采光、通风和雨水引入周围的房间，每座天井同时是家庭活动的中心，只要天气允许，这里就会被各种私密的、公共的家庭活动占据。而承志堂中数量尤多的天井，则

1 | 2
  | 3

1　承志堂等宏村民居有时会将村巷水渠的活水引入小天井内。在白墙、木椅的环绕之中，这个明亮通畅的小空间成为家庭成员休息、冥想的好去处

2　这块嵌入墙体的透雕石板既是装饰性元素，也发挥着室内通风的作用

3　“鱼塘厅”（也称为“观鱼厅”）内的小池流淌着院外水渠引入的活水。一张装有鹅项栏杆的木制美人靠为家庭成员尤其是女性提供了凭栏幽思的场所

吳友如畫寶 畫寶補遺

二十三 第十三集第下冊

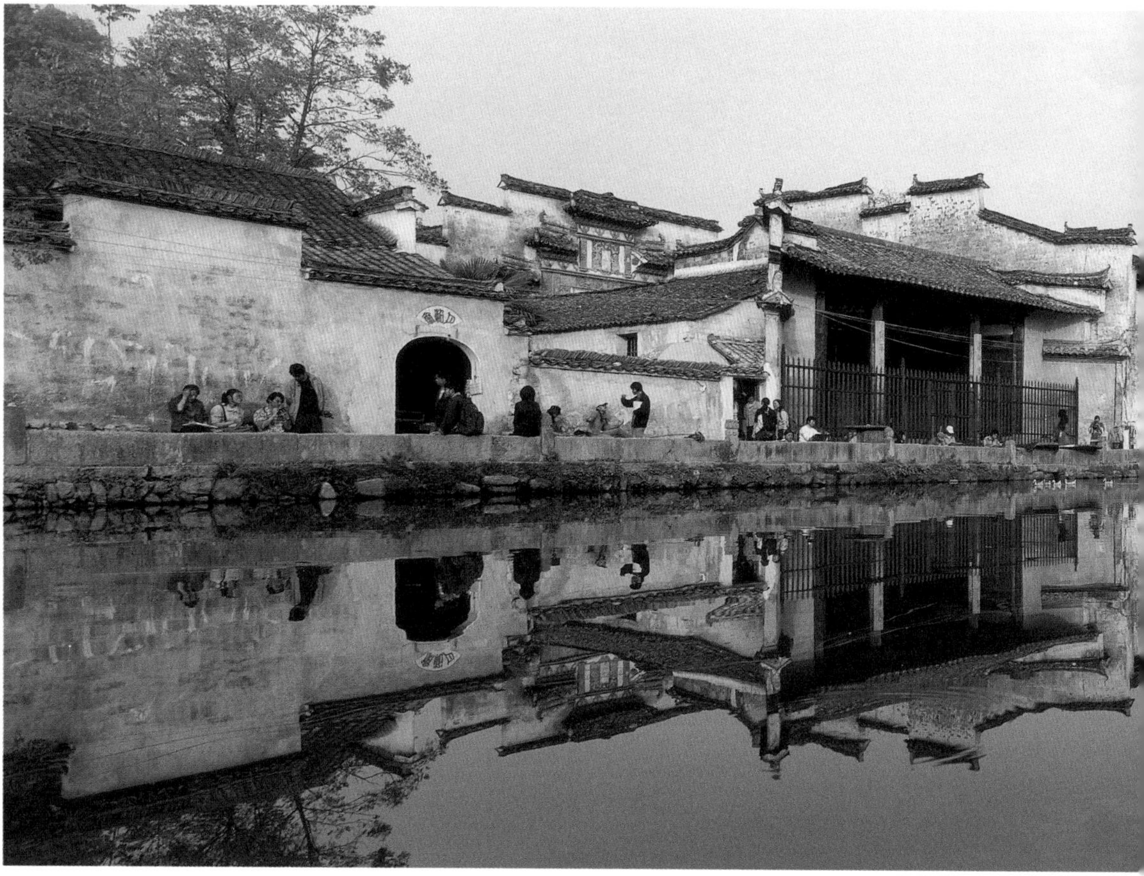

1
2

1 宏村中心的月沼，不仅倒映着周边美景，而且为村民们提供了生活和消防用水

2 承志堂的剖面图展示出隐没在高墙中的层层院落

使得使用方式变得更加丰富。

承志堂一层的大部分房间是家庭公共空间和后勤空间，其中后侧的区域专供妇女儿童使用。在前院侧旁的一个不规则角落里，通常用于停放轿子的敞廊被一座精致的三角形“鱼塘厅”（也称为“观鱼厅”）取代。由于紧靠外墙，厅内经年不断地流淌着从院外浅水渠引来的活水。这座鱼塘厅为大家族中的男女提供了躲避纷繁家务、静享安宁时光的一处精神乐土。厅内，一张装有鹅项栏杆[1]的木制美人靠悬挑在小鱼塘上方，在美人靠上小坐凭栏，就能度过一段惬意的闲暇时光。

虽然需要在陡峭木梯上爬上爬下，但二层仍是更受欢迎的居

1 美人靠的坐面上通常安装向外凸出的栏杆，栏杆弯曲形似鹅项，故名“鹅项栏杆”。——译者注

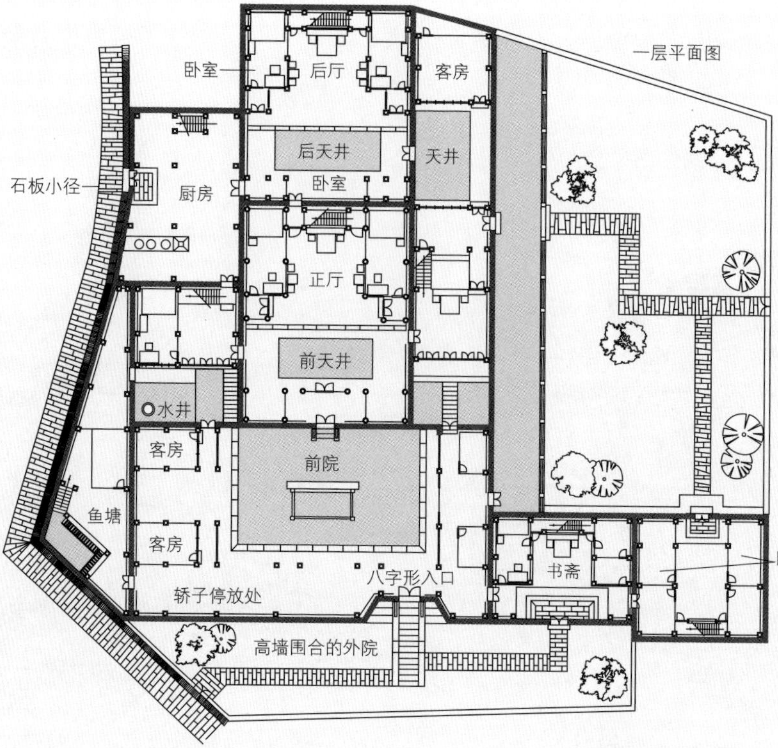

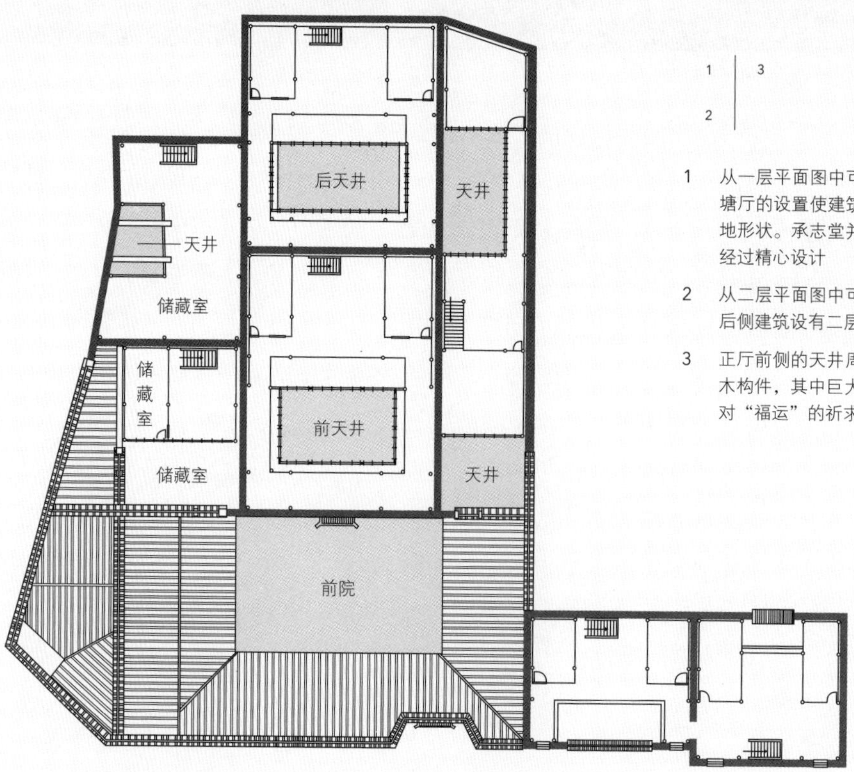

1	3
2	

1　从一层平面图中可以看出，三角形鱼塘厅的设置使建筑群巧妙地顺应了场地形状。承志堂并置的室内外空间均经过精心设计

2　从二层平面图中可以看出，仅中部和后侧建筑设有二层空间

3　正厅前侧的天井周围满是雕饰精美的木构件，其中巨大的“福”字表达了对“福运”的祈求

住空间，因为良好的自然通风使得这里不像一层那样潮湿。在二层，主卧室布置在一间敞厅周围，敞厅与一层的厅堂上下对位。承志堂的所有正厅外都设有一圈回廊，使得平时在建筑间穿行时能够不破坏正厅的仪式感。

与其他清代徽州民居一样，虽然承志堂的外部几乎毫无装饰，但室内却布置有不计其数的装饰性木雕、石雕、砖雕，以及对联、绘画、书法匾额等艺术品。其中尤其值得一提的是正厅上方的木雕横梁、结构柱下方的石雕柱础、门窗扇的木雕花格。此外，由花格门窗构成的精美隔断遍布整座建筑，能够有效控制各个房间的通风和采光。这些隔断主要由三部分组成：上部是透雕花格；中部是实木隔板，通常雕刻有寓言故事；

下部是浅浮雕的垂直木板。根据使用需要，木制隔断能够随时拆除以形成连通的室内外空间。

后天井旁的上厅（也称为后厅）是祭祀祖先与长辈居住的空间。在这个天井中，寓意吉祥和旨在说教的装饰物尤为丰富。例如，木构架柱下的每个石柱础上都雕有一个“寿”字。如果抬头观察相邻结构柱间的通长木横梁，目光无疑会被雕有节庆场景的精致木雕所吸引。其中一个名为“九世同堂”的木雕表现了一位名为张公艺的唐代长寿者为唐高宗讲述九代人如何和平共处于一室的故事。为了回答皇帝的问题，张公艺在手卷上书写了一百个不同的“忍”字。“忍”意指忍耐，同时含有耐心、宽容、自制的含义，尤其在面对挑衅时要

1 2 | 3

| 4

1 结构性木构件刻意采用巨大的尺寸和华丽的雕饰以增强装饰性

2 照片中巨大的月梁（月梁，是经过艺术加工的木梁，因梁头弯曲形似弯月，故名“月梁”。斗，方形［亦有圆形、圆角方形］木块，通常与拱组成“斗拱”，设在悬臂状的拱两端，联系、支撑上下两层拱。此外，斗也可以单独用在木构件之间发挥支撑作用，这种散用的斗即“散斗”。——译者注）和散斗既具有装饰作用，也是上方木梁的结构性支撑

3-4 承志堂内随处可见精美繁复的木雕花格

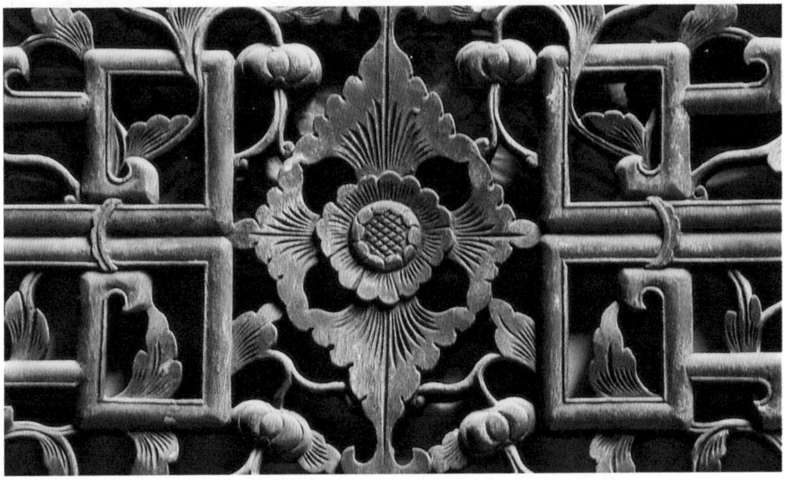

1 2 | 4
3 |

1　由于大多数卧室面积很小，架子床成为统领卧室空间的最主要元素

2　二楼回廊的栏板雕饰精美

3　层层叠叠的木雕梁架在天井开口的光照下熠熠生辉

4　正厅两侧的小卧室门扇上雕刻着八仙的寓言故事。照片中的两扇门上雕有四位仙人，与第 139 页图 2 中的两扇门成套

保持克制。另一个名为“郭子仪上寿”的著名寓言则表达了对吉祥和友谊的祈求。故事的主人公是唐代著名将军郭子仪，在中国尤以财福兼得而闻名。再如第 67 页图 5 所示，后天井的花纹瓦当下方有一条锡制檐沟，檐沟上铸造的“纯”字在后院里很可能具有警示年轻女性的作用。

由于陶瓦的制造成本从明代开始大幅降低，互相压叠的筒瓦和板瓦从此成为徽州民居最受欢迎的屋面材料。在承志堂中，天井回廊上的坡屋顶与雕饰丰富的檐头瓦当，组成了与燕翼堂相似的“四水归堂”格局。这句诗意典故不仅喻指财富像大水一样“流入”家中，而且直观地表现出下雨时巨大陶水缸在各个天井中积蓄雨水的场景。天井内的地面通常比周围区域略低，内部镶嵌着光滑石板，隐藏在石板内的排水系统能够将漫溢的积水从建筑内部排到外部运河之中。

高大的砖砌马头墙在承志堂和周围民居之间富有韵律地拔地而起，与下部大面积的白粉墙相映成趣。在实际功能方面，这些高大的砖砌马头墙作为民居之间的防火墙，能够为巨大的承重木构架以及包括梁、架、栏杆、花格门窗在内的昂贵木雕隔绝外火。而马头墙上层层叠叠的灰瓦轮廓与下部白粉墙面之间的强烈对比，则形成了徽州建筑一个独具特色的鲜明标志。

福裕樓

五凤楼
林氏福裕楼 ….. 福建省

福裕楼，即“福运余裕之楼”，是一座由夯土和土坯砖砌筑而成的宏大建筑群，高大的体量以及层层叠叠的木构架使其仿佛一座巨大的堡垒。这座堡垒的赭黄色夯土外墙以白石灰抹面，与灰色的屋瓦形成了强烈的色彩反差。在时间的洗刷下，成块剥落的涂料在白与灰的色彩反差之中，又为墙面染上了一层斑驳的杂彩。福裕楼以独特的布局、高耸的体量、飞扬的屋顶，代表了一种独特而壮观的建筑类型。中国建筑学家将这种建筑类型

作为一座名副其实的巨大堡垒，福裕楼高低错落的宫殿式建筑群体现了中国传统建筑的基本特征：对称、轴线、等级、围合。20世纪初，这座宅院曾经容纳着二十七户家庭、两百余口人

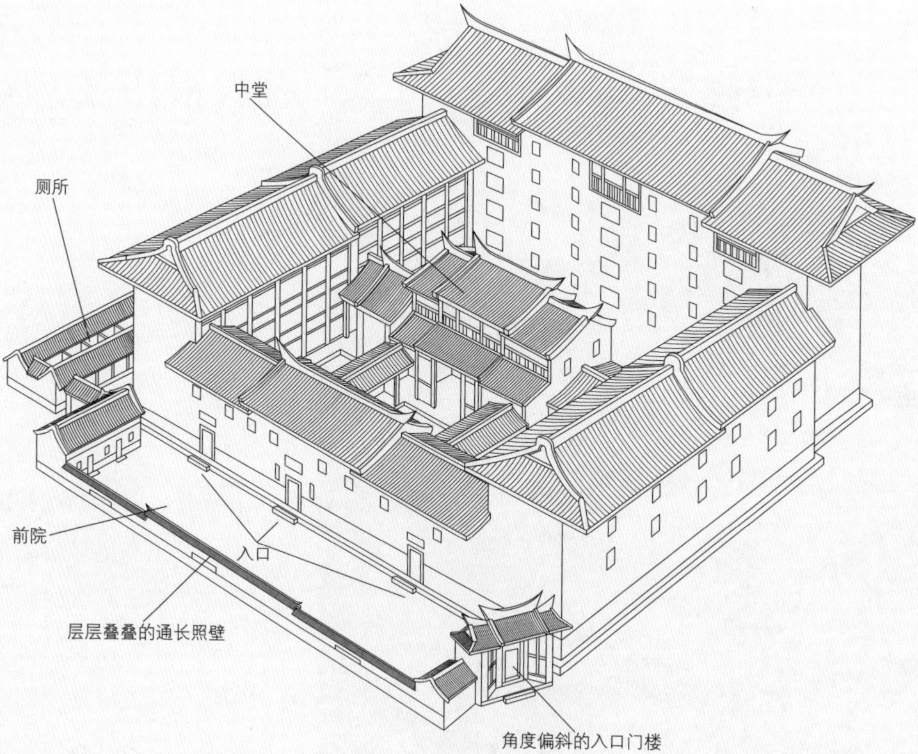
中堂
厕所
前院
入口
层层叠叠的通长照壁
角度偏斜的入口门楼

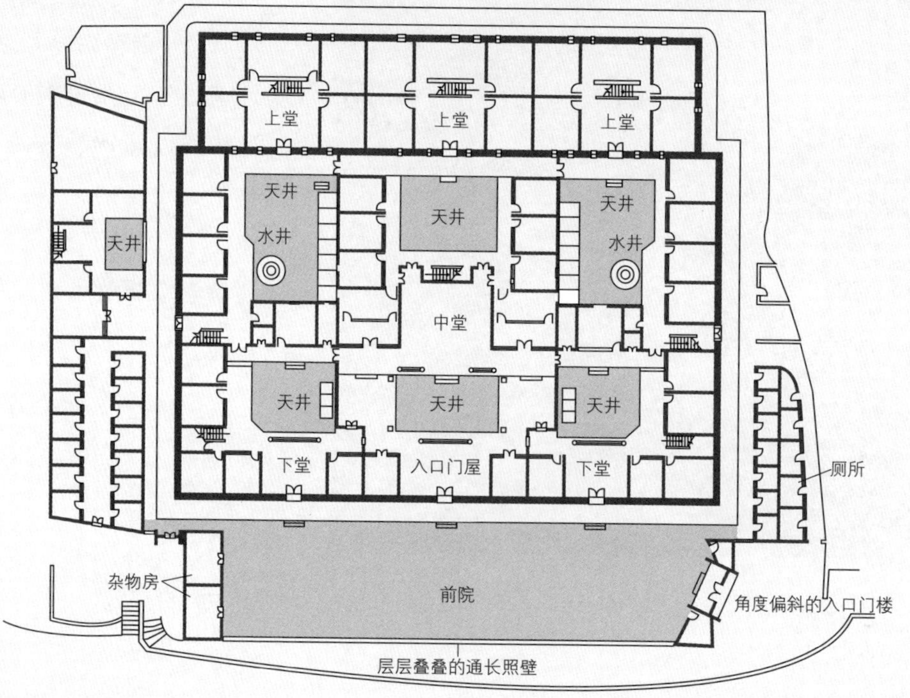
上堂
上堂
上堂
天井
天井
天井
天井
水井
水井
中堂
天井
天井
天井
下堂
入口门屋
下堂
厕所
杂物房
前院
角度偏斜的入口门楼
层层叠叠的通长照壁

1
在福建省永定县，前后三堂、左右两横的府第式住宅称为五凤楼。其中，前后三堂即入口内依次排列的下堂、中堂和后堂（也称为主楼），左右两横即在三堂两侧的横屋。详见黄汉民：《福建土楼》（上），台北：汉声杂志社，1994年，第44—47页。——译者注

称为"五凤楼"[1]，据说是因为层层叠叠的屋顶轮廓看似一只展翅高飞的凤凰。

福裕楼作为1882年建成的四品官员宅邸，以建筑实物见证了中国同姓父系氏族聚族而居的重要传统。今天，仍有不少林氏后人居住在这座建筑中，但与曾经二十七户、两百余人济济一堂的盛况相比，现在的境况已然稀疏败落。这座建筑的建造原委以及一百二十五年来林氏家族的变迁情况，至今仍不为人所知。

福裕楼建造在花岗岩条石砌筑的台基上，平面轮廓呈严整的正方形，立面轮廓前低后高：后部五层高的正楼拔地而起，俯视着前侧两层高的中堂和三层高的横屋。在密不透风的围墙之内是由一系列相互错落的建筑围合而成的大小院落，每座院落都为一系林氏支脉提供了相对独立的私密生活空间。下堂和横屋的一至三层是客厅和卧室。建筑群东西两侧分别挖有一口井，为全部家庭成员提供生活用水。

进入福裕楼必须穿过一座精美的入口门楼，这座门楼正如建造在洪坑村溪流东岸的大多数

建筑入口那样朝向东北方，显然遵循了常见的风水原则。入口门楼外的台阶将人们引向溪边的码头，妇女们每天清晨聚集在那里为家人浆洗衣物。入口门楼向内斜对纵长的前院，这里晾晒着当季的谷物、蔬菜、草药以及每日浆洗的衣物。

与宏伟的皇宫类似，福裕楼同样具有三个高大的入口：位于正中的主要入口通向礼仪性空间，两旁的侧入口则通向居住空间。位于正中的主入口上方悬挂着一块题有"福裕楼"三字的匾额，匾额两侧分别是一句寓意吉

1 | 3
2 |

1　这张鸟瞰图清晰展示出福裕楼后部五层高的正楼、中心位置的中堂和门楼内的前院

2　福裕楼完全对称的一层空间除了少量用于公共活动外，大部分房间平均分配给家庭成员，成为其私人生活空间。两口水井和六座宽敞的天井穿插在礼仪空间近旁

3　福裕楼的石雕门楼受风水的影响朝向东北方，门楼上布置有大量装饰物。照片中劳作妇女的身旁有一条台阶将人们引向溪边的码头

福裕樓
裕后光前
福田心地

1
2 3 4

1 照片展示了入口门屋后侧的长方形天井，照片右侧的建筑即入口门屋。门屋与天井之间安装着通高的花格门，如照片所示，这些花格门可以完全打开。照片左侧的台阶通往中堂

2 这张照片展示出某侧厅高敞的屋顶和遍布室内各处的木雕、石雕

3 福裕楼等大型民居通常在入口上方悬挂一块题写宅名的匾额。除了匾额之外，民居入口处的装饰物还包括大门两侧常年悬挂的对联和门扇上每年更换的门神画像

4 许多中国传统民居内设有专门停放棺木的房间。年迈的家庭成员置办棺木是为了在去世后拥有一场体面的葬礼。福裕楼内停放棺木的房间位于后主楼的顶层，与二层的祭坛上下相对

祥的对联。此外，每逢新年还要在入口门扇上粘贴一对门神年画。进入宽敞的入口门屋后，一面照壁遮挡住人们的视线。照壁后方是一座长方形天井，天井周围的回廊通向中堂。作为建筑群中心的礼仪性公共空间，这里以相互连通的开敞或半开敞空间为举办“红白事”提供了摆放圆桌的宽阔场地，使得包括远房亲戚在内的所有家庭成员能够在此时共聚一堂，以加强家族内部团结。敞院四周装饰着昂贵精致的木雕花格门窗。

中堂后侧依次排列着通往储藏间的楼梯、另一个宽阔的天井以及位于巨大主楼中心部位的上堂。后部的五层主楼为林氏家族的各个支系所共享，并且容纳着各种礼仪性房间。三组陡梯将建筑的首层与上面四层相连。二层的一个大房间内供奉着各种神灵，从这里不仅能够俯瞰中堂的屋顶，越过屋顶甚至能将远处的山脉尽收眼底。烧结砖砌筑的隔墙在划分房间的同时，也是五层主楼必不可少的结构性支撑。现在主楼高处的几层被各种活动占据：三层是家兔的养殖场，最高处的五层则成为停放棺木的空间。

中国的许多地区都保留了这样的传统，即年迈的家庭成员在离世前就开始置办漆木棺材，以保证去世后能够享有一处“舒适”的安身之所。林氏家族的棺木上装饰有象征福运的“福”字与象征长寿的“寿”字。由于老人在床上过世被认为“不祥”，于是临近去世前他们将被转移至中堂，安放在一对木马支撑的平板床上。老人去世后，附近事先准

柿子干

1 2 | 4
3

1 屋顶和砖砌隔墙上的雕饰

2 后主楼在二层设有一间供奉神灵的祭坛。虽然房间内留存的几件精美家具能令人联想到这里曾经的辉煌，但整个房间已然稀疏败落

3 入口门楼内是一座纵长院落，院落另一端是一间杂物房。铺着石板的前院常年被各种活动占据。除了照片中的柿子外，各种谷物、蔬菜、药材随季节晾晒在院中以便长期保存

4 中堂所在的二层建筑采用灰砖砌筑，屋顶上飞扬的“燕尾脊”彰显出林氏家族的财富

备好的棺材能够加速整理仪容、装裹入殓的流程，以尽快举行接下来的各种仪式并接待前来吊唁的亲友。如果家族中有亲属过世，民居的入口门扇上将会张贴白色的讣告。为了选择合宜的下葬“吉日”和墓葬“吉址”，棺木有时不得不在中堂或者楼上的储藏室中停放数月以至数年之久。虽然这一习俗在今天的普及程度难以确知，但在传统中国民居中时常能够撞见布满灰尘的棺木，它们或者空置，或者安放着死去亲属的遗体。

五凤楼这一民居建筑类型的复杂含义与凤凰和数字五相关。在民居建筑中将具有隐喻意义的图像布置在特定的物理空间内，能够引发建造者和使用者对经典寓言的联想，由此传达儒家的行为准则。例如，凤凰作为一种吉祥的动物，在汉代作为建筑屋顶装饰物，象征着士大夫孝、忠、臣服于君的美德。相似的类比关系同样出现在五只凤凰与代表安定的五个方向、代表和谐的五种颜色之中。此外，每只凤凰的不同身体部位还可以象征统治者的五种美德：头代表德行，背代表正直，胸代表诚实，足代表真理，尾代表勇猛。然而，另一些研究者却认为中国南方的五凤楼实则源自一种宫殿建筑类型，这种宫殿建筑曾出现在中国北方以河南省为中心的中原地区，如今已然不复存在。然而，中原地区的墓葬遗址曾出土了数量众多、种类各异的彩陶建筑模型，其中不乏古代多层楼阁的形象资料，却从未出现过明确代表五凤楼的实物例证。此外，另一个无法解释的问题则是中原的五凤楼如何传播至遥远的福建省西南地区，又是如何流传至今的。

福建土楼

振成楼、如升楼 ..... 福建省

福建省南靖县书洋镇田螺坑村的五座巨大土楼盘踞在山麓上，仿佛一组外星飞碟

作为中国最独特的建筑类型之一，堡垒般的土楼不仅遍布福建省西南部，在江西省和广东省的附近地区也有许多土楼的变体。这些坐落在偏远山区蜿蜒峡谷中的土楼，在20世纪上半叶被发现之前一直鲜为人知，也少有文献记载。今天，许多土楼村落的交通变得越来越便利，于是吸引了越来越多勇于冒险的游客来此体验非同寻常的风景。可以肯定的是，在大山深处一定还有更多与世隔绝的土楼村落正在等待人们的发现与宣传。在这些村落中，土楼不仅形态各异——包括方形、五边形、八边形、菱形、椭圆形、圆形等各种形状，而且其建造的时间跨度也从五百多年前一直持续至最近的数十年前。每座土楼的名称中都含有“楼”字，但为这个“楼”字寻找一个对应的英文术语却并非易事。通常使用的“多层建筑”（storied building）一词并不足以说明土楼的建筑特征,因而本文拟使用“塔楼”（tower）一词。虽然塔楼的高度通常大于直径，但在建筑学中这个术语同样可以描述体量巨大的建筑，并且其高宽比例可以不受常见塔楼比例的限制。

虽然“土楼”这一名称意指“土造的建筑”，并且许多研究者也在其著述中认为土楼与中国许多地区常见的夯土建筑一样都是由新鲜的泥土夯筑而成，但实际上今天现存的大多数大型土楼是由一种名为“三合土”的复合材料建造而成。这种材料并非普

通的泥土，而是由不同比例的细沙、石灰和黏土调配而成。另有一些土楼甚至完全由花岗岩条石砌成，或者包含有大量烧砖墙体。由此可见，英文术语“土造的住宅”（earthen dwellings）甚至中文术语“土楼”，都带有明显的歧义和以偏概全之嫌。同样，遍布福建省西南部的巨大“圆楼”虽然是最著名的客家土楼，但土楼的形状实则并不限于圆形，例如圆形之中再嵌套圆形的同心圆土楼。其他重要的客家土楼类型还包括江西省南部宏伟壮观、坚不可摧的“围子”以及广东省东部、福建省西南部壮丽的“五凤楼”。虽然与欧洲和日本的城堡相似，但中国的客家土楼通常不建造在制高点上。

中国移民浪潮和族群关系中涉及的历史地理因素，可以解释不同形式的土楼的分布原因。在最早的客家定居地，五凤楼和马蹄形的土楼最为常见，暗示出早期的定居者可能并未受到严重的威胁。在这些地区，早期客家移民建造的民居相当开敞，令人很容易联想到他们原籍所在地的北方官府“大夫第”。巨大的圆形或方形堡垒式土楼往往建造在客家定居地的边界或者与其他民族混居的地区，但族属冲突并非决定土楼形式的唯一原因。诚然，动乱是常见的建造原因之一，尤其在20世纪前三十多年间，中国农村地区广泛爆发的土匪活动和无政府状态导致各地建造了大量用于自保的封闭式寨堡，但土楼的建造实则还掺杂有其他因素。

在福建省南靖县留存至20世纪90年代的所有土楼中，虽然有不下三分之一的土楼建造于1900年之前，但令人意想不到的是近三分之二、四百二十七座土楼是

1 | 3
2

1-2 两张照片展示了福建省西南部土楼外墙的夯土肌理和巨大体量。近年来随着社会治安的改善，土楼外墙逐渐开始在低处开设窗口

3 福建省永定区古竹乡高北村的土楼外墙底部厚达1米，仅开设一个入口，几乎坚不可摧

1900 年之后的建筑。在过去九十年间建造的土楼中，圆形土楼与方形土楼的数量相差无几，分别是一百九十二座与二百三十五座。虽然当时仍不时发生动乱，但历史相对晚近的这些土楼仍暗示出它们的建造应当具有防御性之外的其他考量。这些沿用传统材料与传统形式的建筑在 1949 年后加速出现，只可能是对人口压力和经济条件的回应，不可能由战乱所致。20 世纪 60 年代，新建的圆形土楼的数量多于方形土楼，但近几十年间方形、长方形土楼则占据了主流。随着福建农村家庭越来越倾向于建造独立的宅院，土楼中合居的家庭数量近年来呈现出下降的趋势。

振成楼

福建省龙岩市永定区的洪坑村，以处于土楼密布的核心区而闻名。虽然这里保留了大量形制独特的土楼建筑，但直到 1990 年，泥路尽头的洪坑村依然只能通过步行、骑自行车或坐燃气三轮车才能到达。今天，随着水泥公路的修建和公交线路的设立，这里

1 | 3
4
2 | 5

1 在晚秋的斜阳下，振成楼内环建筑的瓦屋面上投射出一道弧形阴影。在阴影的环绕之中，三开间的华丽祖堂赫然耸立

2 与外墙垂直的砖砌隔墙能够稳定整体结构。在建筑内部，木材是最主要的建筑材料。支撑楼板的木梁铆入楼上三层的夯土墙内，一系列相互榫接的木构件围合出走马廊和室内空间

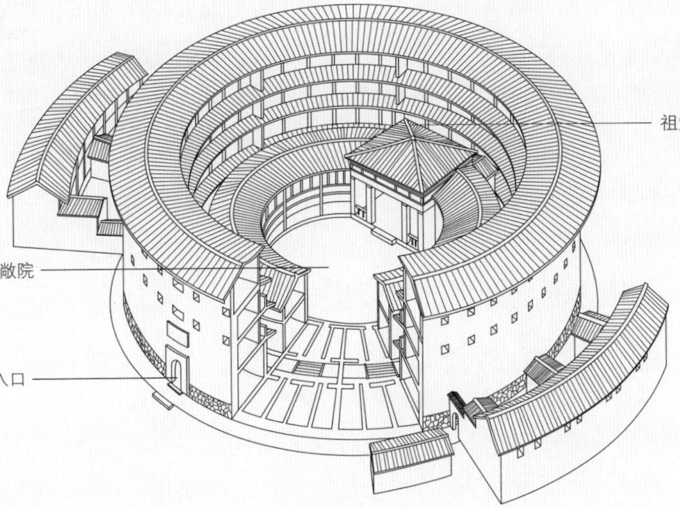

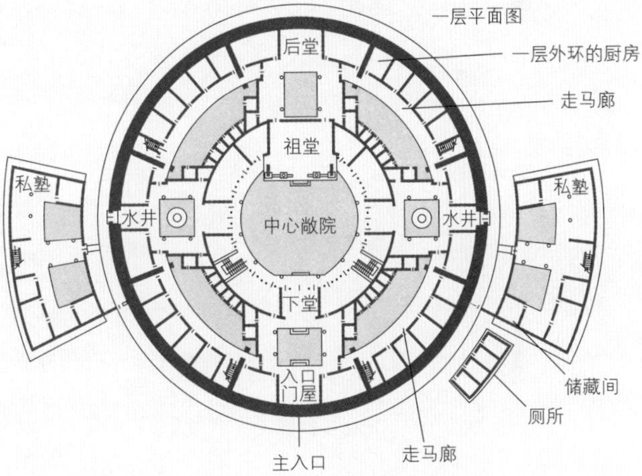

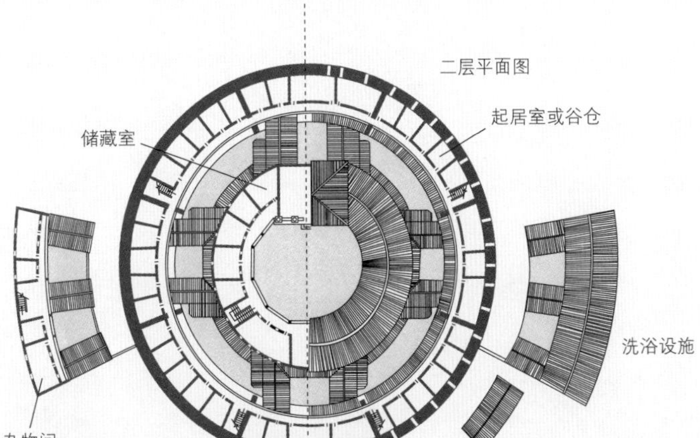

3 这张鸟瞰图展现了振成楼的主要特征：四层高的外环建筑内部套有两层高的内环建筑，内环建筑中间穿插一座祖堂；华丽的主入口两侧辅以两个较小的侧入口；外墙仅在上部两层开设窗口；三座侧翼建筑环绕在主楼外侧

4 从这张一层平面图上可以看出，振成楼的室内空间按照八卦图划分为八个单元。其中大部分空间采用对称式布局，如左右对称的两口水井和两个侧入口，成对设置的各个天井、楼梯和侧翼建筑。仅厕所不是成对设置。主入口和后堂之间的空间序列具有明显的等级性

5 二层平面图展示出振成楼内外环的二层空间。带顶的走马廊保证了家庭成员在最恶劣的天气下也能在建筑中自如穿行

迎来了源源不断的背包客和满载国际游客的旅游巴士。

振成楼,即"振起成功之楼",是洪坑村大大小小的一百座土楼之一,其四层高的圆形堡垒式外墙仅上部两层开设窗口(参见本书第 18 页图 3)。振成楼由宅主林鸿超(又名逊之)于 1912 年建成,由于当时正处于清朝覆灭、历史动荡的时期,为了增加安全性以及方便监视外部,外墙上的窗口都设计成了射击孔状——窗户侧壁与厚重墙面构成斜角,形成外小内大的斜开口。

通往振成楼的小路原先并非直通主入口,而是先偏向一侧,然后突然转向建筑周围的高台基。这种折线形道路一方面受到风水的影响,另一方面则可能与外墙窗相似,具有一定的防御功能。今天,这座建筑入口前的场地又比十年前扩大了许多,显然是为了方便游客拍照而进行了专门的清理。进入建筑的唯一入口略微偏向东南方,上方题有"振成楼"三个大字。与其他土楼相同,进入振成楼的巨大石门后,首先来到称作"门屋"的入口空间,这里通常从早到晚被妇女、儿童、老人占据。他们一边在这里"守卫"进入建筑的通道,一边从事谷物脱壳、准备食材等日常活动(今天这里已经变成售卖明信片的商店)。而外覆铁皮的厚木门板和门背后的巨大门关[1],则又为建筑提供了另一重保护。

虽然大多数圆形土楼的门屋内仅有一座圆形敞院,振成楼却由内外两环组成。振成楼外环被平均划分为许多面积相似的房间,每个单元都有一个独立入口。如果再进一步观察,就会发现其空间划分方式别有深意,其中暗含的寓意虽然很常见,但对家庭成员来说却意义非凡。振成楼巧妙地按照八卦形布局,这一深奥晦涩的宇宙图示在中国传统文化中具有强烈的象征意义,因而常常成为民居选址的依据。与一些八面直墙相互交接的八边形土楼不同,振成楼的外轮廓为圆形,却将内部居住空间划分为八个各不相同的单元,以此象征八卦。八个单元之间以夯土墙分隔,每个单元内部再进一步划分为中国建筑常见的三开间或六开间。每个单元正对一个弧形院落,院落对面设有家畜笼舍。院落中的几

1 门关是大门内侧的一条横木,距离地面一定高度,两端插在固定的木柱内,用来挡住门扇使其不能打开。——译者注

这张拍摄于内外两环之间的照片展示出振成楼内采用烧砖砌筑的大量隔墙，这些墙体均在顶部覆盖有陶瓦。在振成楼内，每个家庭享有一个独立的居住单元，每个居住单元由上下累叠的四层房间组成

口井为家庭成员提供生活用水。

虽然环绕振成楼的外围墙是由黏土质地的材料制成，其内部空间却采用纯木构架建成。各层木梁牢牢固定在厚实的夯土墙内，相互拉结的木构架支撑着厚重瓦屋面的大部分荷载。烧结薄砖铺设在每层走马廊的地面上，具有预防火灾的作用。两层高的内环建筑中间是一座高起的祖堂，祖堂为三开间、攒尖顶，是整座土楼装饰物最集中的部位。振成楼中心是一座近乎圆形的敞院，尺寸足以容纳家庭成员举行各种礼仪活动。这个核心空间由四条半室外回廊与外环建筑相连，回廊围合出四座方形天井院，其中两座分别设有一口水井。

振成楼外是一对左右对称的半月形二层建筑，形成一种颇为罕见的组合布局。当地村民认为这一对附属建筑象征着宅主的崇高地位，因为它们恰似封建时代官吏佩戴的乌纱帽。其中一座建筑是林氏家族的私塾，剩下的空间是储藏间与客房。

如升楼

一百多年前由林氏支系在洪坑村上游建造的这座土楼可以算作规模最袖珍的圆形土楼之一。其外轮廓直径 17.4 米，圆形内院直径仅 5.2 米，因紧凑的空间恰似中国古代一种名为“升”的小型圆筒状谷物量具而得名“如升楼”。

与村中的其他土楼不同，如升楼唯一的入口拱门朝向西北方。正对门屋的祖堂面宽仅一间，略微凸出于圆形庭院。庭院地面上铺设着采自附近溪流的石板，院中的水井与白天洒入的阳光使这里成为家庭日常活动的中心。不加粉刷的木构架支撑着各层楼板，一对

2

1

1 建成时间已逾百年的如升楼是规模最小的圆形土楼之一。这张照片展示了从祖堂看入口的景象。如升楼的一层被划分为十二间，祖堂和唯一的入口门屋分别占据了其中一间

2 站在福裕楼（见上节）的主入口内，可以一眼望见村中溪流对岸的如升楼

楼梯将上部两层与地面连通。

关于土楼，人们很容易产生这样的疑惑：为什么它们不像中国的大多数建筑一样采用正方形或长方形，而是采用圆形？在某些地区，方形土楼与圆形土楼的并置清晰地展现出二者之间的演变过程。一旦工匠开始尝试在建筑中使用弧线，圆形结构就会迅速从曲线形结构体系中衍生出来。首先，根据中国古代算术，相同长度的圆形外墙围合的面积是正方形外墙的约 1.273 倍，因而采用圆形外墙能够比直墙节省更多的建筑材料。其次，在圆形结构中，围合室内空间的木构件能够采用标准化尺寸，由此大大降低了木工作业的复杂度。同时，圆形屋顶采用的标准构件可以省去方形屋顶坡面交接处的复杂节点。一些观察者还指出在抵御地震和季节性台风的破坏方面，圆形也优于任何其他形状。此外，在社会关系的组织上，圆形土楼能够比方形土楼更加均等地划分居住空间。由此形成的均等居住面积通过建筑空间的平均化强化了客家社会的平等化特征，与中国建筑中常见的等级化体系截然不同。由于上述种种原因，虽然小型圆楼和小型方楼在各方面的优劣相差无几，但对于大型土楼来说，圆形结构的优势是显而易见的。

登堂须念祖宗功

客家围垅屋

德馨堂、宁安庐 ..... 广东省

在4—9世纪的五次移民浪潮中，黄河中游平原的大量北方人南迁，最初定居于江西省南部的赣河流域，继而不断散播至福建省西南、广东省北部、江西省南部山峦起伏的三角地带。虽然这些移民在各地定居的历史已逾百年，但起源于宋代、字面意思指“外来家庭”的“客家”一名却沿用至今。通常，汉语中的“客家”一词是当地人对外来移民的称呼，但不知为何后来却变成了移民的自称。在整个迁徙乃至定居的过程中，客家人一直刻意维系着相对独立的身份感，最终成为汉族中一个独特的亚文化族群。今天，约有四千万中国人自称客家人，他们将广东省东北部的梅州视为故里，在那里至少有十六个县被认为是纯粹的客家地区。

无论客家移民的先驱者在哪里定居，他们均会在当地建造规模巨大、形象宏伟、结构繁复的民居建筑，一方面是为了抵御族群之间的冲突，另一方面也是为了满足庞大父系家族的生活需求。当上文讨论过的宏大土楼和五凤楼在福建省成为客家民居的典型案例时，广东省东北部的围垅屋[1]虽然名气较小，却同样代表了客家民居中一种独特的建筑类型。在这个客家人占据主流的地区，由于对坚不可摧的堡垒的需求降低，民居建筑形成了一种与众不同的类型。这种类型起源于名为“大夫第”的官府建筑，后者在今天虽然已经消亡，但在

1 此处依据陆元鼎先生的《广东民居》一书，采用“围垅屋”这一说法。——译者注

1 这张照片展示了从建筑群中心的上堂穿过院落看主入口的景象。院落内下凹的地面有利于排除雨水。通常，院内还放置几口大水缸积蓄雨水以供日常使用

2 月牙形敞院从两端向中心逐渐升高，敞院一侧的储藏室和卧室也随之升起

德馨堂等围垅屋通常建造在平缓山坡与平地的交接处。后侧的弧形围屋顺着坡地升起，与低处的半月形池塘前后呼应。这两部分在风水上都有特殊讲究

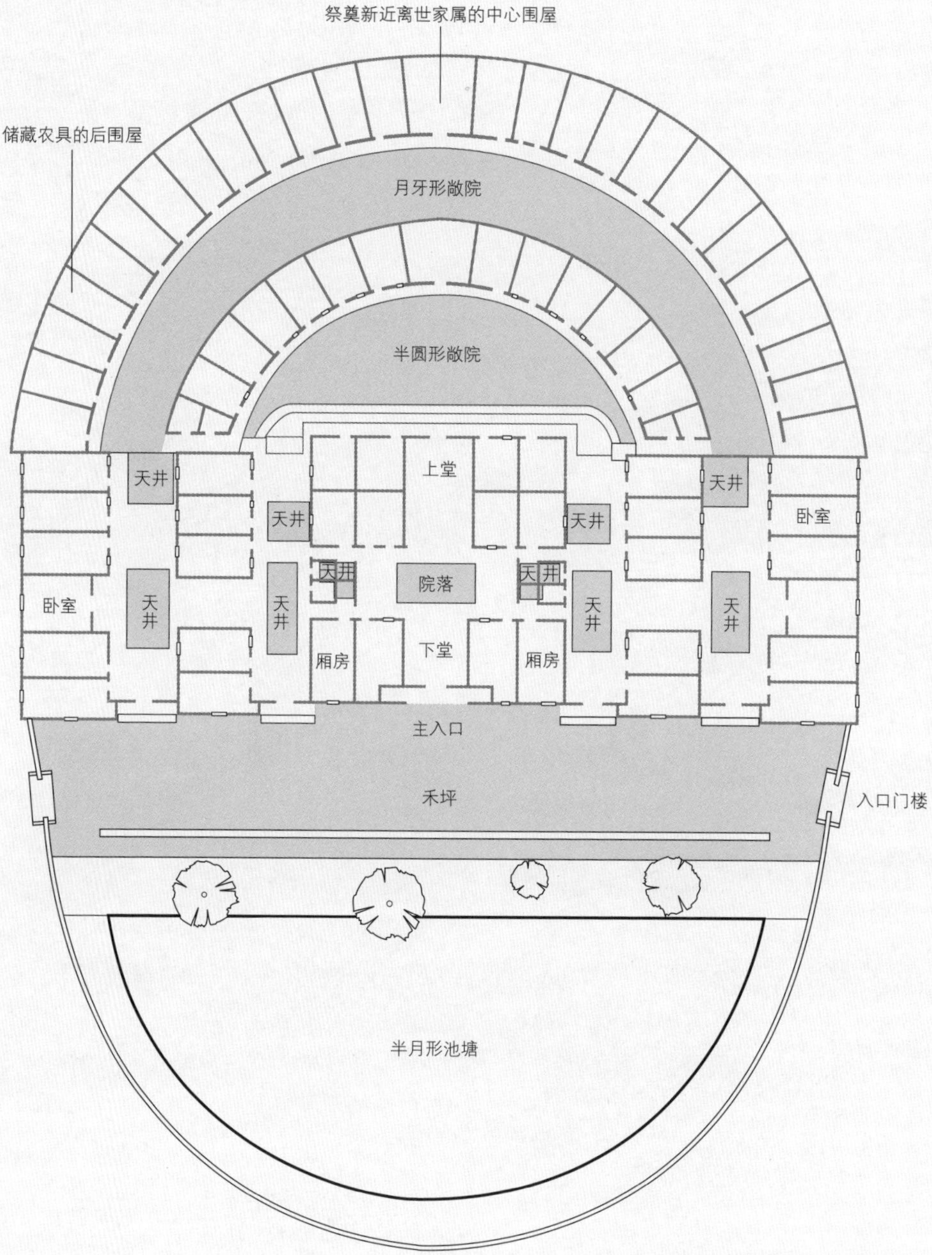
祭奠新近离世家属的中心围屋
储藏农具的后围屋
月牙形敞院
半圆形敞院
上堂
天井
卧室
院落
厢房
下堂
主入口
禾坪
入口门楼
半月形池塘

1 | 2

1　平面图清晰展示出德馨堂前后对称的弧形围屋和半月形池塘。排列有序的厅堂、卧室、天井、厨房反映出曾经居住在这里的十一房子女尊卑有序的家庭生活

2　建筑群正面的一对侧入口之一。在过去，立面正中的主入口仅在礼仪活动时开启，平时只能通过这对侧入口进出建筑群

一千年前的中国北方却是一种颇为常见的住宅类型。

被称为围垅屋的梅州客家民居，通常建造在平缓山坡与平地的交接处，由后侧坡面上的弧形围屋与前侧低处的半月形池塘组成，而这两部分在风水上都有特殊讲究。弧形的后侧围屋使得围垅屋看似一个巨大的希腊字母 Ω 或者“太师椅”，平缓的山坡则能在保护家庭成员的同时引入夏季凉风、组织地面排水。围垅屋这一建筑类型，在融合了传统四合院对称、轴线、等级、围合等空间要素的同时，另有许多独特之处：并置的上、中、下三堂，由前至后逐渐升高的建筑立面以及建筑前侧的巨大池塘。一些人认为，围垅屋前后的两个半圆形组合在一起恰为“太极”之形，这种阴阳互补的圆形图式具有稳定、共生、和谐的寓意。

德馨堂围垅屋

围垅屋中最引人注目的一座要属建于 1905—1917 年的德馨堂。这座围垅屋由现任宅主潘振峰的曾祖父在东南亚致富之后归国建造。与 20 世纪归国的许多华侨

一样，这位富商兴造宅邸的目的并不仅仅是为了炫耀财富，更多的是为了借助住宅表达对传统文化的理解和对子孙后代的期冀。德馨堂意取“明德惟馨”，是一座容纳了十一房子女的巨大建筑群，其中每一房子女按排行分别拥有一处生活空间。这座占地8500平方米、建筑面积1690平方米的民居建筑群，无疑寄托了子孙后代共济一堂的美好愿望。

1 | 2
  | 3

1 天井中一个洒满阳光的温暖角落

2 今天经过清理的上堂似乎仅具有储藏功能，完全看不出这里曾是大户人家的宏伟厅堂

3 随着一天内的光线变化，洒满阳光的天井和半室外回廊为家庭成员提供了舒适的劳作场所

德馨堂建造在一处吉址之上，当初风水先生在选址时不仅考察了地理形势，还计算了宅主的生辰八字。因此，为了避免伤及“龙脉”可能导致的灭顶之灾，德馨堂的施工过程极为谨慎。山坡上的弧形部分貌似一个风扇，扇叶分别由同心圆内弧的十五个房间和外弧的二十七个房间组成。除了外弧正中的“垅厅”（或称为“龙厅”，两种写法均可）面积较大外，每个近乎四边形的围屋间面积完全相等。这个位于正中、比其他房间更宽的垅厅是礼仪空间的所在，其他面积相等的围屋间则平均分配给各个家庭成员。两处相互平行的敞院位于内外弧线之间，其中一处为狭长的月牙形，另一处近似半圆。两处敞院的地面均从中心向两侧逐渐降低，在端部与建筑群中部等高，形成一种地面起伏不平的奇异空间。外侧的月牙形敞院通过一组对称的横屋与前侧的禾坪相连。横屋或封闭或开敞，长度恰与中心建筑的长度相等。每座横屋均设有一对天井，天井由半室外回廊环绕，与建筑群正面的一对侧入口连通。这对略微凹入的侧入口是建筑群的日常出入口。而雕饰华丽的主入口虽然今天任

願後代孫賢子肖文武双全芳名奕奕振
德馨堂
福

由人们出入，但在过去只有举行正式家庭活动时才可以开启。

位于德馨堂中轴线上的一组建筑兼具对称性与等级性，包括正中的两进五开间堂屋以及与之垂直的一对横屋。[1]位于外侧的横屋与天井相邻，为家庭成员提供了舒适的日常活动空间。入口内的下堂和院落对侧的上堂组成了建筑中心的堂屋，主要用于礼仪活动。上堂的两扇后门通向一条狭窄的后廊，再往后即半圆形的围屋区。今天，那些曾经将室内空间装点得熠熠生辉的精美家具和建筑装饰全部荡然无存，证明这座壮丽的建筑在近几十年无疑曾由大量家庭共用，正是他们的日常活动造成了建筑的损耗和破坏。虽然日积月累的废弃物与墙柱上层叠了近一个世纪的纸张污垢已经得到清理，但修复工作仍有待继续进行。

德馨堂入口前的两个空间补全了建筑群对称的椭圆形轮廓。其中之一即禾坪，一块用于家庭活动、晾谷、打谷、扬谷的长方形空场。犁、耙、扬谷机等农用器械就近存放在禾坪附近的房间内，方便随时取用。从外部进入建筑群时，首先需要穿过禾坪，然后才能从建筑正面的主次入口进入室内。紧邻禾坪的是一座半

1 堂屋、横屋和围屋是客家围垅屋的基本组成。堂屋是与主入口平行的厅堂，最简单的为两进，前进称“下堂”，后进称“上堂”。规模大的堂屋可以是三进。横屋与堂屋垂直，对称布置在堂屋两侧，其数量可以多至六座。围屋是堂屋和横屋后侧的半圆形杂物屋，围屋正中的房间称为“垅厅”，其余房屋称为“围屋间”。详见陆元鼎等：《广东民居》，北京：中国建筑工业出版社，1990年，第81—92页。——译者注

1 2 | 3 4

1 新年时粘贴的五张红纸象征着“五福”。五福红纸的上方贴着一张题有“财源广进”四字的春联

2 祈求关帝保佑的护符。关帝在中国人心目中是正义、力量和忠诚的化身。这种护符通常粘贴于新年伊始之时，但也可以随时“请回”家中

3 在曾经由大家庭共享的厨房里，今天各个小家庭生起了各自的炉灶

4 德馨堂的所有建筑入口处均布满彩画、浮雕等装饰物

月形池塘。作为选择风水吉地和确定建筑尺寸的重要环节，池塘的位置和尺寸由风水先生全权决定。除了风水方面的作用，这座池塘同时提供了洗衣、灭火的水源。池塘之外是一望无际的水稻田，在不同季节投射出各种绿色或金色的光彩。建筑群的外墙完全不开设窗口，因而正面的主次入口和内部的天井敞院就成为建筑群通风和采光的唯一通道。

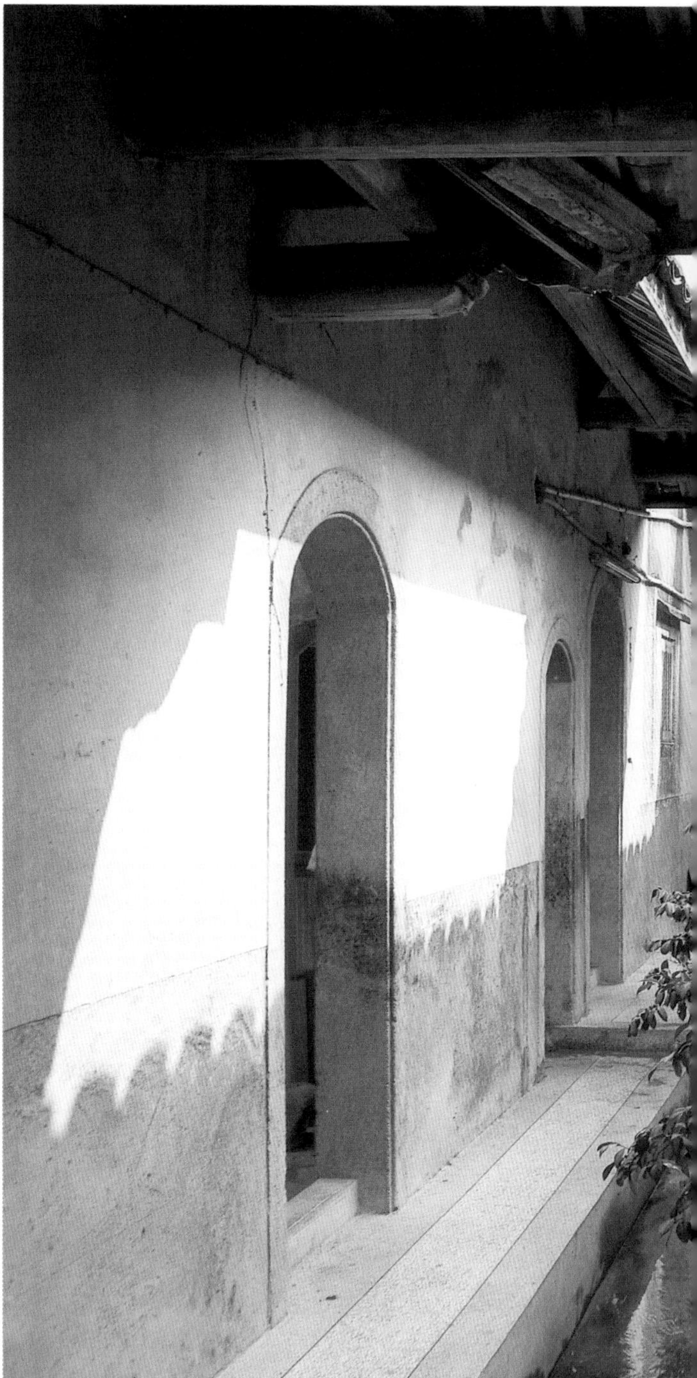

福建省、广东省、江西省各地的客家民居在中国传统建筑中可以算是造型最独特的。当各地建筑呈现千篇一律的长方形时，这里却留存了大量正方形、圆形、拱形、五边形、八边形甚至马蹄形的实例。其中许多建筑以多层或部分采用多层的复杂形式，彰显出精湛的建造技艺与精巧的规划布局。更令人意想不到的是，传统建筑工匠虽身处偏远山村，却能够熟练运用单元化的建造手段与整体化的比例控制，通过不断复制简单的结构单元建造出宏伟巨大的建筑组群。此外，八卦等宇宙图式在平面组织上的运用，不仅为建筑布局赋予了丰富含义，而且满足了家庭生活的各

在回廊中可以看到一条由院落和廊道组成的空间序列，通向随山坡升起的后围屋

项功能需求。只不过对于大多数象征着某种宇宙图式的奇异图案来说，其中蕴含的深奥意义仍有待继续研究。

宁安庐围垅屋

梅州地区的围垅屋，因家庭需求与经济状况的不同而规模各异。小型围垅屋后部仅一条围屋，而大型围垅屋的围屋则可多至两三条。堂屋的数量也会随着围垅屋整体规模的增大而增多。在一些地区，规模巨大的单座围垅屋就能构成一整个村庄，而另一些客家聚落则由多个围垅屋聚集而成。

梅州市南口镇的宁安庐是容纳适量人口的小型围垅屋的一个典型案例。这座规模适中的建筑建造在平缓山坡上，尽可能不侵占农田。完全不设置窗口的外围墙和坚实的入口大门为家庭成员提供了必要的安全保护。宁安庐的外墙由黏土类材料夯筑而成，成分包括大量黏土、沙子和石灰。木制或石制结构柱支撑着建筑屋顶，室内隔墙并不承重。弧形的单条围屋与建筑前部的池塘前后呼应，组成了对称的纵长轮廓，使得宁安庐无论从正面还是侧面望去，均显得宏伟而壮观。

除了形态独特的广东省梅县客家围垅屋与福建省西南部的大型客家圆楼之外，在广东省深圳市边界线另一侧的中国香港城区以及江西省南部的整个赣江流域，还能发现许多形态更为特殊的院落式民居及民居建筑群。过去这些零散分布在人烟稀少地区的民居建筑，今天则呈现出大量群聚之势，在方形、圆形、拱形院落的基础上发展出各种椭圆

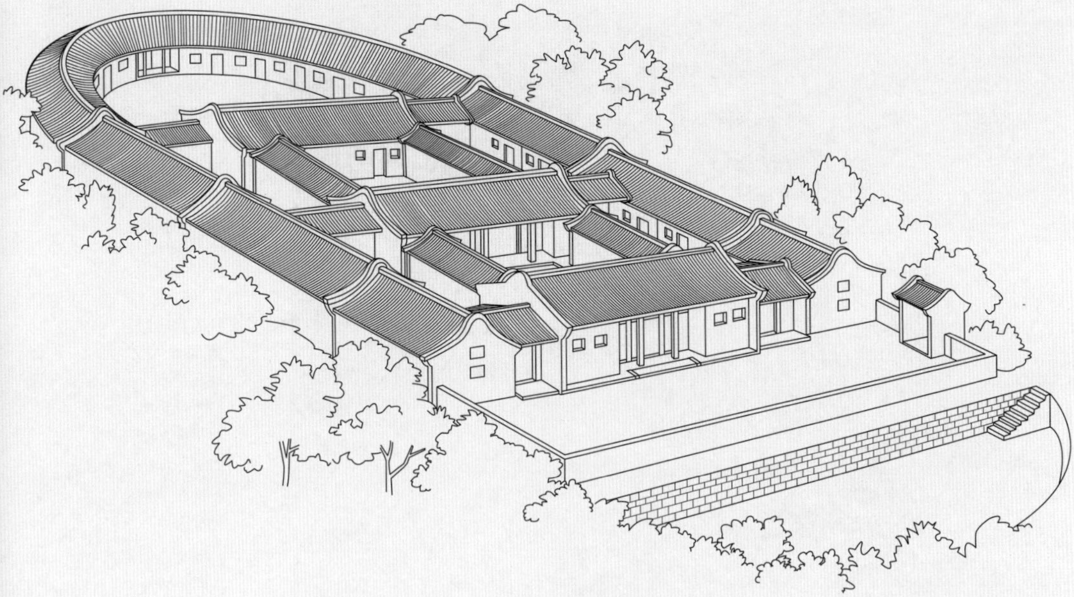

1 这张透视图中的宁安庐围垅屋虽然规模适中，但具备大型围垅屋的所有典型特征

2 这张侧立面图清晰展示出宁安庐纵长的建筑轮廓，其中即包括顺着地形逐渐升起的后围屋

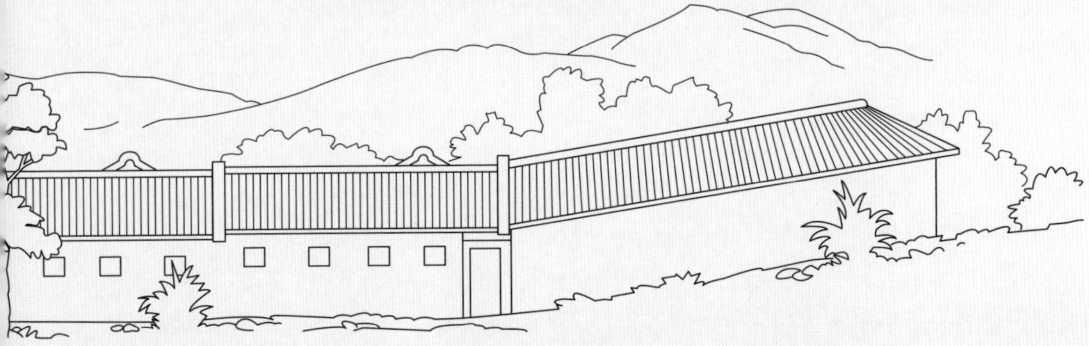

1	2
	3

1 照片中的山墙墙头采用了五行中的“木式”（在潮汕地区，客家民居的山墙墙头有五种形式，即金、木、水、火、土五式。过去在建造住宅时，需要根据阴阳五行和宅主的生辰八字选用相应的山墙形式。详见陆元鼎等：《广东民居》，北京：中国建筑工业出版社，1990年，第196—197页。——译者注）。山墙的圆形气窗上方装饰着一只象征福运的蝙蝠

2 宁安庐西南角的外墙上设有三个透雕石板窗，能够为室内引入新鲜空气

3 凹入的门屋外墙仿佛一块画布，不仅绘满彩画，而且贴满各种寓意吉祥的护符，如门扇上的门神画像和门框上的五福红纸

形、半圆形、五边形、八边形、马蹄形甚至半月形的建筑群。此外，在中国香港农村，这个与相邻的广东省具有许多语言文化共性且历史上曾属广东省管辖的地区，如今也发现了不可胜计的院落式民居建筑，其中一些也是由客家人及其后裔建造。

满院春光
四海黄金皆遗产

量懷廬
量容四海

清代官府
文颂銮宅

..... 中国香港特别行政区

新界作为车水马龙的香港城区之外一处慢节奏的生活区，在近几十年间经历了一场巨变。五十年前，新界的大部分区域仍由低地中的乡村和市镇组成，以种植水稻和养殖水产的农业人口为主。然而到了20世纪70年代，进城和出国务工的大量人口导致许多古村遭到废弃，仅剩老人和儿童留守村中。过去由邓、侯、彭、廖、文五大氏族在这里建立的社会经济体系不断遭到瓦解：住屋被废弃，高墙环绕的村落鲜有人烟，从各处散落的民居、祠堂、寺庙、神龛、书斋、城垛以及唯一一座砖石小塔等传统建筑中，仅能约略感受到一丝传统生活的气息。于是，一些香港人士有感于传统村落破坏之迅速，付

条石和烧砖砌筑的坚固外墙上仅开设主入口和一对供日常使用的侧入口

一层平面图

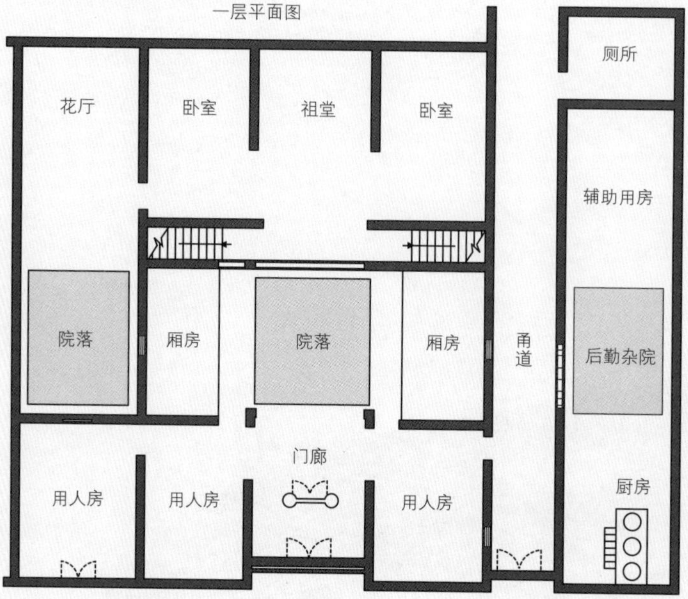
厕所
花厅
卧室
祖堂
卧室
辅助用房
院落
厢房
院落
厢房
甬道
后勤杂院
门廊
用人房
用人房
用人房
厨房

二层平面图

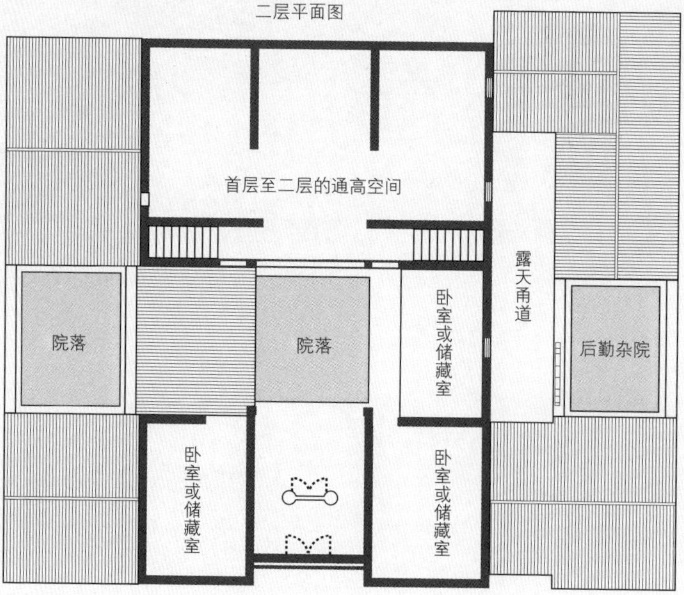
首层至二层的通高空间
露天甬道
院落
院落
卧室或储藏室
后勤杂院
卧室或储藏室
卧室或储藏室

出大量心血以保护不断减少的建筑遗产，试图培养当地人的文化认同感与自豪感。“大夫第”即其中一处保护工作开展较早的成功案例。这座位于元朗区新田永平村的传统民居于 1987 年被颁定为香港法定古迹。

文氏作为五大族中最后一个抵达深圳河南岸的氏族，15 世纪定居于香港新界西北角，成为当地最早的居民。在这里，文氏祖先将一大片低洼湿地开垦成农田，在半盐碱的贫瘠土地上种植一种耐受性较强的红米。他们将这个由文姓单一氏族组成的村落命名为“新田”，虽然这里后来逐渐发展成八个聚落，但“新田”这一名称却沿用至今。新田的大

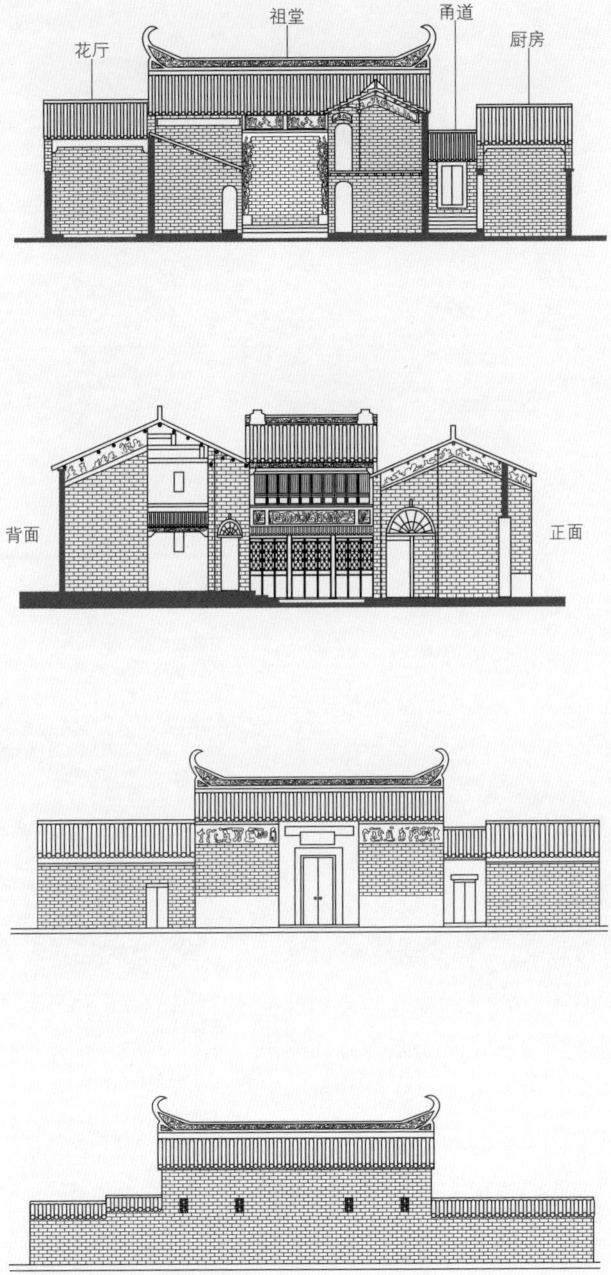

1 | 2

1　一层平面图（上图）展示出大夫第对称的中心建筑与两侧非对称的附属建筑，其中一座附属建筑由通往厕所的甬道、厨房和后勤杂院组成。相对私密、干燥的二层空间（下图）既可用于储藏，也是女性窥视访客的隐蔽空间

2　从上到下依次是大夫第的横剖面图、纵剖面图、正立面图、背立面图

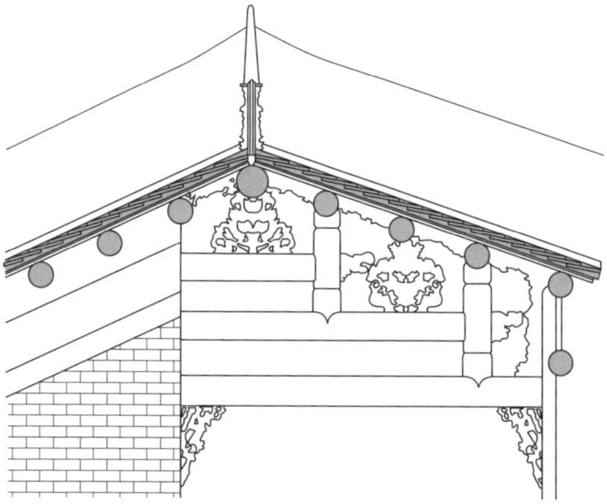

多数聚落由一两排砖房与几口水井组成。砖房紧密排列，以砖墙相隔，水井则为妇女们提供了白天聚会的场所。砖砌的围墙与门卡重重的甬道为文氏抵御外族提供了安全防卫。经过不断发展，聚落中先后建成了五座寺庙形制的华丽祠堂与十五座书斋，以满足文氏不同支系祭祀祖先的礼仪需求。

在文氏建造的传统民居中，有一座“官府”在新田简陋的农舍中鹤立鸡群。这座独立式民居被称为“大夫第”，高贵简约的风格与精致优雅的装饰使其成为19世纪多院落官员宅邸的一个杰出代表。

大夫第由文氏的第二十一代传人文颂銮于1865年建造。通常，“大夫第”这一名称专指清代五品以上官员的宅邸。在清代，只有官阶达到五品以上的官员才能受封“大夫”，这个最高级别的官员头衔在英文中有时也译作“官吏”（mandarin）[1]。大夫第祖堂入口上方悬挂的两块红色牌匾，铭刻着清代光绪皇帝1875年册封文氏为“大夫”的汉满双语册文。然而，这一册文仅能证明文颂銮在经商和慈善方面的成就，因为文氏从未科举及第，而是通过纳捐的方式购买了这一头衔，据传购买头衔所需的大笔黄金是他在海盗藏金洞中意外发现的。[2]“大夫第”的“第”字意指“宅第”。在中国的其他地区，进士

1 此处原文将“大夫第”与“进士第”等同，二者虽然都是标榜宅主地位的荣誉称号，但具体内涵不同。在清代，“进士第”专用于表彰在科举考试中取得最高头衔“进士”的官员，而“大夫第”则是五品以上官员才能使用的匾额题名。相比之下，“大夫第”的宅主官职地位更高，据改。——译者注

2 另有说法记载文颂銮不仅长袖善舞，而且乐善好施，深得乡党推重，因而得清朝皇帝赐封大夫衔。详见中国香港古物古迹办事处的《大夫第、麟峰文公祠》，2016年4月编印。——译者注

1 2 | 3

1 中国东南地区高级民居的正脊普遍采用上扬的脊线和繁复的装饰

2 这张剖面图展示出大夫第的建筑结构和屋脊装饰

3 站在入口处能够看到屏门对面的院落与祖堂

宅邸有时也称为“进士第”，题刻在入口上方的小块匾额上。

大夫第壮观的入口立面由三开间的中心建筑与两侧的附属建筑组成，附属建筑低于中心建筑且略向后退。整组建筑的花岗岩台基和墙面的灰砖花纹完全对称，位于正中的主入口与通向附属建筑的一对侧入口又进一步加强了对称性。此外，正脊和檐口的装饰带也采用相似的对称构图。与广东省各地的民居、祠堂、寺庙中使用的陶塑一样，这些透雕装饰物全部产自著名的佛山石湾窑。它们与彩色装饰带配合，为整座建筑渲染上艳丽的色彩与丰富的寓意。

虽然大夫第中心部分平面对称且有一条中轴线贯穿门廊与祖堂，但其总平面布局却不像中国大部分民居那样严格对称。进入位于正中的主入口后首先来到门廊，一面屏门在这里遮挡住人们的视线。绕过或者穿过打开的屏门就来到一座宽敞的院落，院落

1 2
3

1　这座月亮门是从甬道进入后勤区域的入口

2　设有砖砌灶台（照片左侧）的厨房一角

3　大夫第在香港“别墅”中虽然算不上奢华，但它所代表的 19 世纪多院落官员宅邸却极为罕见

两侧是厢房。用人的服务空间位于紧靠门廊两侧的一对小屋之内。

在宽敞院落的对面，一座宏伟的祖堂伸展在厢房的卧室之间。祖堂入口处最引人注意的元素当属一组装饰繁复的“U”形木雕花格，花格上方悬挂着清代政府御赐的一对水平牌匾和一块垂直匾额。祖堂后墙上悬挂着文颂銮、文夫人及其他文氏亲属的画像。从堂内仅存的几件红木家具中，可以想象这座厅堂在19世纪末的奢华景象。祖堂两侧是卧室，卧室楼上隐蔽的二层空间既是储藏室，也是年轻女性窥视访客的私密空间。

一座幽静狭长的花厅紧邻祖堂，外侧围绕以独立院落，成为宅主沉思自省的隐逸之所。这个空间内的大量装饰都具有励志的寓意，如溯流而上的鲤鱼浮雕与镂空花窗两侧的书法对联。奋游

1 | 3
2

1　一组“U”形木雕花格将祖堂入口装饰得富丽堂皇。花格上方悬挂着清朝政府御赐文颂銮的一对水平牌匾和一块垂直匾额

2　年轻女性可以在祖堂二层窥视下面的访客和礼仪活动。案桌上方悬挂着文氏先祖的画像

3　花厅前侧紧邻一座长方形院落，院中具有励志意义的装饰物使其成为一处适于冥想和放松的精神性场所。砖雕影壁上方题刻的“玩月”二字提示这个空间同时是玩赏月色的好去处

玩月

的鲤鱼象征成功必备的坚韧意志和金榜题名的美好愿望。一座装饰华丽的砖砌影壁位于这座封闭院落的端头，影壁上方题刻的“玩月”二字提示这个空间最适合于玩赏月色。

一条直通室外的通长甬道通向独立的附属建筑。这个区域是大夫第的后勤空间，厕所即位于这里的后侧角落。这座狭长的建筑以一扇精美的月亮门与甬道连通，由一间厨房、一间侧室与一座后勤杂院组成。与其他中国传统厨房一样，这里的宽大砖砌灶台也足以容纳火灶上的大铁锅以及铁锅旁的各种陶制炊具。沿侧墙设置的空心圆木专门用于榨制花生油。

大夫第最与众不同的特色之一在于其丰富华丽的装饰，其中一些西方风格的装饰物反映出19世纪后半叶香港越发国际化的历史进程。在中国传统的木雕和陶塑之间，彩色玻璃窗、洛可可式的石膏线脚等风格混杂的装饰元素渗透着来自西方文化的影响。与此同时，传统装饰物如象征平安的双狮戏瓶图案以及种类繁多的花、果、叶等吉祥饰物，在大夫第中也随处可见。

当香港古物咨询委员会于1978年评定大夫第具有文物保护价值时，这座由两户家庭占据的传统民居已经显示出种种构件腐坏与结构塌落的迹象。经过与文华章堂（Man Wah Cheung Tong）各司理的一场漫长谈判，大夫第最终于1987年开始了全

1 2
3

1 入口门廊的两面侧墙上分别装有一块半圆形彩绘玻璃，玻璃上方的洛可可式石膏线脚反映出19世纪后半叶香港越发强烈的西方文化影响。这些异质的装饰元素与传统的木雕和陶塑并置，是大夫第的一大特色

2 祖堂的两面侧墙高处分别绘有一艘载着四位仙人的小船，合起来组成八仙过海的寓意

3 祖堂檐廊两侧的一对拱门装饰有西方风格的石膏线脚

面的保护工作。修复工作花费了近一年时间，包括替换腐坏的木材和破损的砖石、清理墙面涂料和其他装饰物、修复木构架、重铺破旧的屋面瓦等。坐落在大夫第近旁的麟峰文公祠是另一座约建于17世纪末的古建筑。今天，从香港中心城区乘坐公交车和出租车可以很方便地游览包括大夫第、麟峰文公祠在内的历史古迹。

距离新田不远处还坐落着五大氏族创立的其他几个古村落。其中一个保存较好的村落是屏山，由邓氏先祖始建于12世纪。1993年由香港古物古迹办事处资助的屏山文物径作为香港首条文物参观线路，在1千米长的路线上为游客展示了屏山内的古庙、古井、古树、古书斋、古社坛、古祠堂，其中名为上玮围的古围村至今仍有村民居住。虽然充斥在这条小路沿线的现代多层别墅和车辆使得屏山作为古村落和古建筑遗址的传统氛围所剩无几，但通过这条文物径上的每一座传统建筑，游客仍能感受到些许邓氏家族曾经的生活气息。

四川北部古城民居

马家大院、秦家大院 ..... 四川省

阆中市位于四川省东北部，被誉为四川省历史最悠久、地理环境最优越的城市之一。从城南的锦屏山向北望去，蜿蜒的嘉陵江从东、西、南三面将阆中市紧紧环抱。正因为这里背倚层岭、三面环江、前据锦屏的地理形势，阆中市被公认为风水格局最理想的中国城市之一。阆中采用正南正北的城市方位，主要建筑均面朝南方，遥对嘉陵江对岸的锦屏山。虽然阆中的建城历史最早可追溯至公元前3世纪的秦代，但实际上直到7世纪的唐代，阆中才开始在现在的城址营建矩形城墙。如今唐代城墙与四座城门已经荡然无存，但是据说城中的街道布局和商铺建筑仍保留着唐代建城时的风貌。其中保存较完整的区域位于东门外，这片占地近1.5平方千米的密集街区据说由多达九十二条街巷组成。

站在36米高的华光楼上俯瞰阆中古城，单层建筑的瓦屋顶在城墙外连接成一片灰色的“海洋”，在街巷两侧排列规整的“海面”上，穿插着一个个大小各异的院落和天井。由商铺和作坊组成的商业区与环境清幽的居住区相互隔离，但商人的住宅一般紧邻店铺。包括民居、商铺、会馆、寺庙和一座贡院在内的一千余座古建筑沿街而立，出挑的屋檐不仅能够保护立面上的木材不受雨水侵蚀，同时为行人提供了遮风挡雨的步道。在夏季，街道上用竹杖支撑起一个个遮阴的帆布棚，棚下摆满商人从店铺内搬出的琳琅商品。

1
2

1 站在高处俯瞰阆中古城，低矮的屋顶连接成一片灰色的“海洋”，一个个大小各异的院落和天井穿插在海面之上

2 阆中古城的石板街巷组成了一张秩序井然的网格

中国名
保宁醋

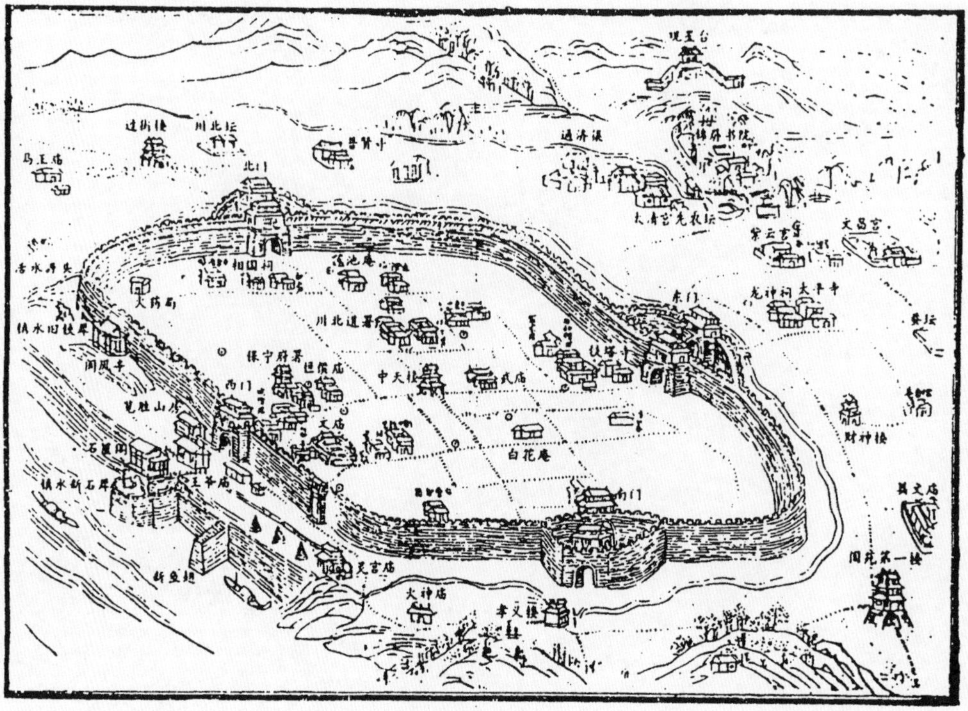
观星台
过街楼
川北坛
马王庙
北门
通济渠
锦屏书院
先农坛
文昌宫
相国祠
莲池庵
东门
川北道署
保宁府署
阆风亭
西门
中天楼
武庙
文庙
白花庵
财神楼
南门
灵官庙
孝义楼
阆苑第一楼

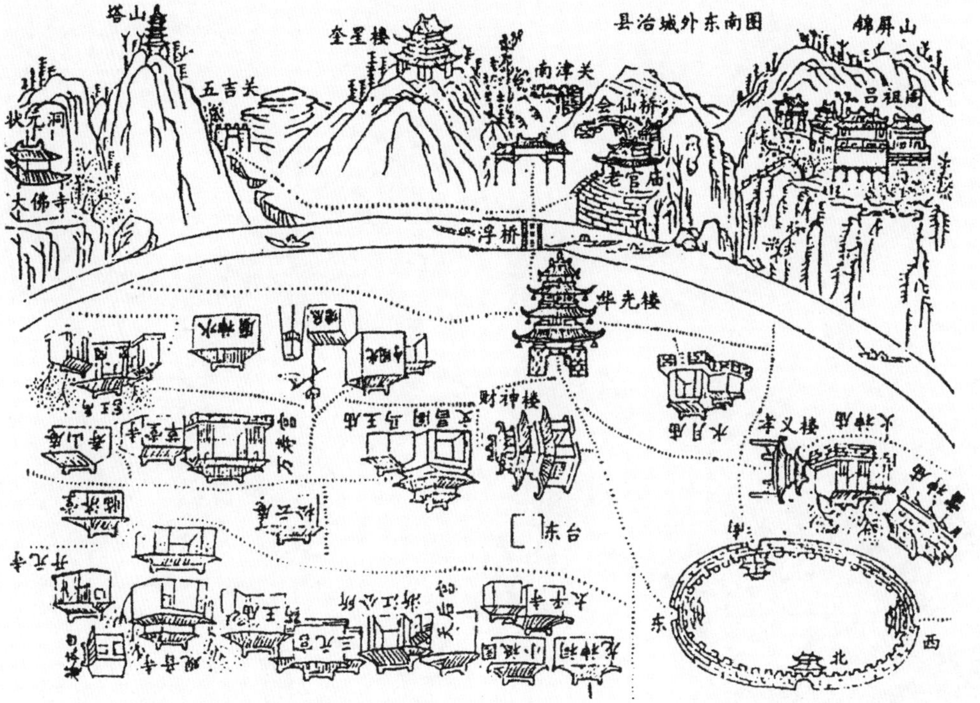
县治城外东南图
塔山
奎星楼
锦屏山
南津关
会仙桥
吕祖阁
状元洞
大佛寺
老官庙
浮桥
华光楼
财神楼
东台
东
北
西

1 | 3
2 |

1　阆中作为中国风水格局最优越的城市之一，其地理形势清晰地展现在1871年绘制的这张城南鸟瞰图上。这张图以表现19世纪的建筑和城市格局为主，但图中的城墙据说始建于7世纪的唐代

2　这张舆图展现了环抱城镇农田的嘉陵江以及城南锦屏山上星罗棋布的名胜古迹，这些古迹见证了阆中古城深厚的历史文化积淀。在这张图上，著名的华光楼位于阆中城外

3　几个世纪以来，36米高、飞檐翼角的华光楼一直是阆中古城的标志

阆中古城的大多数传统民居仍由原先的住户所有，每年接待的游客数量也十分有限。由于古城内几乎没有一座现代建筑，在这里能够感受到强烈的传统生活氛围。狭窄的街巷无法容纳公交车和私家车，只有行人、三轮车、自行车四处穿梭。电线杆和一套简易的排水系统为古城居民的生活提供便利。与四川省的其他城镇相似，阆中的传统文化也少不了茶馆和定期举行的集市。在古城的街道上，随处可见流动的摊贩和手艺人，他们在街边磨剪刀，回收纸箱、水瓶、金属罐，售卖水果蔬菜，修剪头发，其中多数项目是为那些天天留守在家的妇女服务。阆中的当地人离不开一种食品——保宁醋。在这里的商店中可以买到不下二十种保宁醋。当地人将整杯的保宁醋当作日常饮品，这种由麦麸发酵制成的醋据说具有保护内脏的神奇功效。在阆中的饭桌上，通常每人面前摆有两个杯子，一个用来喝酒，另一个则专门用来盛放这种有时被称为“阆中茶”的黑醋。

在阆中古城中，有几座传统民居几乎维持着初建时的原状，既躲过了政治运动的盲目破坏，也不曾由大量家庭共用。甚至一些豪门大户建造的大院至今也仍然由年迈的原宅主自行看管。在旅游业的推动下，虽然一些传统民居改造成了旅馆，但大部分历史区域尚未引起游客的注意。杜家大院、张家大院、胡家大院、孙家大院、孔家大院均是保存较好的传统民居，但限于篇幅，本文仅重点介绍马家大院与秦家大院。遗憾的是，这些民居都没有留下相关的文字史料。

今天这座被称为马家大院的民居，相传由一位来自广东省的移民建造，他17世纪迁至阆中，正值中国人为谋生不得不长途迁徙的动荡时代。最迟到1895年，这座宅院被转卖给马氏家族。矩形大院的中轴线上坐落着三座相互平行的建筑，靠外侧的两座为双坡顶，最后一座为单坡顶。紧邻街道的第一座建筑面宽四间，在中国非常少见。因为在大多数中国人看来，四开间不仅不对称，而且还具有与“死”相似的不祥谐音。这座建筑的四个开间中有一间是宽阔深邃的入口门廊，剩下的部分由相邻的六个房间组成。穿过这座建筑就来到

1 今天的阆中古城保留了大量传统商铺，沿街而立的商铺木门板可以彻底拆除

2 在马家大院的这座窄院内，四周的坡屋顶将雨水汇入院内

一座敞院，敞院对面是巨大的开敞式堂屋。卧室位于敞院和后院的厢房之中。今天，大院里的每一个房间都空无一物，虽然干净整洁但缺少家具饰品中蕴含的生活气息。两侧厢房的花格门窗与结构构件雕饰精美。马家大院的一个与众不同之处在于其木雕花格窗上镶嵌着半透明的云母薄片——一种当地盛产的晶体矿石。除了两座敞院，民居内还穿插着三座天井。厨房和厕所位于最后排的建筑中。后院里的一座木梯将人们引向二层，据说这里曾经是马家的娱乐空间。在四川民居中，这种建于高处的房间通常被称作“望远楼”，它的重要性从中轴之上、堂屋之后的优越位置中可见一斑。在马家大院二层的望远楼上，可以将远处的锦屏山尽收眼底。遍布整座民居的大量结构性和装饰性木材彰显了宅主的雄厚家财，只可惜具体的建造情形我们不得而知。与遍布

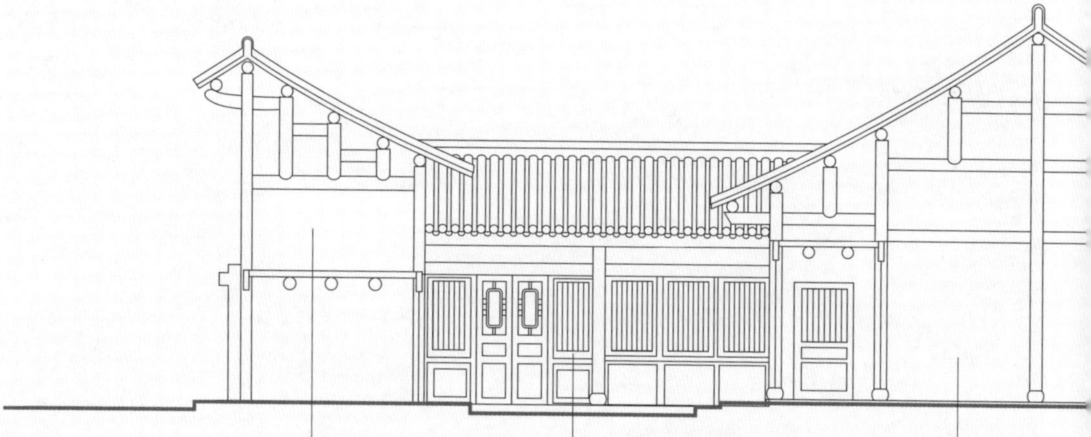

1 | 4
2 3 | 5

1 马家大院的纵剖面图展示出民居中轴线上的两座敞院和三座穿斗式建筑。从图中可以清楚地看到各个建筑采用的穿斗式木构架

2-3 马家大院内镶嵌云母的门窗特写和全景。镶嵌在精美花格中的半透明云母薄片来自当地盛产的一种晶体矿石，有别于中国民居中常见的窗户纸

4 从平面图上可以看到，马家大院包含一座奇异的四开间建筑、两座敞院、几座小天井和最后侧的两层“望远楼”。在这座望远楼中，不仅能将远处的锦屏山尽收眼底，还能时不时地欣赏到南方夜空中的明月

5 这张立面图表现出入口立面的非对称式构图以及砖、瓦、木等建筑材料的肌理

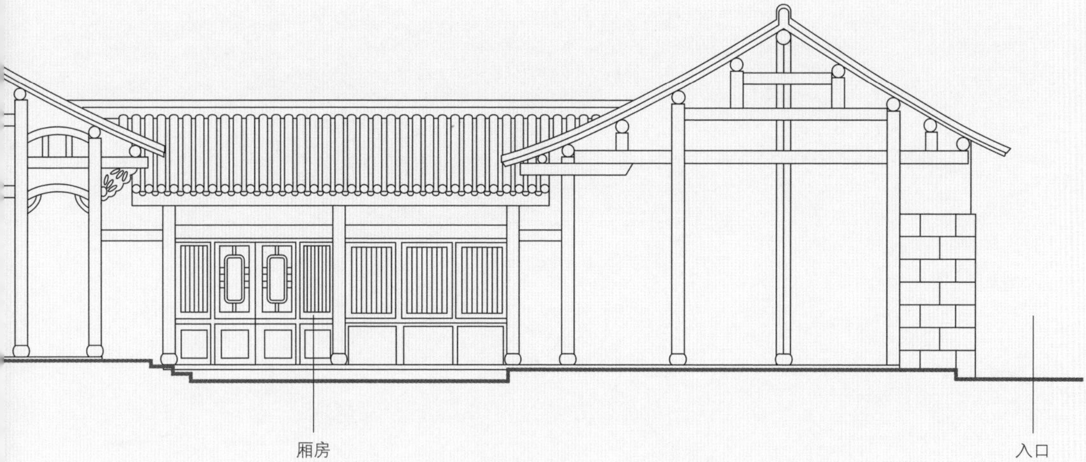
厢房
入口

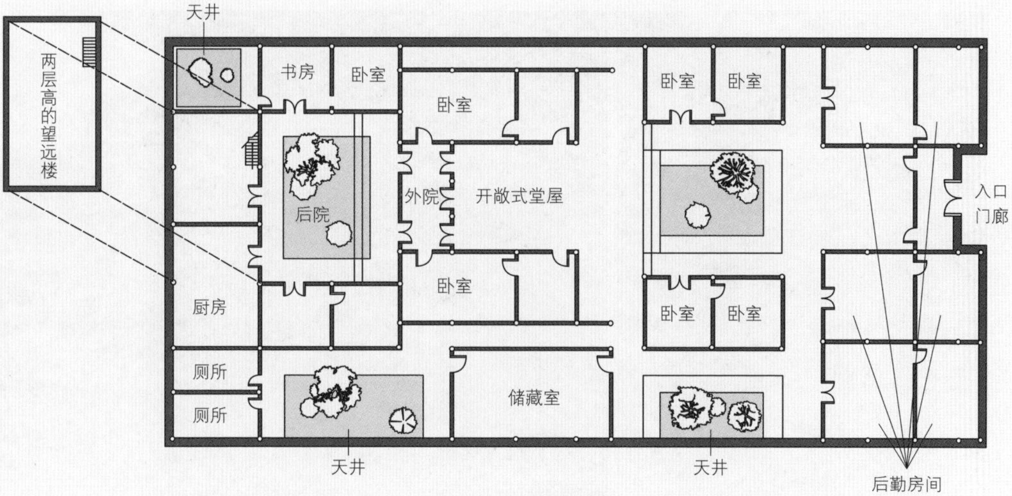
天井
两层高的望远楼
书房
卧室
卧室
卧室
卧室
后院
外院
开敞式堂屋
入口
门廊
卧室
卧室
卧室
厨房
厕所
厕所
储藏室
天井
天井
后勤房间

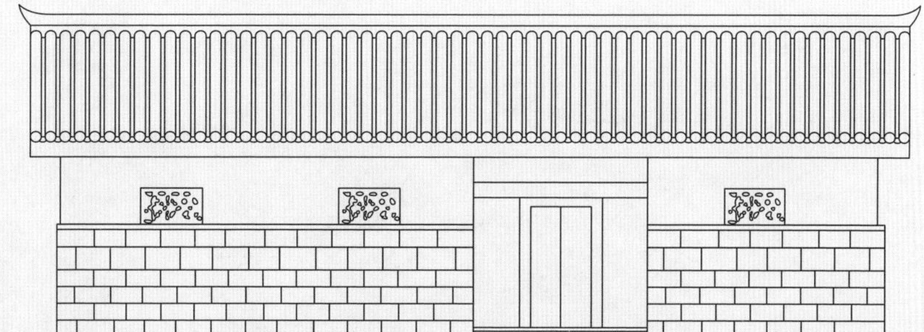

1 2 | 5
3 4

1 马家大院空无一物的开敞式堂屋利用穿斗式木构架形成了较大的进深和高度

2 这座厢房立面由四扇可以拆除、开闭的门板与四扇固定门板组成

3 支撑房梁的卷草纹木雕构件

4 一扇花格门上象征长寿的菊花图案。菊花图案下方是一对相互交错的圆环。这两个装饰性木雕同时具有支撑门扇木桯的作用

5 这个低调的入口门廊背后是占地广阔的秦家大院

四川省的农舍相似，马家大院的建筑也利用穿斗式木构架获得了较大的进深，其中靠外侧的檐柱和金柱[1]发挥着稳定整体结构的作用。位于建筑群中心的堂屋比其他建筑更宽、更深、更高，由此强调出它的中心性与重要性。

秦家大院与马家大院布局相似但规模更大，总占地面积达1000平方米，由多达三十间房间组成。与马家大院一样，这座民

[1] 檐柱，指木构架建筑最外圈的结构柱；金柱，指位于檐柱内侧的结构柱。檐柱和金柱组成了建筑平面的外槽。——译者注

秦家大院
秦磚漢瓦魂唐宋格局明清貌

艸堂人日我歸來
春風公占却

1 堂屋内的家具和装饰物还原了20世纪初秦氏家族的生活情景

2 在秦家大院的第二进内院周围，檐廊保护着立面上的木板免遭雨淋

居也是先由王姓宅主建造，后于19世纪晚期转卖给由甘肃省迁入的秦氏家族。1935年，这座建筑群被当地红军用作总政治部，1949年又成为保宁县政府的办公场所。可能正是政府部门的利用使得这座建筑躲过了包括“文化大革命”在内的数次浩劫。秦家大院后于2003年中期向游客开放。

从紧邻街道的入口门廊进入秦家大院之后，首先来到一座长方形敞院，敞院两侧分别是一座厢房。厢房的门板与常见的通高花格门一样，也可以彻底拆除以形成室内外连通的开敞空间。游客必须跨过一道门槛才能进入高敞的堂屋。堂屋内设有一整套硬木家具，大小相配的桌椅摆放位置完全对称。这座民居内的门窗花格尤为精美，且保存完好。无论在家具、门窗扇上，还是在屋檐下的额枋高处，遍布各处的装饰物均具有吉祥的寓意。例如，门窗扇的上部采用几何形开口以获得最大的通风，下部则在实木板上雕刻着浅浮雕的寓言故事。

秦家大院内院与入口敞院均铺有块石。院落周围的檐廊保护着立面上的木板免遭雨淋。在这里，几棵大树的茂密枝叶为妇

1

2 3

1　当花格门完全打开时，华丽的门扇在连通的室内外空间中发挥着重要的装饰作用

2　本页图 1 门扇上的浅浮雕特写。五只相互交织的蝙蝠与“福”谐音，象征着由“寿”“富”“康宁”“攸好德”“考终命”组成的“五福”

3　秦家大院敞院周围的檐廊使人们在大雨倾盆时依然可以在建筑之间穿行

女儿童提供了日常活动所需的私密感。据说，阆中大院最常见的两院式平面布局恰好组成了一个“多”字，表达了对“多子多孙”的祈求。

阆中传统建筑的保护复兴工作从20世纪80年代后期就轰轰烈烈地拉开了帷幕。由于越来越多不和谐的现代建筑出现在古城中，对传统风貌带来了持续的冲击，于是致力于古建筑保护的当地有识之士开始要求政府制定保护政策，以规划古城的未来发展，并借助旅游业推动古城复兴。

最近，建议阆中市向联合国教科文组织申请成为世界文化遗产的呼声越来越高。十年前，在阆中市八十六万的总人口中，约有三万人生活在古城中。随着约一万人渐次从古城迁出，不仅这些居民的生活条件大为改观，传统建筑的损耗也得到了缓解。可能影响古城风貌的电话、电线杆等现代基础设施尽可能埋设在地下；排水设施进行了升级；穿插在传统建筑中的现代建筑被依次拆除，代之以风格统一的仿古建筑。不仅如此，阆中市与中国的许多地区一样，也开始关注对当地民间艺术和传统手工艺的保护，因为这些非物质文化遗产与传统建筑一样，也面临着永远消亡的危险。

清代大院与明代简舍
乔家大院、丁村民居 ..... 山西省

在山西省，我们可以同时看到中国最壮观的清代大院与最简朴的明代民居。它们散落在山西省中部和南部，所在之地虽然现在看似荒无人烟，但在古代却代表了繁忙商路沿线的最佳建筑选址，只不过这些选址的具体地理优势仍有待继续研究。大院的出现无疑证明了山西省曾经高度发达的商业文化与财富积累，但今天当煤矿业和水泥业等现代污染工业迫使这里的人们不得不在灰蒙蒙的天空下呼吸呛人的空气时，过去的辉煌早已一去不复返。幸运的是，随着中国政府大力推行经济发展政策，现存的山西商人宅邸及其所代表的古代商业成就近年来又迎来了新的关注。

中国长距离贸易网络的研究尚处于起步阶段，至今仍无法解释过去五个世纪中个人商业行为与国家经济政策在经济发展中的不同作用。对于那些偏远地区的巨型大院，究竟是什么促使了它们的设计建造更是一个不解之谜。就目前所知，最早的一批商人通过暴利的食盐贸易掘得第一桶金之后，继而将生意拓展至铁器、棉花、大豆、茶叶、丝绸等领域，最终于19世纪建立了以当铺和票号为代表的巨大商业帝国。明代，山西商人因山西省古称“晋”而得名“晋商”，其财富积累的主要手段包括为驻守北方长城的军队运送粮食以及在盐业贸易中垄断经营权。其中涉及的长距离贸易，以远达蒙古和俄国边境的商路为代表，在16—18

乔家大院的每个宅院入口处都有一座综合利用砖、木、瓦等各种材料建造的精美门楼

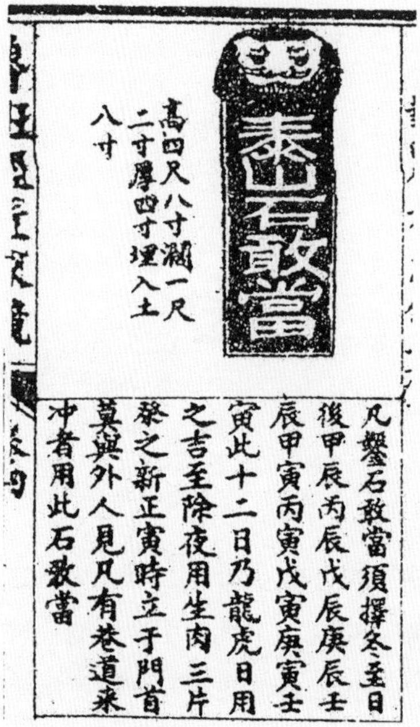
泰山石敢當

高四尺八寸濶一尺二寸厚四寸埋入土八寸

凡鑿石敢當須擇冬至日後甲辰丙辰戊辰庚辰壬辰甲寅丙寅戊寅庚寅壬寅此十二日乃龍虎日用之吉至除夜用生肉三片祭之新正寅時立于門首莫與外人見凡有巷道來冲者用此石敢當

1 《鲁班经》不仅详细记载了“泰山石敢当”的尺寸，而且对雕造和安放石敢当的时间也做出了严格的规定

2 这座雕有“泰山石敢当”五个字和兽面图案的护符，镶嵌在乔家大院外墙上，丁字形道路直对的部位

3 这张纵剖面图从南到北（即从左至右）依次展示了宅院内部南北平行的三进厅堂，其中最后侧的厅堂即两层高的正房。这些厅堂和垂直于厅堂的厢房共同围合成了乔家大院的各个内院

世纪迅速发展壮大。正如中国人今天以“下海”形容探索未知商业领域时并存的机会与风险，明清时期山西人用所谓的“走西口”形容这种为了博取商业利润而翻越长城、远走他乡的艰难旅程。

大多数高墙环绕的晋商宅邸建造在村镇之中，在今天看来荒僻遥远。实际上，无论在晋商最繁盛的 17、18 世纪，还是在之后走向衰落的 19 世纪，至今均未发现明显的经济因素、社会因素能够解释这些宅邸在几个世纪间的形成过程。各个宅邸通常是单一家族所有的大院或庄园。据统计，仅祁县就坐落着十七座这样的庄园，而山西省各处散落的庄园加起来可能多达上千座。虽然其中一些庄园因两个世纪以来的自然与人为破坏已经损毁严重，但另一些却原封不动地保持着建造时的优雅，仿佛仍在为人们诉说着这里过去的经济发展成就，即便这些成就在今天已经鲜为人知。

近年来，地方旅游业促使许多大院进入公众视野，但仅有为数不多的几座得到了全面的修复和宣传，其中较有代表性的包括祁县的乔家大院、渠家大院、何家大院，晋中市榆次区的常家庄园，灵石县静升镇的王家大院，汾西县师家沟民居以及太谷县北洸村的曹家大院。

民居建筑采用封闭堡垒的形式往往是为了应对动荡不安的时局。在中国，军事叛乱、土匪强盗以及朝代更迭时的全国性骚乱导致建筑必须砌筑高大围墙以自保。在山西省等中国北方地区，大多数村落的围墙通常采用夯土砌筑，仅在战乱时发挥临时性的保护作用。当和平时代到来，这些夯土围墙就会被夷为平地，或者任由风吹日晒直至彻底塌毁。只有在一方豪门所居之地，才会用烧结砖和块石在原有村落或新建居住地的周围砌筑附带矮墙、城楼甚至城壕等坚固城墙。这样的堡垒式建筑群一旦建成，就会作为一个家族力量的象征而长久留存。堡垒式村落或民居建筑群在山西省通常称为“堡子”或“堡”，这个名词本身即具有堡垒的含义。

乔家大院

乔家堡是祁县乔氏家族建造的巨大堡垒式建筑群，被公认为山西“堡”式民居的杰出代表。乔家大院由乔贵发始建于1755年，经过19世纪中叶和20世纪初的两次大规模扩建，最终成为一座占地10642平方米的巨型庄园。乔氏家族的贸易活动最初集中于“西口”，即今天位于长城之外的内蒙古自治区包头市。随着颜料、面粉、小麦、大豆、食用油等商品的专业经营以及票号生意的不断扩张，乔氏家族的生意逐渐走向兴盛，最鼎盛时期的商业版图甚至远达中国北方边塞之外。19世纪末，乔氏家族已经发展成为一个同时经营煤矿、专

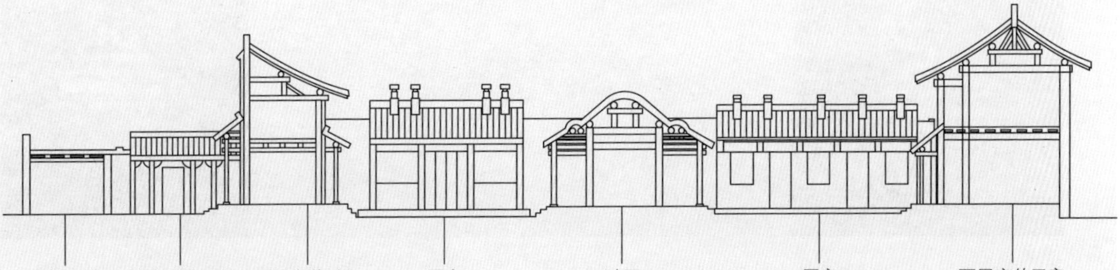

营店、票号网络等生意的商业巨头。1900年夏，八国联军因义和团运动入侵北京时，慈禧太后携光绪皇帝逃往西安的途中就曾经在乔家大院驻跸停留。

20世纪第一个十年间的全国经济动荡削减了乔氏家族的收入，而数量过于庞大的第五代子孙则是坊间认为导致整个家族破产的直接原因。20世纪30年代乔氏家族分家之后，乔家大院也开始走向衰落，最终于1937年遭到彻底废弃。1949年建筑群收归政府管理，用于军事基地等政治功能，但“文革”期间却遭到严重破坏。1986年乔家大院的命运（虽然不是乔氏家族的命运）终于迎来转机。随着被划定为博物馆，大院内的建筑在专项经费的支持下得到了修缮。这座气势宏伟的建筑群，对于电影《大红灯笼高高挂》的观众来说一定不陌生，因为张艺谋1991年导演的这部电影正是在这里取景拍摄的。电影讲述了20世纪初中国地主家庭内一个充满欺骗、背叛与情爱的故事，故事的发生背景即高墙禁锢之下的封建庄园。遗憾的是，这个故事与乔氏家族的历史毫无关联，而后者的兴衰起伏本身就

1 | 2 3

1 在第一进内院里可以看到过厅另一侧的第二进内院和最后侧的两层正房

2 这块门板装饰物由一对相辅相成的吉祥图案构成：与“福”谐音的五只蝙蝠以及一个抽象的“寿”字

3 铜制门铺首铸成花瓶的形状，寓意“平安”

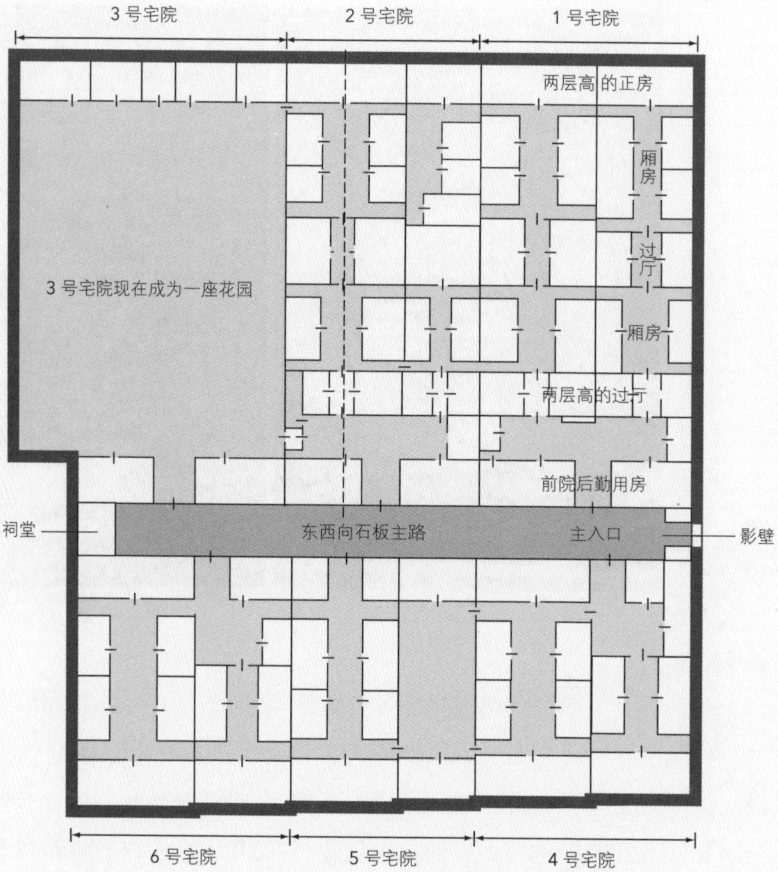

3 号宅院
2 号宅院
1 号宅院
两层高的正房
厢房
过厅
3 号宅院现在成为一座花园
厢房
两层高的过厅
前院后勤用房
祠堂
东西向石板主路
主入口
影壁
6 号宅院
5 号宅院
4 号宅院

是一个值得讲述的精彩故事。

在乔家大院逐渐成形的过程中，一圈灰砖外墙将更高的院落围墙连接成封闭的整体。这些高达 10 米、不设窗户、上砌矮墙的围墙成为乔氏家族的强大保护。由于乔家大院无法从田野中远眺，人们只能沿着村中小巷逐渐走近，于是在走向主入口的过程中，高大的砖砌围墙能够产生更加强烈的压迫感。在平屋顶之上建造的几座高楼，赫然凌驾于外围墙之上，当巡夜人沿着围墙上方的环形通道和台阶巡视时，这些高楼就成为他们监视内外的瞭望塔。走进主入口之后，一条东西向石板路将人们引向道路尽头的祠堂和各个院落。为了容纳人口众多且不断扩张的大家庭，乔家大院最终形成了由六个主要宅院组成的建筑群，其中北侧的三个宅院较大，而南侧的三个宅院较小。每个宅院的入口台阶均设置在东西主路沿线，交错排列的台阶能够避免宅院之间相互对视。几乎每个宅院的入口处都有一座马蹬石，用以协助骑马人上下马。据说乔家大院所有内院、建筑、道路的布局刚好能够组成一个寓意吉祥的“喜”字。

在主路南北两侧的六个宅院之内，坐落着二十个更小的正院、偏院和三百一十三间房屋，总建筑面积达 4175 平方米。北侧的三个宅院仅有两个留存至今。位于西北角的 3 号宅院在“文革”时期遭到拆毁，后来被一座新建的花园取代。剩下的两个北侧宅院分别由一座东西向的入口庭院与几座南北向的窄长内院组成。名为“老院”的 1 号宅院历史最悠久，由乔贵发本人建于 18 世纪中叶。

穿过老院入口的东西向庭院后，一座厅堂将两座窄长的南北向内院并排连接在一起。两座单层卷棚[1]顶过厅分别将两座内院从中间打断，穿过过厅就来到厢房围合出的第二进华丽内院。第二进内院北侧、入口雕饰精美的建筑即正房。这座被称为“明楼”的南向正房，是一座两重檐的楼阁建筑。虽然面宽五间，但明楼内部不设隔墙，形成一个完整的大空间。明楼内部也不设楼梯，因而楼上的空间只能从隔壁建筑的屋顶平台进入。与中国北方其他地区的民居不

1 卷棚是坡屋顶正脊的一种形式，指前后两坡交接处不用正脊，而做成弧形曲面。卷棚式正脊可以与硬山、悬山、歇山等屋顶相结合（“硬山、悬山、歇山”详见第 63—69 页）。——译者注

1 这张平面图西北角的空白处曾经是一座大型宅院，毁于“文革”期间。剩下的建筑和窄长内院组成了北侧的两座宅院和南侧的三座较小宅院

2 在“文革”时期拆毁的宅院基地上，如今建起了一座优美的园林

同，乔家大院的正房仅用于礼仪活动，如供奉祖先神灵、接待重要访客等。第二进内院两侧的厢房南北向有五开间，而第一进院两侧的厢房仅面宽三间。虽然第二进内院两侧的厢房与明楼垂直，但三者并不连通。两座厢房的单坡屋顶倾斜角达到45°，赫然耸立在外围墙之上，不仅能够隔绝冬季冷风，同时能将雨水汇入院内。厢房通常是家庭成员就餐、就寝的日常活动空间。坡向内院的屋顶以及宽大的出檐，使得厢房低矮的檐口在封闭院落和高大围墙的包裹之中，令人感到少有的亲切。此外，厢房看似狭小的造型和空间对增加院落开敞度也具有积极的作用。院落之间的甬道与院墙上开设的小门作为辅助通道，

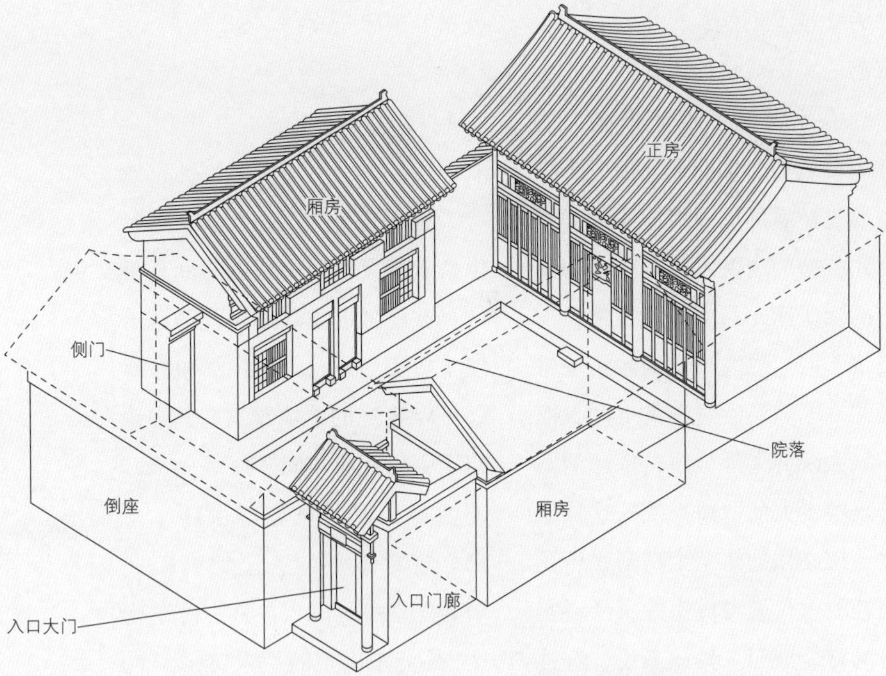

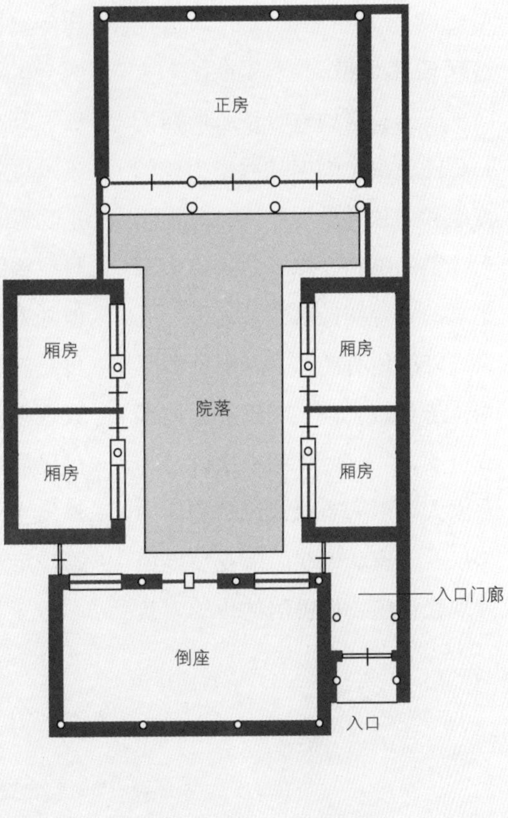

1 | 2
  | 3

1　东西向主路靠内侧的一段街景。这条主路将北侧的三座宅院与南侧的三座较小宅院划分开来

2　丁村明代民居的轴测图表现出建筑与院落的紧凑布局

3　明代民居略微不规则的四合院内有一对南北相向的厅堂，其中坐北朝南的一座为正房

专为女性等不能穿行主入口、主院落的家庭成员而设。

乔家大院一方面以高大的外围墙遮挡冬季冷风，另一方面则通过倾斜的屋顶将阳光和雨水引入狭窄的内院。大院各个房间内的架子床，与中国北方常见的暖炕不同。散发热量的暖炕通常是北方家庭温暖过冬的空间，而乔家大院的大部分建筑依赖的则是规模更大的取暖系统。这种取暖系统必须加热整个房间，由此消耗的大量燃料成为乔家经济实力的有力证明。具体来说，这种系统由相互连通的大型燃炉、烟囱和盘曲的烟道组成，其中埋设在砖砌地面和墙面内的烟道能够保证热量散向室内的各个方向。于是，这种取暖系统所需的一百四十多个烟囱从乔家大院的高墙和屋顶各处冒出来，其上不乏精美的雕饰。除了主入口大道正对的百寿图砖雕影壁之外，乔家大院的所有砖雕、木雕、石雕均位于建筑之内，仅供家庭内部成员欣赏。1921年的一次改造为乔家大院引入了西式风格的装饰物以及浴室、电线、雕花玻璃窗等现代设施，但民居的传统建筑风格并未因此改变。

丁村民居

襄汾县的丁村民居应当是山西省现存民居中建造时间最早的。在已考证出建成年代的四十座丁村民居中，十座民居包含有16—17世纪的单体建筑，其中约建于明代万历年间（1573—1620）的两座民居甚至完整保存了下来。现存最早的一座四合院民居建于1593年，位于丁村东南区，外墙东南角的主入口、影壁、反向的倒座、带檐廊的三开间正房、两侧的三开间厢房、砖砌炕床等空间构成几乎与北京四合院完全相同。

历史第二悠久的丁村民居建于1612年，由建筑围合而成的两进院落组成，仅部分建筑留存至今。另一些民居的始建时间或许更早，但随着后代的不断改建，已经不再具有明代的建筑特征。从大多数现存明代民居中可以发现，明代民居以单院落四合院为主，反映出当时反对铺张浪费的住宅等第规定对实际建造活动的影响。

丁村的清代民居有些朴实无

从这张面对正房拍摄的照片中，可以看到丁村某明代民居内，厢房出挑的宽屋檐和抬高的石砌台基环绕在内院四周

华，有些却由层层递进、相互连通的多座院落组成，不仅表现出空间上的等级性，而且具有严格的室内外界线。据当地历史学家研究，丁村之所以能够保存大量精美的明清民居，得益于其远离战乱的偏僻位置与财产共享的继承制度。当两兄弟划分父亲房产时，两人将分别获得一座房屋的“上”“下”部分。这种把每座建筑划分为上间、下间的分房方式有效阻止了任何一人在未征得另一人同意的情况下私自拆毁或重建房屋。1985年，建于1723—1786年的六座相互连通的民居院落被改造成“丁村民俗博物馆”，成为中国第一座反映民俗风情的专业博物馆。

嘗讀諸葛出師表尋夢拔劍報國
轉憶陶潛歸去來卻何種豆南山

豆腐商大院

王家大院 ..... 山西省

在这座南向院落内，锢窑式的正房布满精美雕饰，相对而立的厢房二楼和挑出的阳台是年轻女性的居住空间

在山西省黄土高原的众多庄园中，王氏家族建造的这一座算是最不为人知却最宏大、最有趣的庄园之一。作为省内最有权势的四大家族之一，山西王氏是今天所有中国王氏的祖先。王家大院位于灵石县以东 12 千米、太原市以南 150 千米的静升镇，横亘在绵山脚下平缓的黄土台塬上。

王，即广东话的 WONG、潮州话的 HENG、闽南语的 ONG、越南语的 VONG，与李、张共同组成了中华民族的三大姓氏。以王、李、张为姓的中国人多达 2.7 亿，几乎与美国的总人口相当，其中每个姓氏的人数基本相等。今天，虽然超过十分之一的中国北方家庭姓王，但这个姓氏的人数在长江流域仅位列第二，在整个南方甚至无法排进前五。根据权威资料记载，早在公元前 3 世纪的第一个统一王朝秦代，这个字面意思指最高统治者的姓氏就开始出现在山西省的中部地区。作为中国最古老的姓氏之一，王氏接下来以北方为中心，经过一系列复杂的迁徙过程逐渐遍播全国，甚至伴随华人远渡重洋的脚步走向了世界。

王氏家族在 1312—1313 年从太原市迁至静升镇的历史至今仍有详细的文献记载。根据当地传说，王氏家族最初以农耕和制售豆腐的生意起家，而后者最终使其发展成一方巨贾。虽然在今天的王家大院展览中，这一白手起家的故事得到大力宣传，但实际上从事商业、贸易和担任政府官

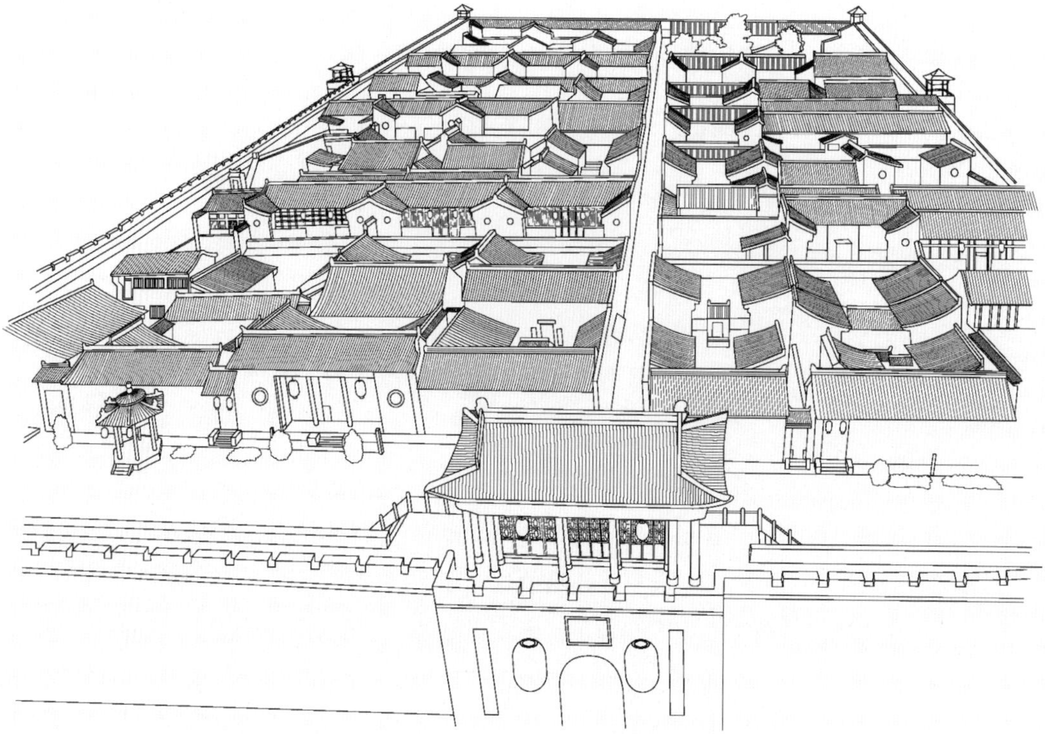

职共同组成了王氏家族攫取财富的手段。18 世纪通常被认为是王氏家族发展的顶峰，在此期间，资源和文化的长期积累终于引发了大量宅邸、祠堂和书斋的兴造。此外，王氏家族还热心公益，为村民修路架桥、蓄水开渠，建造义仓、戏台、寺庙等公共建筑。他们甚至在静升镇修建了一座孔庙，这在中国农村堪称凤毛麟角。这座孔庙也扮演着乡学的功能，为静升镇培养了一大批金榜题名的年轻学子。然而，19 世纪随着清王朝的衰落，山西王氏家族的财富帝国也逐渐崩塌。根据家谱记载，不求上进的子孙应是导致家族衰败的主要祸因之一。根据当地人回忆，到 1949 年，静升镇的大多数王氏家族成员已经离开故乡，迁居至北京市、四川省以及台湾地区，甚至远渡重洋抵达美国。

在静升镇流传着一句俗语，在全镇的“九沟八堡十八巷”中，王氏家族即占据了其中的“五沟六堡五巷”。王家大院始建于元明之际，现存最古老的建筑建于1664年。经过明清时期的不断扩建，王家大院最终发展成为一座占地超过25万平方米的巨大建筑群。[1]王家大院现在对外开放的部分由相互分离的东堡院和西堡院组成，两座堡院具有独立的入口和祠堂建筑群。东堡院名为“高家崖”，西堡院名为“红门堡”。两座堡院的建筑和院落坐落在层层台地上，与山坡等高线垂直的几条南北轴线将大大小小、形状各异的数个院落组织在一起。利用封闭围墙、院中院以及无数院门，王家大院不仅完美地顺应了自然地形，同时为生活其中的庞大家庭提供了抵挡外界纷扰的强大保护。整个建筑群居高临下地俯瞰着南侧的矮小农舍，因形象宏伟被誉为“东方城堡”。

高家崖的院落排列在六块层叠的台地上，高大的砖砌围墙建于1796—1811年，设有东、西、南、北四座堡门。堡院中心坐落着三座院落建筑群，每座均由前部的正院、后部的寝院、东侧的厨院、西侧的家塾院和花园组成。在此基础之上，每个院落又进一步分为三进内院，每进内院由后部的正房与两侧的厢房围合而成。厢房虽然看似地下窑洞，但实际上

1

王氏家族在静升镇建造宅舍的历史最早可追溯至元代，但现存最古老的宅院建于康熙三年（1664）。经过明清时期的不断扩建，静升镇现存的王氏院落不下千座，总面积在25万平方米以上。其中开放参观的部分共45000平方米，包括高家崖、红门堡两组建筑群及其南侧坡下的孝义祠。详见侯廷亮等：《王家大院》，太原：山西人民出版社，2003年，第9—10页。王宝库等：《中国民间紫禁城：山西灵石王家大院》，太原：山西人民出版社，2008年，第38—39页。此处英文原文介绍有误，据改。——译者注

1 从这张鸟瞰图上，可以看到红门堡周围高达8米、烧砖贴面的高大围墙，以及围墙内层层叠叠、相互连通的无数院落

2 雕刻精美的木梁头从阳台下方伸出来

3 具有辟邪作用的圆形兽面瓦当与近似三角形的滴瓦交错排列

品行兼優

1 2

1 每条侧巷的入口处都矗立着一座层层叠叠的华丽牌坊

2 “红门堡”得名于红色的唯一南向入口。入口内正对 3.6 米宽的南北向主街

是在地面以上仿窑洞形式建造的锢窑。十三孔真正的窑洞形成四座小院，位于高家崖后侧的高台上，俯瞰着整个建筑群。王家大院的守卫每晚正是在这些窑洞的屋顶平台上沿着围墙巡逻，以保证低处建筑群的安全。

高家崖西侧是一条类似于城壕的深谷，横跨在深谷之上的石桥通往西堡院。西堡院建筑群比东堡院更加雄伟，长方形的外轮廓东西宽达 105 米，南北长达 180 米。由于唯一的南向入口被刷成朱红色，西堡院也被称作“红门堡”。外侧 8 米、内侧 4 米、烧砖贴面的高大围墙，使得整座红门堡坚不可摧。

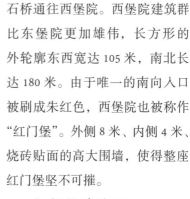

红门堡建造于 1739—1793 年，当时正处在清王朝的鼎盛时期。这座建筑群的平面布局简单明了：一条 3.6 米宽的南北向主街与三条东西向小巷相交，恰好组成了王氏家族的姓氏“王”字。沿着这些街巷一共布置有二十七座大小各异的对称式院落。

根据家族传说，红门堡的建筑布局象征着一条龙：红色的入口代表龙头，第一排建筑东西两端的水井代表龙眼，南北向主街代表龙身，主街两侧的小巷代表龙爪，在堡院后侧俯瞰整座建筑群的巨柏代表龙尾。在王家大院的所有院落中，石雕、砖雕、木雕、含义丰富的优美脊饰、窗框、柱础、木构节点、影壁均巧夺天工，精美绝伦。

王家大院的修复工作直至 1996 年才逐步展开，其中遇到

小巷
小巷
小巷
入口
影壁

1	2 3
	4

1　从这张平面图中可以看到，南北向主街与三条东西向小巷相交，组成了王氏家族的姓氏“王”字

2　王家大院的建筑屋顶上遍布这种陶制烟囱，烟囱的顶盖模仿四角攒尖瓦屋顶的形式（攒尖屋顶，指平面圆形或多边形房屋的屋顶，做成尖锥形，多见于园林中的亭榭。四角攒尖屋顶是平面正方形的四棱锥形屋顶。——译者注）

3　窄巷尽端的这座石雕土地神龛完全模仿了木构架建筑的形象

4　土地神“坐”在神龛明间正中，作为家庭守护神已经做好了接纳供品的准备

1 王家大院各处的装饰物多采用道德寓言作为主题。例如照片中的某柱础浮雕即表现了《二十四孝》中《乳姑不怠》的故事。故事中的孝顺儿媳每日用自己的乳汁喂养婆婆

2 这张彩色版画表现了与图 1 石雕相同的寓言故事，图中的孝顺儿媳正在用自己的乳汁哺乳年高无齿的婆婆

3 一位工匠正在制作新的木雕，用来替换建筑上已经损毁的旧木雕

的第一个巨大挑战就是如何安置当时居住在大院中的二百一十二户居民。这些居民在过去几个世纪擅自闯入规模巨大的王家大院，在院落和建筑各处堆满生活杂物，造成了木构架和装饰物的严重损坏。搬迁完成之后，由建筑师、工程师和工匠组成的团队开始清理腐朽木材与破碎砖瓦。为了替换两个世纪以来因个人和

历史原因导致的所有损坏构件，一共耗费了附近砖窑烧制的约三百万块黏土砖以及从各处搜集的约3500立方米木材。

今天，山西省王家大院主要面向世界各地的王姓华人展开宣传。在这里他们不仅能够领略王家大院的建筑风采，同时能够了解王氏祖先的显赫家世、经商才能、生活智慧，并以家族衰败的历史为鉴。此外，随着王家大院等重要古民居、古寺庙、古佛塔的修复以及著名自然风景区的设立，乐观的山西人相信这两项工作能够使这个古老的省份名利双收、重焕生机。虽然今天的山西省仍以煤矿业导致的工业污染闻名，但相信丰富的建筑遗产、历史遗迹以及由晋商一手造就的繁荣商业、票号网络，一定能在不久的将来使山西省重获历史文化中心的美誉。

北方窑洞

地下民居 ..... 河南省、陕西省、山西省

在中国北部和西北部，广阔的黄土高原从山西省、河南省一直绵延至陕西省、甘肃省。在这里，一座座被称为地下住宅、覆土建筑的窑洞成为约四千万当地人选用的民居形式。此外，在附近地区如河北省、青海省、内蒙古自治区、宁夏回族自治区，甚至远至新疆维吾尔自治区，也可以发现相似的窑洞民居。窑洞简称“窑”，虽然字面意思指黄土中挖出的洞穴，但模仿洞穴在地面上砌筑的砖石、土坯建筑也可以算是窑洞的一种。后者的一些精美案例在之前的篇章中已经有所展示。

黄土（loessial soil 或 loess），作为一种粉粒状风尘，随着肆虐千年的西北风，从戈壁滩沙漠和蒙古高原吹拂至崎岖起伏、半干旱的黄河中游地区，逐渐堆积成厚达 50—200 米的土层。由于其他资源匮乏，特殊的物理化学性质导致黄土成为这个地区建筑材料的首选。黄土虽然致密但并不坚硬，尤其是不含碎石的均匀土质，仅利用简易工具就能轻易切割；挖掘完成之后，彻底干燥的表层土还能形成一层厚约 20 厘米、如水泥般坚硬的保护壳。黄土高原地区不仅气温年较差大——夏季平均温度超过 35℃而冬季平均温度不足 0℃，而且干旱少雨。作为中华农耕文明的发源地，这个曾经满是茂密植被的地区在近两千年间却成为一片干涸的不毛之地，除了气候变化的原因之外，由樵采、烧炭、农垦、烧窑导致的过度砍伐实为主要祸因。

1
2

1 在山西省南部地区，新建的靠崖式窑洞开凿在峡谷的侧壁上，壁面用砖墙保护，砖墙表面刷饰白灰

2 在山西省南部地区，村中同时建造有地下窑洞和地上民居

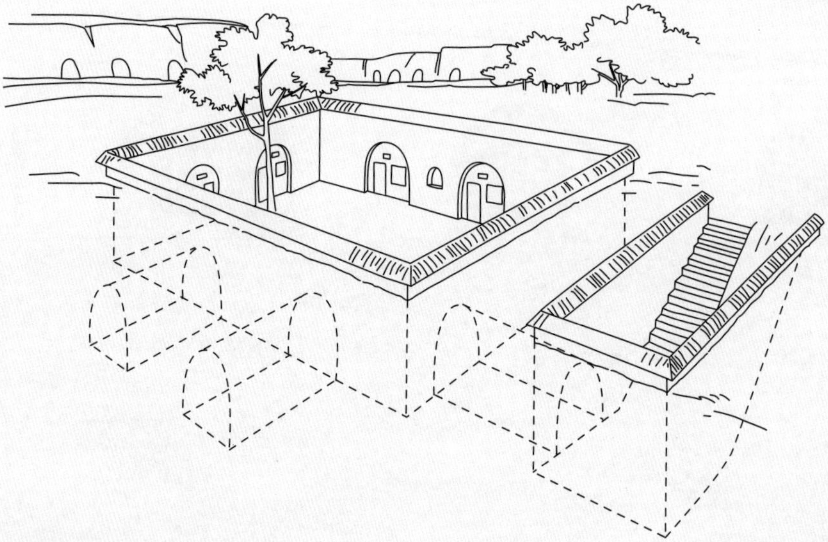

1
2 | 3 4

1 这张透视图清晰展示出下沉式窑洞的入口台阶和各个侧壁上的窑室

2 某村的靠崖式窑洞顺应峡谷的不规则地形，分布在不同高度的梯台上，相互之间以夯土坡道连通

3 河南省北部某靠崖式窑洞前方用砖墙围合出院落，褪色春联之间的这座小门即院落的入口

4 砖墙上设置的木门是河南省北部某靠崖式窑洞的窑室入口

随着可资利用的木材越来越少，而有限的资金又不足以支撑长距离运输建筑材料的开支，几个世纪以来这里的农民发展出一种在黄土中挖掘洞穴的民居形式。虽然看似与粗糙简陋的史前洞穴相同，但今天所见的窑洞民居绝不仅仅是简单的洞穴而已。作为一种重要的民居类型，窑洞的结构与布局均得到明显改良，尤其是厚重坚实的黄土屋顶和围墙使其独具冬暖夏凉的优点。实际上，所谓的“洞”并无贬损之意，只是客观描述了在土壤中挖掘洞穴的建造方式而已。然而窑洞作为民居的一种，虽然用于居住却并不能被称为住宅，因为窑洞的室内空间并不像其他中国住宅那样是以外部造型围合而成的。相反，内部空间的形状而非外部造型决定了这些地下建筑的形式。当室内空间被挖出时，窑洞的结构也同时形成，只不过结构的合理性可能对室内空间的形状存在一定制约。建造窑洞不仅不需要耗费任何建筑材料，挖出的泥土还可以实现其他建筑功能，如平整场地、砌筑院落周围的夯土墙等。

在建造窑洞的过程中，最关键的步骤在于选择基址。地形地貌、排水条件、土壤的化学成分和力学特性、太阳轨迹等各种与基址相关的自然因素均需要仔细考量。这些因素共同决定着窑洞的高、宽、深等尺寸以及拱券的形状、外立面的材料等。

窑洞可以划分为三种基本类型：靠崖式窑洞、下沉式窑洞和独立式窑洞。这三种窑洞既可以跨类混合，也可以统一在同一座地面建筑群中。靠崖式窑洞又称靠山式窑洞，在狭长沟谷中向山崖内水平挖掘而成，通常顺应地形采取不规则式布局。沿着山崖曲折排列的靠崖窑往往占据南向山坡，与中国北方地区的其他地上民居一样，最大限度地利用冬季阳光。如果山坡足够高大坚固，就可以改造成几层梯台，上下错落地布置一系列靠崖窑。但居住在窑洞中必须时刻保持警惕，因为重力作用或雨水侵蚀可能导致土壤塌方，尤其在维护不当的情况下，窑洞的自然结构很容易遭到破坏，在窑洞彻底塌毁前必须主动撤离。

窑洞外立面的拱券除了最常见的椭圆形，还有半圆形、抛物线形、平拱形甚至尖拱形。拱券之下垂直墙体通常高约2米。为了防止墙面干燥剥落，窑洞内通常采用黄土或黄土石灰混合物粉刷墙面。近年来也有往墙上粘贴报纸、画报或照片的新做法，不仅能够保护墙面不受潮气侵蚀，同时也令室内空间骤然增色。窑洞地面通常仅是夯土而已，但硬度堪比砖石。虽然大多数窑洞内不设置额外的墙面或屋顶支撑，但在外立面上，粗削木或手刨木搭成的门窗洞口往往需要采用土坯砖、烧结砖或夯土进行加固。在开口尺寸方面，有些窑洞随着深度增加逐渐缩小，另一些则相反。开口宽大显然有利于采光、通风，但需以损失冬季保温为代价。在以冬季防风为要务的地区，有时窑洞入口采用极窄的尺寸，导致自然采光和通风甚至严重低于必要标准。大多数靠崖窑从外到内高度一致，但也有少数的窑洞口小腹大。这些窑室在山崖内的深度通常不超过10米，最极端的案例可达20米。

挖掘窑洞往往是一个漫长的过程。虽然其中部分原因是由

在河南省某村内，密布的方形深坑仿佛苍凉大地上的千疮百孔，其中每个深坑都是一户农村家庭的宅院

农民手工劳动造成的，但缓慢的挖掘过程实则有利于维持结构稳定，因为土壤彻底干燥之后可以有效避免窑洞在施工过程中坍塌。开挖窑洞的最佳时机是土壤略微湿润但不泥泞的时候，大约在雨过天晴的几周之后。整个过程仅需要使用锄头、铁铲、竹筐等简易农具。通常从最高处的窑顶开挖，逐渐下降至地面。当挖到距离室外地面高约 1 米时即停止，这样挖出的泥土铺在洞口外刚好可以形成平整的入口平台。其他多余的泥土则可以制成土坯砖，或者在模具中进一步捣碎留待砌墙之用。挖掘一座 6 米深、3 米高、3 米宽的窑洞大约需要耗费四十天之久，这还不包括入住前等待窑洞晾干的三个多月。只要维护得当，一座地下窑洞可供好几代人居住使用，然而一旦疏于管理，窑洞将会从入住的那一天就开始逐渐损坏直至最终塌毁。有时，多间窑室可以相互连接成一座包含客厅、卧室、厨房、兽栏、储藏室的完整民居，各个民居之间以院墙环绕的院子分隔。院子除了用于准备食材外，

还建有夏季厨灶、兽舍和小型储物间。

下沉式窑洞又称凹庭窑洞或地下天井院窑洞，在沟壑纵横的河南省西部、山西省南部和附近的陕西省局部地区最为常见。这些地区的农民长期以来在地面以下挖掘深达 6 米的大坑。从空中俯瞰这些尺寸各异的深坑，特别是当冬季阳光低斜时，阴影中的一座座大坑仿佛苍凉大地上的千疮百孔。其中正方形大坑的数量最多，其边长最大可达 81 米，长方形和曲尺形的深坑也不在少数。

如果进一步在剖面和透视上进行观察，就会发现每座深坑的四面侧墙上均凿有 1—3 孔窑洞，由此形成一座座地下庭院。庭院南侧或西南侧的土壤中切割出坡道和台阶，供人们从地面进入地下庭院。为了运输农具、役畜、农作物，这些倾斜的通道通常采用平缓的直线形或拉长成曲

2

1 3

1 从这张鸟瞰照片中可以看出，河南省北部的这座下沉式窑洞的壁面已经严重剥落

2 这座三开间半地下砖砌民居完全模仿了窑洞的外形

3 这张平面图揭示出下沉式窑洞正南正北的朝向和对称式布局

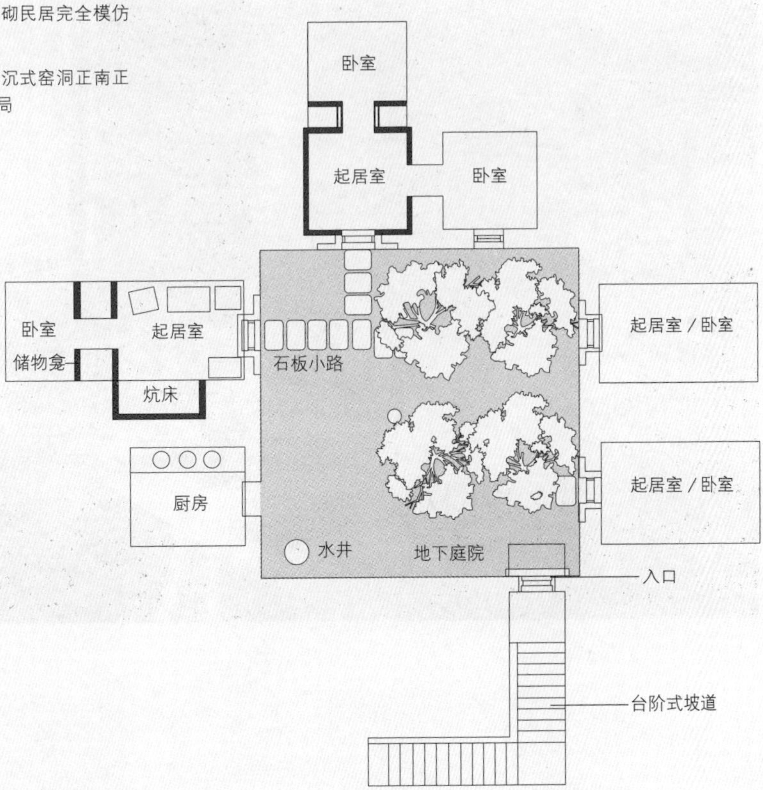

尺形，以尽可能减小坡度。地下庭院的东南西北四面侧墙上均凿有窑室，其室内墙面或保持原状，或粉刷一层石灰涂料。位于南墙上的窑室由于面朝北方，仅用作储藏间或者兽棚附近的旱厕。

因为一座地下庭院仅拥有一面南向侧墙，这面墙往往成为最重要的窑室的所在，即父母和祖父母使用的客厅兼卧室。即便如此，也只有夏季阳光高度角最高时才能直射这里。在夜长昼短的冬季，低沉的太阳和过深的挖掘深度，使得地下庭院除了小部分南墙外彻底沉浸在一片黑暗之中，无疑是一个严重缺陷。而其他家庭成员的窑室更不得不开凿在东西侧墙上。如此一来，大型炕床就成为中国北方窑洞中用于日常坐卧的必备元素。与炉灶连通的炕床通常紧贴外墙，这样就能加热包括外立面在内的至少两面墙体。此外，窑洞内往往还在侧墙上挖出储物的浅龛和侧室，墙面上粘贴着防止墙皮剥落的报纸和画报。

以上所有元素使得地下庭院成为一座由“墙体”围合而成的院落式建筑，这种以室外庭院为核心的建筑布局几乎与其他北方院落式传统民居无异。在半干旱地区，虽然有限的雨雪不会对地下庭院的排水造成负担，但飞扬的沙尘却是个棘手问题。为了防止泥土掉落或吹拂至地下庭院，比较高级的民居会沿着庭院的边缘用砖石或瓦片砌筑一圈女儿墙。地下庭院通常布置有一两棵大树、一个植物爬架、一口水井、一口渗井以及一只用于储水的带盖大水缸。当夏季无须在炕中生火取暖时，居民还可以将独立式陶炉搬到庭院中生火做饭。一旦冬季来临，就必须在室内的炉灶中燃烧柴火秸秆，借助与炉灶相连的炕床保持温暖。

拥有成片下沉式窑洞民居的村落通常在地面上呈现出一系列排列规则的大坑，用于耕作的农田环绕在大坑区外侧。播种时必须注意让植物远离下沉式庭院的边缘，因为植物根茎一旦刺穿土壤，随之侵入的潮气很容易导致庭院侧墙失去稳定。下沉式庭院之间的空地，则为打谷脱粒、晾晒草垛等季节性农活提供了充足场地。

窑洞也可以采用半地下式，仅局部嵌入土壤之中。这时就需

1
2

1　河南省北部的一对夫妇站在他们的下沉式窑洞正房前。厨房室外的炉灶专供夏季使用，冬季做饭用的炉灶则位于室内

2　进入窑洞就会发现，外墙上的窗户只能为室内引入少量光线

要在窑室外侧用块石、土坯砖或烧结砖砌筑前半部分，形成伸出窑室的附属空间。附属部分具体如何添加，主要取决于山崖的坡度。不同的坡度将导致附属部分的三面侧墙和屋顶全部或仅局部伸出在土壤之外。

除了半地下式和地下式窑洞，位于地面以上的独立式窑洞在黄土高原地区亦随处可见。这种被称为锢窑的独立式窑洞不仅立面造型模仿地下窑洞，而且空间的各个尺寸以及支撑屋顶土层的拱券结构也与其完全一致。锢窑通常由三座以上拱形单元并联组成长方形体块，其中半圆拱或尖拱采用楔形的块石、烧结砖或土坯砖拼接而成。中国建筑师因锢窑屋顶覆盖的厚重土层将其称为“掩土建筑”或“覆土建筑”。虽然锢窑的外墙看似与其他支撑屋顶的承重墙相同，但实际上这些围合室内的厚重墙体并不直接承受来自屋顶木构架和屋面的荷载。具体来说，锢窑端头的两座墙墩主要通过抵消各个拱券的水平推力支撑拱洞上方的屋顶土层，并与屋顶土层共同形成厚重的保温外壳。

地下庭院内的兽栏无疑为饲养牲畜提供了围合的场地。在这座仓库式庭院内，猪可以在简陋的猪圈窑室前自由活动。照片未展示的附近区域饲养着一头奶牛。另外一间窑室用树枝封住洞口，是养鸡的鸡舍。此外，从附近山上捡来的柴火随意地堆放在各处

在河南省、山西省、陕西省的城市、乡镇、村落中，坐落着大量精美的窑洞和锢窑民居。这种建筑形式不仅广泛应用于小型院落式民居，经过上层阶级的主动选择甚至成为大型庄园的重要组成部分，如前文展示的那些包含地下窑洞和地上锢窑的宏大民居建筑群。其中地上锢窑在保留地下窑洞优点的同时，成功规避了其中的一些缺陷。如在建筑热工方面，锢窑以大量土、石、砖砌筑的三面厚墙和屋顶，与夯土地面共同组成了冬暖夏凉的隔热

结构。但在自然通风方面，地面以上紧邻院落的锢窑则明显优于地面以下深入土层的窑洞。这两种建筑形式使得豪门大户的庄园能够重现乡村民居的亲切氛围，但前者雕缋满眼的昂贵木雕、石雕、砖雕，对于黄土高原上贫穷的乡村民居来说却望尘莫及。

窑洞的建筑形式体现出对环境条件的积极回应。首先，它创造性地利用了当地最丰富的自然资源——黄土；其次，它有效地将黄土冬暖夏凉的特性引入民居；再次，它充满智慧地开发了原本并不适于建造活动的脆弱地带。在这个连柴火都紧缺的半干旱地区，能够在民居中减少木材的用量无疑是一大幸事。此外，当7、8月份室外温度高达36℃以上时，地面以下4—6米深的窑洞却能保持14℃—16℃的宜人室温。而当1、2月份地面气温降至最低时，地下窑洞的局部室温仍然保持在14℃—16℃。窑洞室内温度的日间变化也很小，这对于夜间极为寒冷的黄土高原地区尤为有利。以上温度数据如果与中国北方的其他地上民居相比，将会显示出更加惊人的优势。然而美中不足的是，窑洞难以抵御剧烈地震的周期性破坏，而黄土高原却不幸位于地震活跃地带。据统计，1920—1934年，整个黄土高原地区约有一百万人丧生于地震后坍塌的窑洞等民居的废墟之下。

在很多人眼中，窑洞几乎等同于匮乏的资源和贫穷的生活。这就解释了为什么越来越多农民在收入增加之后立刻遗弃了原有窑洞，甚至填平了窑室和地下庭院，在其上建造了新的住屋。虽然地上建筑的通风水平确实比地下窑洞大为改善，但在热工性能远不如传统民居的新住宅中，居住条件的提升效果还是大打折扣。于是，今天的中国建筑师正在努力克服传统窑洞的缺点，如室内阴暗、通风不良、过于潮湿等，试图创造一种古为今用的现代窑洞，以适应中国农村越来越严峻的住房需求。

古城民居

范宅 …… 山西省

清晨，当居民和游客还没来得及将平遥古城挤得熙熙攘攘时，漫步在城里的街道上就仿佛回到了几个世纪之前。在今天的中国，仅有为数不多的几座古城能令人切身感受过去的辉煌，其中灰砖城墙、街道格局保存完好的更是凤毛麟角。平遥古城的主要部分由追求气派的票号商和晋商于17—19世纪建成，然而在过去的一个半世纪间却逐渐荒废凋零，直到1997年被联合国教科文组织列入世界文化遗产之后才迎来了复兴。在此后的不到十年间，平遥古城每年接待的游客量瞬间攀升至六百万人次，旅游发展之迅速令人始料未及，迫使当地人不得不着手解决过量游客对这座脆弱遗址造成的负面影响。

一个多世纪的发展停滞，虽然并非平遥人有意为之，却造就了平遥古城保存完好的街道网络与约三千八百座明清建筑，其中近五百座建筑群几乎完整保留下来。在城中放眼望去，会发现大多数建筑规模宏阔、装饰精美，里里外外布满昂贵的实木、青砖和块石。然而，到了20世纪末，以民居为主的大多数建筑变成了年久失修的荒宅。不仅曾经恢宏的建筑变得破败不堪，而且生活其中的居民也从过去几个世纪的豪门大户变成了艰难维持生计的普通百姓。

接下来有必要回顾一下平遥古城积累财富的历史。坐落在黄土高原上的山西省，因土地贫乏、气候干燥，自古以来就是不易谋

1

2

1　墙面倾斜、上设雉堞、外凸马面（马面：指城墙外侧凸出的平台，高度与城墙相等，用于抵御攻城的敌人。——译者注）的平遥城墙，可以追溯至明代初期

2　平遥古城在这张19世纪晚期绘制的舆图上呈长方形。此外，图上的所有建筑和城墙均表现为立面形象，仿佛“平躺”在古城之中

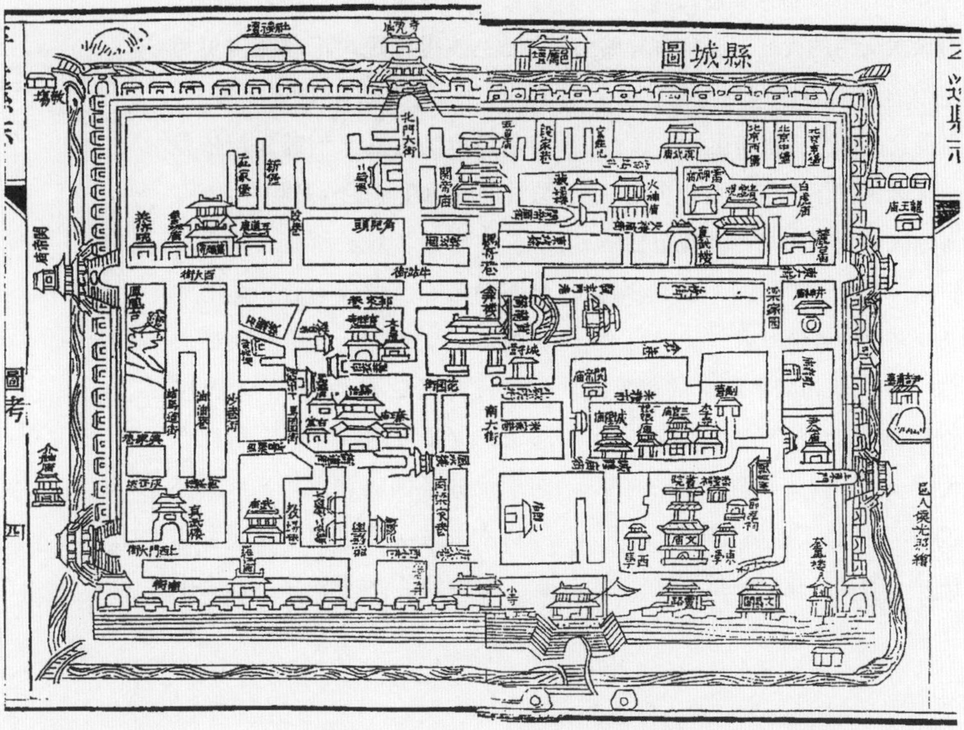
縣城圖
北門大街
關帝廟
火神廟
白虎廟
龍王廟
真武樓
牛站街
南大街
東學
西學

1 作为中国古城的典型景观，平遥古城的低矮建筑向着远方的地平线不断延伸

2 高达18.5米的壮丽市楼坐落在平遥古城中心，一条南北向街道从市楼下方穿过

生之地。然而，由于地处两座古代都城北京市和西安市之间，省内纵横交错的南北河流与古驿路使得这里独具便利的交通优势。借助这一优势，晋商在15—16世纪逐渐占领了中俄边境和东南沿海地区的贸易市场，专营包括染织品、食盐、铁器、棉花、丝绸、茶叶在内的各种商品。

19世纪初随着财富的积累，长距离调动现银的需求越来越大。于是，以家族企业发家的平遥商人发明了一种纸质交易凭证——银票。仅凭一纸银票就可以在各地“票号”兑取现金。作为现代银行系统的雏形，“票号”的诞生使得长距离汇款变得更为安全，不仅贷款业务借此展开，存款量也随着商人们越来越依赖票号的流动性而逐渐积累。

在平遥古城，所有大票号均与商铺毗邻，形成宅店一体的大型院落式建筑群。其中规模最大的“日升昌”，从一间小颜料庄起家，逐步发展成在全中国拥有四十家分号的知名商号，每家分号均交由诚实守信的平遥同乡打理。据传到了19世纪中叶，全中

REAL
COFFEE

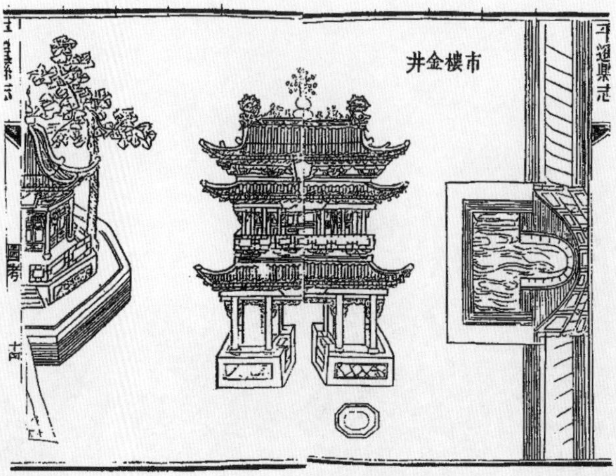

1 | 3
2 |

1 从这张清代舆图中可以看到，平遥古城的标志性市楼前有一口水井，这口全城最重要的水井被命名为“金井”

2 这张透视图展示出范宅纵长轴线上的一系列建筑和两座窄长内院

3 除了中间的过厅以外，范宅中的其他建筑均为三开间

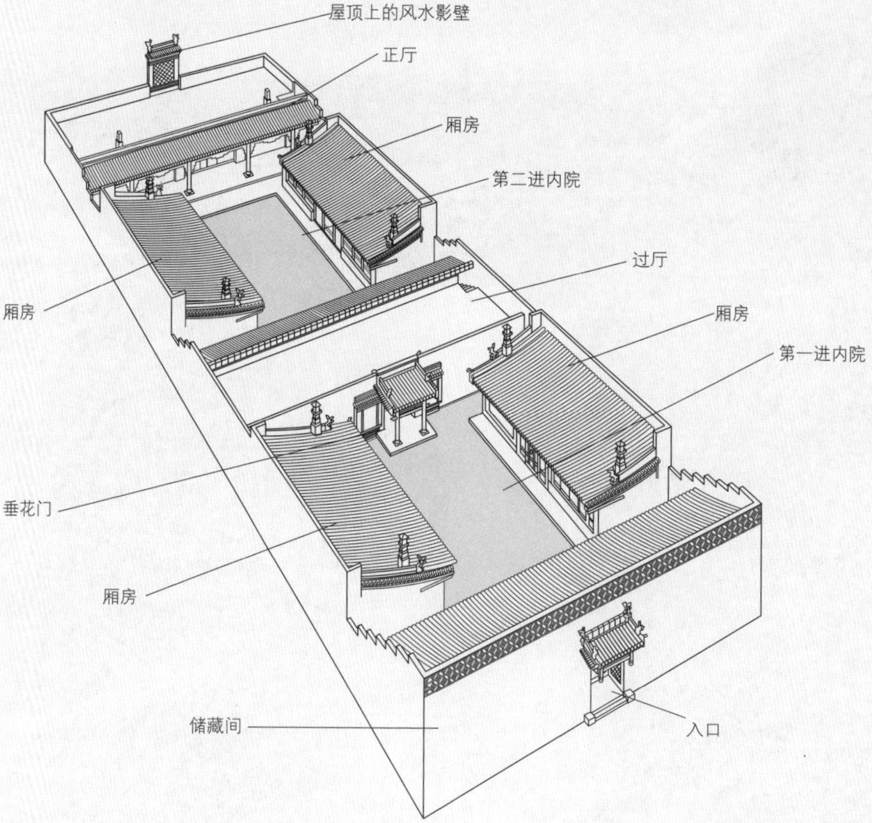

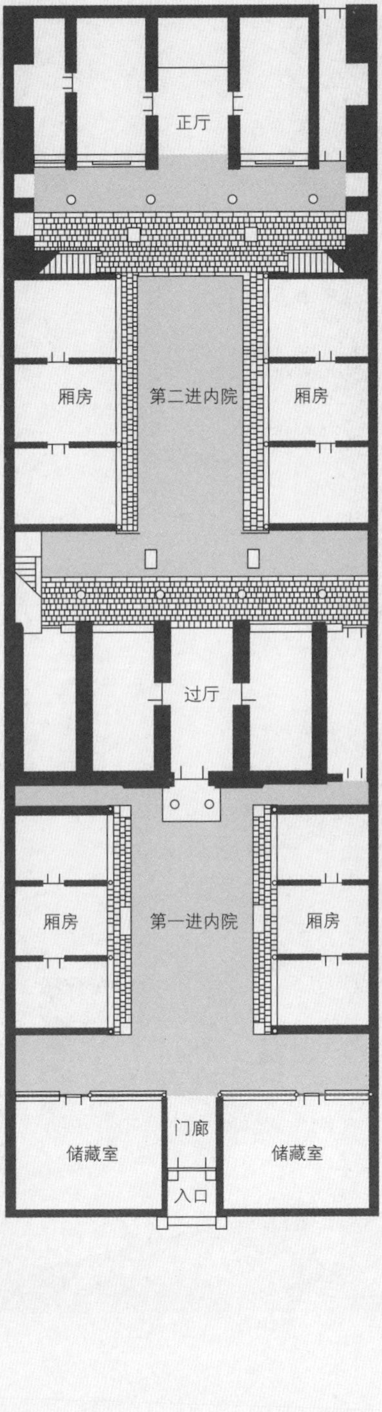

国的五十一家票号中多达四十三家票号为晋商所有，其中由平遥商人创办的就有二十二家。这些票号商与清朝王室维持着互惠互利的密切关系，因为后者也需要借助票号实现全国范围内的现金流动。但到了19世纪后半叶，不仅西方银行开始在大城市瓜分传统票号的生意，而且清王朝本身也迅速走向衰亡。在20世纪第一个十年结束的时候，晋商和票号商的财富终于流失殆尽。这些曾经阔绰的富商后来大部分退居平遥古城，在他们建造的豪宅中安享晚年。今天，这些传统民居虽然一直未进行现代生活设施改造，有一些甚至完全失修，但并未像中国其他古城那样为了拓宽街道而遭到恣意拆除。

平遥古城号称由“四大街、八小街、七十二条蛐蜒巷”组成：四条大街连接着主城门，可容两辆马车并行；较窄的八条小街两侧排列着商店、当铺、票号、寺观、书斋，其中大多数临街建筑在后侧建有宅院；而那些宽度仅1.5—2米、路面未铺设石板的静谧土巷两侧，则坐落着最能代表古城特色的四合院民居。

县级重点文物保护单位
范宅
平遥县人民政府

1 2 3

1　在宏伟入口门罩的衬托之下，范宅入口外的行人显得格外矮小

2　范宅的入口立面和门罩采用了简单的对称式构图

3　在第一进内院里透过过厅的垂花门可以看到对面的第二进内院。垂花门两侧分别设有一座门神龛

1 2 | 3
4

1 石雕门神龛的细节

2 走进过厅就能看出这座建筑的结构明显模仿了半地下的拱形窑洞

3 第二进内院后侧正房的对称式立面

4 正房入口处的细节照片展示出结构柱之间的精美木雕和石雕

虽然山西四合院在封闭性、轴线性、对称性、等级性等空间特征上与最经典的北京四合院大同小异，但平遥四合院却拥有显著的个性风格和独特装饰。其中最突出的差异体现在高大的外围墙、临街立面正中的华丽入口、狭长的内院、内向单坡顶的厢房以及位于建筑群最后侧仿窑洞形式建造的优美正房。

位于平遥南街的范宅是同时体现上述共性特征与个性差异的一个典型案例。整座建筑坐北朝南，由一对尺寸相同的内院组成。内院之间穿插的宽大后勤过厅，是整座民居中尺寸最大的建筑。主入口门罩和两进内院之间的垂花门均气势恢宏、装饰华美。两组三开间厢房位于内院两侧，在每座厢房之上，单坡屋顶从背面的高墙向内院周围的矮墙滑落下来。与北京四合院不同的是，范宅的厢房没有支撑悬挑屋檐的独立檐柱，因而没有檐廊。建筑群最后侧的正房面宽五间，为了突出明间和次间，这三间不仅面宽更宽，而且装饰也更加华丽。

拱形窗洞的正房明显模仿了山西省周边黄土台塬上的窑洞民居。这种独立式锢窑不仅立面造型与地下式窑洞民居相仿，而且空间的各个尺寸以及支撑屋顶土

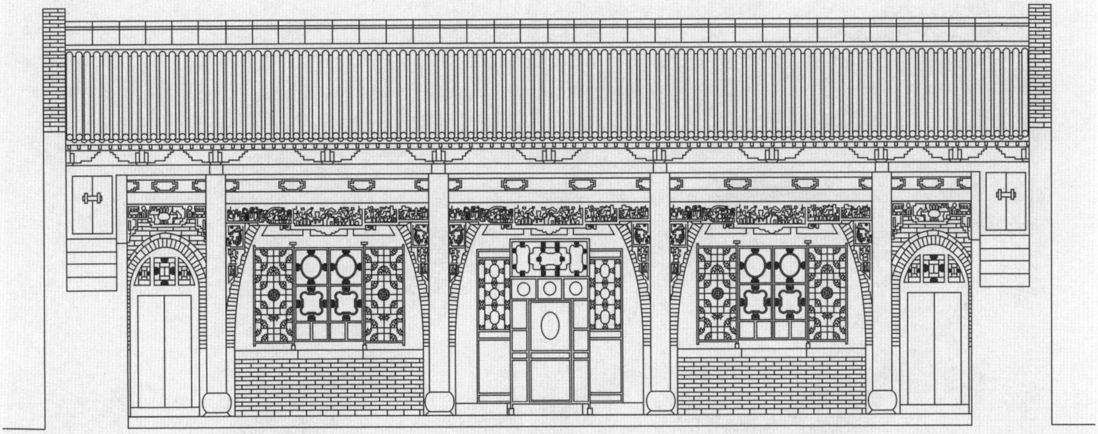

1 2
3

1 在正房门扇的木花格上，四只蝙蝠象征福运，蝙蝠中间的圆环象征长寿

2 楼梯望柱（望柱：指楼梯、栏杆分段和转角处的立柱，柱头往往安装有雕饰。——译者注）柱头上的石雕已经不复存在

3 一部楼梯通向后侧正厅的屋顶。这里不仅是夜晚纳凉的空间，在闷热的夏季甚至可以直接睡在屋顶上

层的拱券结构也与其完全一致。唯一不同的是正房端头的两个墙墩。这两个墙墩不仅能够抵消各个拱券的水平推力，而且对于覆盖在拱洞上方、具有冬季保温作用的厚重屋顶土层也具有重要的支撑作用。

当游客在范宅的院落和建筑中徜徉时，即便已经知道这座工艺精良的民居建造在地面以上，却仍然能够感受到与半地下乡村窑洞相似的亲切氛围。范宅内除了门窗装饰有木雕花格外，几乎所有水平构件与垂直构件相交处都雕刻有精美的图案。而锢窑的建筑形式在保留窑洞民居优点的同时，也成功规避了其中的一些缺陷。例如，在建筑热工方面，锢窑采用土、石、砖砌筑的三面厚墙和屋顶，与夯土地面共同组成了冬暖夏凉的隔热结构，在冬季亦能减少室内热量向外散失。而与半地下窑洞相比，这种地面以上的四合院民居在通风方面则得到了明显的改善。

1997年，联合国教科文组织因平遥古城保存完好的城墙、街道与上千座古建筑将其列入世界文化遗产，然而此举并未给古城带来充足的修缮资金。在遭受了几十年的遗弃与滥用之后，曾经恢宏的民居建筑变得破败不堪，其中的精美装饰或者被文物贩子盗走贱卖，或者被宅主出售以应燃眉之急。平遥作为一座街巷拥挤、尘土飞扬、供水不足、污水淤塞甚至缺乏一切必备基础设施的古城，对于大多数居民来说并不便于生活。然而，近些年来，许多平遥人意识到建筑遗产和文化遗产的价值，开始自发地在城内开展修复工作。于是，他们将大量传统建筑改造成旅馆、餐厅、商店，为它们配备了自来水、暖气、电路甚至高速互联网等现代设施。虽然在游客看来新旧并置的古城独具魅力，但生活在其中却并不如想象的那么容易。

美中不足的是，游客只要稍作观察就能发现，大量修复工作完成得过于草率仓促。原本精美的木构件被粗糙的木工活取代，包括麻布、马鬃、面漆在内的传统油漆工序也简化为结构柱上的潦草喷涂。为了平衡古城保护与现代生活的矛盾，自2002年起当地政府已经将四万七千名居民中的近半数迁移至新城区，为其配备了政府办公、学校、工厂、医院等生活设施。对于此举，有些人认为仅余两万五千居民的平遥古城将失去活力与吸引力；而另一些人则力挺疏散政策，认为这个政策能够有效防止古城的自我损耗。实际上，与不得不忍受不便生活的当地居民相比，更长期的问题实则来自蜂拥而至的大批游客，是他们带来了随地丢弃的垃圾、消耗无度的电量、拥挤不堪的交通。此外，在城内的土巷两侧，1949—1999 年建造的方盒子式建筑被一一拆除之后，留下来的一块块空地既无法与传统建筑呼应，也难以规划新的建筑。对于那些有志于修复旧宅立面甚至整个院落的当地居民来说，有限的经费导致他们无法一并改造室内设施以适应现代生活，但没有厨卫设施的传统生活确实令人难以忍受。总之，平遥古城面临的最大挑战，在于如何将其保护成一座活生生的城市而非纪念物的空壳。就目前来看，接下来的五年将是奠定平遥未来发展基调的关键阶段。

1 | 2
3

1　天元奎客栈的八仙桌上摆放着茶水和小吃，周围的四条板凳刚好可以供八人就座

2-3　红色的窗花剪纸由一对喜鹊、一个“**囍**”字和五朵代表“五福”的梅花组成。这些吉祥图案组合在一起寓意“喜上眉梢”，尤其适合贴在婚宴上表达对新婚夫妇的祝福

至于平遥的建筑保护工作将因旅游发展而草草收尾，还是成为一个古城保护的成功典范，现在看来仍难下定论。

传统客栈天元奎

平遥古城的主街“明清大街”两侧保存着大量传统建筑，其中不仅有古城最雄伟的市楼，还聚集着城中最优质的客栈。在这些传统客栈中，天元奎算是开业最早的几家之一。作为一座颇具特色的家庭旅馆，天元奎成功地将现代便利设施融入了传统建筑氛围。经过 21 世纪初的精细改造，这座始建于 18 世纪末乾隆年间的传统客栈成为后来大量同类旅馆的典范。

傍晚，红色烛火透过天元奎的玻璃窗在街道上闪烁。走进客栈首先来到一座长方形大厅。厅内八仙桌上的柔和烛光与耳畔响起的传统乐曲，能够让游客迅速放松心情。热情好客的老板程氏夫妇，总是不厌其烦地帮助游客挑选菜品，为他们推荐城内值得参观的景点。客栈内花格窗上的红色剪纸以及各处悬挂的书法字画等艺术品，营造出原汁原味的传统氛围。

大厅后侧是一座“L”形窄院，窄院入口处的影壁前摆放着一组古朴的茶座。每间大客房内均设有一座砖砌炕床。但与古代利用炉灶生火加热的方式不同，今天的炕床上铺着厚厚的软垫和枕头，通过床体中盘曲的热水管取暖。厕所、淋浴、空调等现代生活设施一应俱全。虽然同类客栈在平遥古城中还有很多，但大多数比天元奎规模小。城中还有几家大型酒店，专门接待那些对舒适度要求更高的游客。

蘭亭風
福

致 谢

临街大厅的后侧是一座“L”形窄院，窄院入口处的影壁前摆放着一组古朴的茶座，影壁上写着一个巨大的“福”字

在近四十年的中国乡村物质文化研究中，我得到过许多专家、学者、政府工作人员、普通村民的大力帮助，是他们让我深入理解这一世界级的优秀建筑遗产，并能够以此为题撰写我的研究著述。近年来，虽然关于这个课题的研究成果和到访中国的外国游客都呈现不断增长之势，但优美的中国传统建筑仍然有待被更多的人认识和了解。

当埃里克·欧伊（Eric Oey）邀请我以中国民居为题写一本面向普通读者的大开本彩图书时，这对我来说既是机遇也是挑战。首先，从面积堪比美国的广阔土地上挑选出具有代表性的民居案例，着实令人难以取舍。但这样的一本书同时提供了一个前所未有的契机，使我能够将中国民居的单个案例放入文化和历史的大背景中逐一探讨。

在初步拟定备选案例之后，我广泛征询了世界各地的朋友和专业人士的意见，确保没有遗漏任何一座最典型的中国民居案例。迅速响应并提出宝贵意见的朋友包括：艾丹（Daniel B. Abramson）、白铃安（Nancy Berliner）、陈派玲、杰夫·科迪（Jeff Cody）、克里斯托弗·库克（Christopher Cooke）、狄丽玲（Lynne Di-Stefano）、傅朝卿、华国庆、冯晋、龚恺、莎拉·韩蕙（Sarah Handler）、夏思义（Patrick Hase）、何培斌、夏铸九（Hsia Chu-joe）、徐明福（Hsu Min-fu）、黄居正、江似虹（Tess Johnston）、伊丽莎白·奈特（Elizabeth Knight）、理查德·莱瑟姆（Richard Latham）、李浩然（Hoyin Lee）、伊丽莎白·莱

普曼（Elizabeth Leppman）、李以康（Andrew I-kang Li）、罗启妍（Kai-Yin Lo）、龙炳颐（David Lung）、马秉宏（F. Nuttaphol Ma）、马芝安（Meg Maggio）、夏南悉（Nancy Steinhardt）、阮昕、曹星原（Hsing-yuan Tsao）、王绰（Joseph C.Wang）、王其钧、华琛（又名屈顺天，James L.Watson）、比尔·吴（Bill Wu）、阎亚宁（Alex Yaning Yen）、周碧华和朱成梁。以上所有人的建议我都进行了认真考量，但最终挑出的民居案例实际上是一个综合了各种因素的选择结果。我希望入选的民居案例除了令这些朋友感到惊讶之外，也能够为他们提供一些新鲜感。因此最终的决定是由我一人做出的。

很幸运佩里普拉斯/塔特尔出版社（Periplus/Tuttle）邀请到王行富（A. Chester Ong）为这本书拍摄照片。我们的两次中国之行是一段愉快的合作经历。对于如何呈现每座住宅，我的直观感觉刚好能够与他在黑暗中捕捉光影、呈现优美景象的能力相互配合。当宅主、政府工作人员、保安阻止我们拍摄时，主要由我负责与他们沟通。在这里要对这些家庭和政府工作人员表达由衷的谢意，前者不厌其烦地敞开家门忍受我们的打扰，后者破例让我们在许多历史遗迹内自由拍摄所需的照片。

我还要特别感谢两位慷慨的艺术家允许我在书中引用他们的著作。建筑师、作家兼艺术家罗伯特·鲍威尔提供了两幅安徽省呈坎村古建筑的水彩画。受托于纽约亚洲艺术品商人兼收藏家安思远创办的中国文化艺术基金会，他创作这些水彩画的目的在于推动中国传统建筑的保护工作。《东方杂志》（*Orientations Magazine*）的编辑伊丽莎白·奈特促成了画作的引用，在这里一并对她表示感谢。另一位需要感谢的艺术家是王其钧。作为一名在中国乡土建筑领域著述颇丰的学者，他在百忙之中专门抽出时间绘制了梅兰芳故居的平面图和透视图。

为本书提供了珍贵图像的艺术机构包括：纳尔逊-阿特金斯艺术博物馆（Nelson-Atkins Museum of Art）、史密斯索尼亚学院的弗瑞尔美术馆（Freer Gallery of Art）和赛克勒博物馆（Arthur M. Sackler Gallery）、大英博物馆

（British Museum）。此外，由赖恺玲（Kathleen Ryor）译介的徐渭诗是徐渭故居一节的点睛之笔；克雷格·迪特里希（Craig Dietrich）针对许多章节提出的意见都是本书的无价之宝。

我要特别感谢史景迁为本书撰写的前言。他的慷慨之言将为中国居住类建筑遗产引来更多的关注，使这个长期被史学家忽视的议题成为全面理解中国文化和历史的另一个重要视角。

这本书从提出设想到最终成型经历过无数次重大的方向调整，为此来自三个大洲的工作人员付出了大量心血。其中佩里普拉斯 / 塔特尔出版社马来西亚分部的高级编辑努尔·娅斯丽娜·尤努斯（Noor Azlina Yunus）功不可没。在曾经与我合作的所有编辑中，她是唯一一个能够保持实时邮件沟通并逐页确定内容版式的人。为了这本书的出版，娅斯丽娜经常一周七天、一天二十四小时投入工作。她对于设计的感觉、她的智慧以及她提出的指导意见，对于本书的最终成型发挥着至关重要的作用。为此，我欠她一个巨大的人情。她的助手杨玉莲（Yong Yoke Lian）几近完美地解决了我们在电子文件和版面设计方面遇到的所有困难。陈鸿耀（Tan Hong Yew）将草稿转绘为精美图纸的才能使本书大为增色。此外还要衷心感谢伦敦的霍尔格·雅各布斯（Holger Jacobs），他的版面设计将文字、照片、图纸、艺术品编成了一本图文并茂的精美读物。

参考书目

英文文献

Balderstone, Susan and William Logan, "Vietnamese Dwellings: Tradition, Resilience, and Change," in Ronald G. Knapp (ed.), *Asia's Old Dwellings: Tradition, Resilience, and Change*, Hong Kong and New York: Oxford University Press, 2003, pp. 135–157.

Beech, Hannah, "Appetite for Destruction: A Historic Neighborhood—and Architect I. M. Pei's Family Home—Fall Victim to Shanghai's Building Boom," *Time Asia*, 157(9), March 5, 2001.

Berliner, Nancy Zeng, *Chinese Folk Art: The Small Skills of Carving Insects*, Boston: Little, Brown, 1986.

____, "Sheltering the Past: The Preservation of China's Old Dwellings," in Ronald G. Knapp and Kai-Yin Lo (eds.), *House Home Family: Living and Being Chinese*, Honolulu: University of Hawai'i Press and New York: China Institute in America, 2005, pp. 204–220.

____, *Yin Yu Tang: The Architecture and Daily Life of a Chinese House*, Boston: Tuttle Publishing, 2003.

Bray, Francesca, "The Inner Quarters: Oppression or Freedom?" in Ronald G. Knapp and Kai-Yin Lo (eds.), *House Home Family: Living and Being Chinese*, Honolulu: University of Hawai'i Press and New York: China Institute in America, 2005, pp. 258–279.

____, *Technology and Gender: Fabrics of Power in Late Imperial China*, Berkeley: University of California Press, 1997.

Bruun, Ole, *Fengshui in China: Geomantic Divination between State Orthodoxy and Popular Religion*, Honolulu: University of Hawai'i Press, 2003.

Chavannes, Edouard (trans. Elaine S. Atwood), *The Five Happinesses: Symbolism in Chinese Popular Art*, New York:Weatherhill, 1973; originally published as "De l'expression des voeux dans l'art populaire chinois," *Journal Asiatique*, series 9, vol. 18, September–October 1901.

Flath, James, *The Cult of Happiness: Nianhua, Art and History in Rural North China*, Vancouver: University of British Columbia Press, 2004.

____, "Reading the Text of the Home: Domestic Ritual Configuration through Print," in Ronald G. Knapp and Kai-Yin Lo (eds.), *House Home Family: Living and Being Chinese*, Honolulu: University of Hawai'i Press and New York: China Institute in America, 2005, pp. 324–347.

Handler, Sarah, *Ming Furniture in the Light of Chinese Architecture*, Berkeley: Ten Speed Press, 2005.

Ho Puay-peng, "Ancestral Halls: Family, Lineage, and Ritual," in Ronald G. Knapp and Kai-Yin Lo (eds.), *House Home Family: Living and Being Chinese*, Honolulu: University of Hawai'i Press and New York: China Institute in America, 2005, pp. 294–323.

____, "Brocaded Beams and Shuttle Columns: Early Vernacular Architecture in Southern Anhui Province," *Orientations*, 35(2), 2004, pp. 104–110.

____, "China's Vernacular Architecture," in Ronald G. Knapp (ed.), *Asia's Old Dwellings: Tradition, Resilience, and Change*, Hong Kong and New York: Oxford University Press, 2003, pp. 319–346.

____, *The Living Building: Vernacular Environments of South China*, Hong Kong: The Chinese University of Hong Kong, Department of Architecture, 1995.

____, "Preservation Versus Profit: Recent Developments in Village Tourism in China," Traditional Dwellings and Settlements Working Paper Series, Center for Environmental Design Research, University of California, Berkeley, vol. 138, 2000, pp. 28–53.

____, "Rethinking Chinese Villages," *Orientations*, 32(3), 2001, pp. 115–119.

Hommel, Rudolf, *China at Work*, New York: John Day, 1937.

Knapp, Ronald G., "At Home in China: Domain of Propriety, Repository of Heritage," in Kai-Yin Lo and Puay-peng Ho (eds.), *Living Heritage: Vernacular Environment in China/Gucheng jinxi: Zhongguo minjian shenghuo fangshi*, bilingual edition, Hong Kong: Yungmingtang, 1999a, pp. 16–37.

____, *China's Living Houses: Folk Beliefs, Symbols, and Household Ornamentation*, Honolulu: University of Hawai'i Press, 1999b.

____, *China's Old Dwellings*, Honolulu: University of Hawai'i Press, 2000.

____, *China's Traditional Rural Architecture: A Cultural Geography of the Common House*, Honolulu: University of Hawai'i Press, 1986.

____, *China's Vernacular Architecture: House Form and Culture*, Honolulu: University of Hawai'i Press, 1989.

Knapp, Ronald G. (ed.), *Asia's Old Dwellings: Tradition, Resilience, and Change*, Hong Kong and New York: Oxford University Press, 2003.

Knapp, Ronald G. and Kai-Yin Lo (eds.), *House Home Family: Living and Being Chinese*, Honolulu: University of Hawai'i Press and New York: China Institute in America, 2005.

Knapp, Ronald G. and Shen Dongqi, "Changing Village Landscapes," in Ronald

G. Knapp (ed.), *Chinese Landscapes: The Village as Place,* Honolulu: University of Hawai'i Press, 1992, pp. 47–72.

Lee Sang-hae, "Traditional Korean Settlements and Dwellings," in Ronald G. Knapp (ed.), *Asia's Old Dwellings: Tradition, Resilience, and Change,* Hong Kong and New York: Oxford University Press, 2003, pp. 373–390.

Liang Ssu-ch'eng (Liang Sicheng) (ed.Wilma Fairbank), *A Pictorial History of Chinese Architecture: A Study of the Development of Its Structural System and the Evolution of Its Types,* Cambridge: Massachusetts Institute of Technology (MIT) Press, 1984.

Liu Xin, *In One's Own Shadow: An Ethnographic Account of the Condition of Post-Reform Rural China,* Berkeley: University of California Press, 2000.

Lo, Kai-Yin, "Traditional Chinese Architecture and Furniture: A Cultural Interpretation," in Ronald G. Knapp and Kai-Yin Lo (eds.), *House Home Family: Living and Being Chinese,* Honolulu: University of Hawai'i Press and New York: China Institute in America, 2005, pp. 160–203.

March, Andrew, "An Appreciation of Chinese Geomancy," *Journal of Asian Studies,* 27, 1968, pp. 253–267.

Matsuda Naonori, "Japan's Traditional Houses: The Significance of Spatial Conceptions," in Ronald G. Knapp(ed.), *Asia's Old Dwellings: Tradition,Resilience, and Change,* Hong Kong and New York: Oxford University Press, 2003, pp. 285–318.

Oakes, Tim, "The Village as Theme Park:Mimesis and Authenticity in Chinese Tourism," in Tim Oakes and Louisa Schein (eds.), *Translocal China: Linkages, Identities and the Reimagining of Space,* London: Routledge, 2006.

Po Sung -nien (Bo Songnian)and David Johnson, *Domesticated Deities and Auspicious Emblems: The Iconography of Everyday Life in Village China,* Berkeley: Chinese Popular Culture Project, 1992.

Ruan Xing, "Pile-built Dwellings in Ethnic Southern China: Type, Myth, and Heterogeneity," in Ronald G. Knapp (ed.), *Asia's Old Dwellings: Tradition, Resilience, and Change,* 2003, pp. 347–372.

Ruitenbeek, Klaas, *Carpentry and Building in Late Imperial China: A Study of the Fifteenth Century Carpenter's Manual Lu Ban Jing,* Leiden: E. J. Brill, 1993.

Steinhardt, Nancy Shatzman, "The House: An Introduction," in Ronald G. Knapp and Kai-Yin Lo (eds.), *House Home Family: Living and Being Chinese,* Honolulu: University of Hawai'i Press and New York: China Institute in America, 2005, pp. 12–35.

Steinhardt, Nancy Shatzman (ed.), Fu Xinian, Liu Xujie, Pan Guxi, Guo Daiheng, Qiao Yun, and Sun Dazhang, *Chinese Architecture,* New Haven: Yale University Press, 2002.

Tuan, Yi-fu, "Traditional: What Does It Mean?" in Jean-Paul Bourdier and NezarAlsayyad (eds.), *Dwellings, Settlements, and Tradition: Cross-Cultural Perspectives,* Lanham, MD: University Press of America, 1989, pp. 27–34.

Waley, Arthur (trans.), *The Way and Its Power: A Study of the Tao Te Ching and Its Place in Chinese Thought,* New York: Grove Press, 1958.

Wu, Nelson, *Chinese and Indian Architecture: The City of Man, the Mountain of God, and the Realm of the Immortals,* New York: George Braziller, 1963.

中文文献

陈奇录等:《中国传统年画艺术特展专辑》,台北:"中央"图书馆,1992年。

龚恺:《徽州古建筑丛书》,南京:东南大学出版社。丛书各卷包括:《棠樾》(1993年)、《晓起》(2001年)、《渔梁》(1998年)、《瞻淇》(1996年)、《豸峰》(1999年)。

李乾朗:《台湾古建筑图解事典》,台北:远流出版事业股份有限公司,2003年。

李乾朗、俞怡萍:《古迹入门》,台北:远流出版事业股份有限公司,1999年。

李秋香:《中国村居》,天津:百花文艺出版社,2002年。

刘敦桢:《中国住宅概说》,北京:建筑工程出版社,1957年。

罗启妍、何培斌:《古承今袭:中国民间生活方式》,香港:雍明堂,1999年。

陆元鼎、陆琦:《中国民居装饰装修艺术》,上海:上海科学技术出版社,1992年。

陆元鼎、杨谷生:《中国美术全集建筑艺术编5:民居建筑》,北京:中国建筑工业出版社,1988年。

陆元鼎、杨谷生主编:《中国民居建筑》(共三卷),广州:华南理工大学出版社,2003年。

孙大章:《中国民居研究》,北京:中国建筑工业出版社,2004年。

王其钧:《中国民间住宅建筑》,北京:机械工业出版社,2003年。

龙炳颐:《中国传统民居建筑》,香港:香港区城市政局,1991年。

图片来源

除王行富的摄影作品外，本书其他图片引自下列著述：

英文来源

序p.2图：Daoji (1641–c. 1717), "The Peach Blossom Spring," section of a handscroll, ink and colors on paper, height 9⅞ in. Used with the permission of the Freer Gallery of Art, Smithsonian Institution,Washington, DC: Purchase, F1957.4.

pp.14–15图：Robert Powell, *Interior Perspective of Lao Wu Ge in Spring,* Xixinan Village, watercolor on paper, height 74 cm, width 92 cm, 2003. Collection of the artist.

pp.16–17图：Qiao Zhongchang, "Su Shi's Second Poem on the Red Cliff, handscroll, ink on paper, 11.6 in. × 18 ft. 8. in. Northern Song dynasty, 1123. Used with the permission of Nelson-Atkins Museum of Art in Kansas City,Missouri (accession number F80-85).

p.18图1："Circular House, Inhabited by the Members of One Clan," William Elliot Griffis, *China's Story in Myth, Legend, Art, and Animals,* Boston: Houghton Mifflin, 1911.

p.38图2：John Thomson, *Through China with a Camera,*Westminster: Constable, 1898.

p.39图3：Ernest F. Borst-Smith, *Mandarin & Missionary in Cathay,* London: Seeley, 1917.

p.41图4, 1984; p.51图3, 1984; p.53图3, 1994; p.54图1, 1984; p.59图1, 1986; p.59图2, 1994; p.66图3, 2000; p.73图3, 1987; p.73图4, 1988; p.89图2, 1988; p.89图3, 1990; p.95图2, 1990; p.96图1, 1987; p.96图4, 1987; p.123图2, 2001; p.128图4, 1987; pp.140-141图, 2003: Photographs by Ronald G. Knapp.

p.51图2："Building a Wall of Pisé de terre at Kuling," Rudolf Hommel, *China at Work,* New York: John Day, 1937.

p.76图、p.104图1：Mrs Archibald Little, *Intimate China: The Chinese as I Have Seen Them,* London: Hutchinson, 1899.

p.80图：*Gengzhi Tu.*
Image 35866. © Copyright The Trustees of The British Museum.

p.90图2：Photograph by J. Azevedo.

p.92图1、p.117图、p.144图、p.222图3: Collection of Ronald G. Knapp.

p.104图2：Arthur Henderson Smith, *Chinese Characteristics,* New York: Fleming H. Revell, 1894.

p.138图1：W. A. P Martin, *A Cycle of Cathay: or, China, South and North,* New York: Fleming H. Revell, 1897.

p.146图：Collection of Nancy Berliner.

p.162图1：Kate Buss, *Studies in Chinese Drama,* NY: Jonathon Cape & Harrison, 1930.

p.174图2：Adapted from Itō Tsuneharu, *Hokushi Mokyo no jukyo* (Houses of North China, Mongolia, and Xinjiang), Tokyo: Kobundo, 1943.

p.182图1、p.191图2：Adapted from Joseph C.Wang, "Zhouzhuang, Jiangsu: A Historic Market Town," in Ronald G. Knapp (ed.), *Chinese Landscapes: The Village as Place,* Honolulu, University of Hawai'i Press, 1992. Original drawings by Men-chou Liu.

pp.228-229图4：Robert Powell, *Street Elevation of Wu Fang Ting,* watercolor on paper, ht 75 cm, width 191 cm, 2003. Collection of the artist.

p.339图：Wulf Diether Graf zu Castell, *Chinaflug,* Berlin: Atlantis-Verlag, 1938.

p.341图3：Adapted from an original drawing by Paul Sun, in Ronald G. Knapp, *China's Old Dwellings,* University of Hawai'i Press, 2000

中文来源

p.19图2：王树芝：《永定土楼》，福州：福建人民出版社，1990年。

p.21图2：中国科学院土木建筑研究所、清华大学建筑系：《中国建筑》，北京：文物出版社，1957年。

p.23图：黄为隽等：《闽粤民宅》，天津：天津科学技术出版社，1992年。

p.32图1：张壁田、刘振亚：《陕西民居》，北京：中国建筑工业出版社，1993年。

p.46图1：杨鸿勋：《河姆渡遗址木构水井鉴定及早期木构工艺考察》，见于《科技史文集》（第5辑），上海：上海科学技术出版社，1980年。

p.50图1：《尔雅音图》卷中，第六页，杭州：浙江人民美术出版社，2013年据嘉庆六年（1801）艺学轩初刻本影印。[1]

p.53图1、图2，p.72图1、图2：[明]宋应星：《天工开物》，上海：华通书局，1930年据日本明和八年（1771）菅本影印。

p.82图1：尚廓：《中国风水格局的构成、生态环境与景观》，见于王其亨：《风水理论研究》，天津：天津大学出版社，1992年。

p.84图1：龚恺：《徽州古建筑丛书：豸峰》，南京：东南大学出版社，1999年。

p.85图2：[清]孙家鼐等：《钦定书经图说》卷三十二，第二页，光绪三十一年（1905）内府石印本。[2]

p.87图2、p.92图2、p.93图3、p.95图1、p.314图1：[明]《绘图鲁班经》，上海：鸿文书局，1938年排印本。

p.100图1：由潘安绘制。

pp.102-103图1、图2、图3，p.115图2、p.243图3：[清]吴友如：《吴友如画宝》，上海：璧园会社，1916年石印本。

p.137图2：潘鲁生：《中国民俗剪纸图集》，北京：北京工艺美术出版社，1992年。

p.137图3：乔继堂：《中国吉祥物》，天津：天津人民出版社，1990年。

p.148图：《二十四孝果报图（附忤逆不孝报应图）》，成都文殊院印行。

p.154图、p.157图2：由王其钧绘制。

p172图1：北京市门头沟区文化文物局：《门头沟文物志》，北京：北京燕山出版社，2001年。

p.173图2：由刘崇绘制。

p.218图1，p.221图2，p.244图2，p.246图1、图2，p.305图1，p.318图1，p.321图2、图3：汪之力：《中国传统民居建筑》，济南：山东科学技术出版社，1994年。

p.218图2：文众：《罪恶世家康百万》，郑州：河南人民出版社，1979年。

p.227图2、p.232图1：殷永达：《徽州呈坎古村及明宅调查》，见于陆元鼎：《中国传统民居与文化》（第四辑），北京：建筑工业出版社，1993年。

p.227图1：罗来平：《呈坎古村》，未刊稿，1999年。

p.254图1、图2，p.265图3、图4、图5：由黄汉民绘制。

p.274图1：引自德馨堂平面图未刊稿。

pp.282-283图1、图2：陆元鼎、魏彦钧：《广东民居》，北京：中国建筑工业出版社，1990年。

p.288图1：引自大夫第平面图未刊稿。

p.289图2、p290图2：引自香港大学建筑学院测绘图集。

p.326图1、p.330图1：引自某宣传册。

p.332图2：陈奇录等：《中国传统年画艺术特展专辑》，台北："中央"图书馆，1992年。

p.336图1、图2，p.341图2：侯继尧等：《窑洞民居》，北京：中国建筑工业出版社，1989年。

p.347图2、p.350图1：[清]恩端：《平遥县志》，光绪九年（1883）刻本。

p.350图2、p.351图3、p.353图2、p.355图3：宋坤：《平遥古城与民居》，天津：天津大学出版社，2000年。

1 《尔雅音图》在晋代郭璞《尔雅》注疏的基础上，增加了注音和图示。现存最早的版本由清代两淮都转运盐使曾燠于嘉庆六年（1801）据元写本刊刻。英文原文的此图出处有误，据改。——译者注

2 《钦定书经图说》是清光绪二十九年（1903）孙家鼐等奉慈禧太后懿旨编纂。全书共五十卷。英文原文的此图出处有误，据改。——译者注